二十一世纪"双一流"建设系列精品教材

数学模型与MATLAB应用

SHUXUE MOXING YU MATLAB YINGYONG

主 编　孙云龙　唐小英

西南财经大学出版社
Southwestern University of Finance & Economics Press
中国·成都

图书在版编目(CIP)数据

数学模型与 MATLAB 应用/孙云龙,唐小英主编. —成都:西南财经大学出版社,2021.12
ISBN 978-7-5504-5062-2

Ⅰ.①数… Ⅱ.①孙…②唐… Ⅲ.①数学模型—Matlab 软件
Ⅳ.①O141.4-39

中国版本图书馆 CIP 数据核字(2021)第 189145 号

数学模型与 MATLAB 应用

主编 孙云龙 唐小英

责任编辑:植苗
责任校对:廖韧
封面设计:何东琳设计工作室
责任印制:朱曼丽

出版发行	西南财经大学出版社(四川省成都市光华村街 55 号)
网　　址	http://cbs.swufe.edu.cn
电子邮件	bookcj@swufe.edu.cn
邮政编码	610074
电　　话	028-87353785
照　　排	四川胜翔数码印务设计有限公司
印　　刷	四川煤田地质制图印刷厂
成品尺寸	185mm×260mm
印　　张	18.25
字　　数	457 千字
版　　次	2021 年 12 月第 1 版
印　　次	2021 年 12 月第 1 次印刷
印　　数	1— 2000 册
书　　号	ISBN 978-7-5504-5062-2
定　　价	38.00 元

前 言

本教材是我们在近 30 年的数学建模教学和指导学生参加数学建模竞赛实践经验的基础上,通过整理修改课程讲稿,参考相关文献编写而成的。其内容包括数学建模基本知识、代数模型、MATLAB 符号运算与绘图、方程模型、MATLAB 程序设计、线性规划模型、非线性规划模型、概率模型、统计模型、图论模型、计算机模拟、现代优化算法、体育模型、其他模型等,并附有编者撰写的 MATLAB 简明手册。

1992 年以来,由中国工业与应用数学学会主办、每年一届的全国大学生数学建模竞赛已连续成功举办至今,使数学建模课程走进我国的高等院校,数学建模的思维、理论、方法与应用也早已渗透到高校教育的方方面面。每年的数学建模教学、培训和竞赛,培养了一批又一批优秀的学生,也影响了数学及相关学科的教育教学改革。

数学建模不是一门学科,而是一门课程,没有明确的内容体系。目前,大多数高校均已开设数学建模课程,各个高校数学建模的教学千差万别、五花八门,出版的教材也多种多样,仅我国目前出版发行的数学建模类教材至少有 200 种,内容均不尽相同,有些教材差异非常大,甚至完全不相同。随着计算机技术、计算机网络和数学软件的飞速发展和普及,我们不断改善和丰富数学建模的内容与方法,给数学建模的教学提供了各种启示和挑战。我们将自己对数学建模教学内容的理解以教材的形式呈现出来,希望能为数学建模活动的健康持续发展做出贡献。

在本教材的编写过程中,我们做了以下一些尝试:

(1)努力突出数学建模的基本思想和基本方法。本教材主要通过经济管理、日常生活、科学技术中的众多数学模型实例,系统、详实地阐述数学建模与数学实验的基本理论和主要方法,以便学生在学习过程中能较好地认识现实问题、厘清数学理论和数学建模之间的桥梁关系,从总体上把握数学建模的思想方法。

(2)强调数学软件的重要性。本教材对 MATLAB 软件的应用进行详细讲解,特别是编程方法的讲解,包括算法思想、算法流程和代码详解,并且各类数学模型都涉及 MATLAB 使用和编程,这在类似教材中是很难看见的。

(3)与大多数数学建模教材以理工科建模实例为主不同,本教材在编写内容的取舍上,力求最大限度地覆盖各类数学模型,特别是经济管理模型,以适应各专业的学生学习数学建模课程和后续课程的需要。

(4)本教材中包含大量的 MATLAB 编程实例,方便读者阅读学习。

本教材可作为各类学校、各专业学生的数学建模课程的教材和参加数学建模竞赛的辅导材料,也可作为科技工作者学习 MATLAB 软件的参考资料。

我们一直对学生承诺编写一本与教学内容一致的数学建模教材,如今得以实现,倍感愉悦。我们在教材的编写过程中虽做了大量的工作,进行了认真编写和修改,但限于自身水平,不妥之处在所难免,恳请读者不吝指正。

孙云龙　唐小英

2021 年 6 月

目 录

第一章　数学模型基本知识 ……………………………………………… (1)

　　第一节　什么是数学模型 ……………………………………………… (1)

　　第二节　数学建模实例 ………………………………………………… (7)

　　第三节　MATLAB 软件概述 ………………………………………… (11)

第二章　代数模型 ………………………………………………………… (17)

　　第一节　MATLAB 矩阵运算 ………………………………………… (17)

　　第二节　城市交通流量问题 ………………………………………… (24)

　　第三节　投入产出模型 ……………………………………………… (27)

第三章　MATLAB 符号运算与绘图 …………………………………… (34)

　　第一节　MATLAB 符号运算 ………………………………………… (34)

　　第二节　MATLAB 图形功能 ………………………………………… (45)

第四章　方程模型 ………………………………………………………… (63)

　　第一节　MATLAB 求解方程 ………………………………………… (63)

　　第二节　简单物理模型 ……………………………………………… (70)

　　第三节　人口模型 …………………………………………………… (72)

第五章　MATLAB 程序设计 …………………………………………… (85)

　　第一节　MATLAB 程序语言 ………………………………………… (85)

　　第二节　哥德巴赫猜想 ……………………………………………… (93)

　　第三节　个人所得税问题 ………………………………………… (100)

　　第四节　贷款计划 ………………………………………………… (104)

第六章　线性规划模型 ·· (109)

　　第一节　MATLAB 求解线性规划 ··· (109)

　　第二节　线性规划实例 ··· (113)

　　第三节　生产安排问题 ··· (120)

第七章　非线性规划模型 ·· (126)

　　第一节　MATLAB 求解非线性规划 ··· (126)

　　第二节　选址问题 ··· (130)

　　第三节　资产组合的有效前沿 ··· (134)

　　第四节　MATLAB 求解的进一步讨论 ·· (139)

第八章　概率模型 ··· (144)

　　第一节　MATLAB 概率计算 ·· (144)

　　第二节　报童的诀窍 ··· (148)

　　第三节　轧钢中的浪费 ·· (151)

第九章　统计模型 ··· (156)

　　第一节　MATLAB 统计工具箱 ·· (156)

　　第二节　牙膏销售量 ··· (166)

　　第三节　软件开发人员的薪金 ·· (173)

　　第四节　酶促反应 ··· (179)

第十章　图论模型 ··· (187)

　　第一节　图的一般理论 ·· (187)

　　第二节　最短路径问题 ·· (191)

　　第三节　最优支撑树问题 ··· (198)

　　第四节　MATLAB 图论函数 ··· (201)

第十一章　计算机模拟 ································· （208）

第一节　蒙特卡罗模拟 ····························· （208）

第二节　模拟模型实例 ····························· （211）

第十二章　现代优化算法 ····························· （218）

第一节　遗传算法 ······························· （218）

第二节　神经网络 ······························· （226）

第十三章　体育模型 ······························· （233）

第一节　围棋中的两个问题 ························· （233）

第二节　循环比赛的名次 ··························· （237）

第三节　运动对膝关节的影响 ······················· （240）

第十四章　其他模型 ······························· （245）

第一节　层次分析法 ····························· （245）

第二节　动态规划模型 ····························· （253）

参考文献 ····································· （261）

附录　MATLAB 简明手册 ····························· （262）

第一章　数学模型基本知识

本章主要介绍数学模型、数学建模、经济模型的基础知识，并对 MATLAB 软件进行简单介绍。

第一节　什么是数学模型

数学是一门重要的基础学科，是各学科解决问题的一种强有力的工具，对这一工具的使用过程就是数学建模。

一、数学与数学教育

1. 数学

数学（mathematics）是研究数量、结构、变化、空间和信息等概念的一门学科。数学是一门重要的基础学科，在自然科学和社会科学中都占据十分重要的地位。数学是服务性学科，是各学科解决问题的一种强有力的工具，与现实的紧密联系是数学发展的原动力。

伽利略（Galileo）（意大利数学家、物理学家、天文学家，1564—1642）指出：大自然是一本书，这本书是用数学写的。

罗吉尔·培根（Roger Bacon）（英国自然科学家、哲学家，1214—1294）指出：数学是科学大门的钥匙，忽视数学必将伤害所有的知识，因为忽视数学的人是无法了解任何其他科学乃至世界上任何其他事物的。更为严重的是，忽视数学的人不能理解他自己这一疏忽，最终将导致无法寻求任何补救的措施。

弗兰西斯·培根（Francis Bacon）（英国散文作家、哲学家、政治家和法理学家，1561—1626）指出：历史使人聪明，诗歌使人机智，数学使人精细，哲学使人深邃，道德使人严肃，逻辑与修辞使人善辩。

米山国藏（日本数学教育家）指出：学生在学校学的数学知识，毕业后若没什么机会去用，不到一两年，很快就忘掉了。然而，不管他们从事什么工作，唯有深深铭刻在头脑中的数学的精神，数学的思维方法、研究方法和推理方法，以及看问题的着眼点等会随时随地发生作用，使他们终身受益。

E. 戴维（E. David）（美国尼克松总统的科学顾问）指出：被人如此称颂的高技术本质上就是数学。

保罗·柯林斯（Paul Collins）（美国花旗银行副总裁）指出：一个从事银行业务而不懂数学的人，无非只能做些无关紧要的小事。

2. 数学教育

从历史上看，数学教育几乎总是与各行各业密切联系在一起，只是随着中学与大学的学院化，数学与现实的联系才被忽视或受到歪曲。美国数学家柯朗在其名著《数学是什么》的序言中这样写道："今天，数学的教学，逐渐流于无意义的单纯演算习题的训练，数学的研究，有过度专门化和过度抽象化的倾向，忽视了应用以及数学与其他领域之间的联系。"

一方面，数学以及数学的应用在世界的科学、技术、商业和日常生活中所起的作用越来越大；另一方面，数学科学的作用未被一般公众甚至科学界充分认识，数学科学作为技术变化以及工业竞争的推动力的重要性也未被充分认识。《数学是什么》于1941年出版，至今来看，数学教育的状况并没有根本改变。

事实上，人们正努力改变现状。20世纪数学教育先后经历了两次全球性的大规模改革：一次是20世纪初的克莱因培利运动；另一次是20世纪50年代末的数学教育现代化改革运动蓬勃兴起。两次运动范围之广、影响之大都是史无前例的，改革的思想包括强调联系实际学习数学的重要性等。然而，这两次改革均宣告失败。

改革仍在继续。20世纪末，数学教师全美协会强调："设计数学教学大纲，必须以能帮助学生解决各种实际问题的数学方法来武装学生。"1985年，由美国科学基金会、美国工业与应用数学学会、美国国家安全局等发起赞助美国数学建模竞赛（mathematical contest in modeling，MCM），创立该项比赛的目的就是吸引优秀学生关注数学应用。

3. 数学与经济学

数学与经济学的关系很特别。经济管理类专业学生在学习数学时，普遍有两个感觉，即数学既"无用"又"不够用"。一方面，学生会感觉所学的微积分、线性代数、概率论在经济管理类课程中很少使用甚至不用；另一方面，许多学生特别是研究生在阅读一些科研论文尤其是国外研究前沿的科研论文时发现，自己所学的数学根本不够用，学多少数学好像都不够用。这是因为数学学科与许多理工学科是相互促进、互相渗透、共同发展的，在许多理工科的学习中能充分感受数学思维，如"理论力学"就是数学。而经济学科中的数学基本上是拿来主义，即在经济定量分析研究中，寻找数学工具，建立模型，分析求解。因此我们认为，与理工科学生相比，数学模型对财经类学生更重要。

由于数学与经济学的这种特殊关系，我们想要在经济理论做深入研究就必须具有较好的数学基础。诺贝尔奖中没有数学奖，却与数学有不解之缘（特别是1969年设立的经济学奖）。我们可以通过观察诺贝尔经济学奖获得者得到相关启示。21世纪诺贝尔经济学奖获奖者如下：

2000年的詹姆斯·赫克曼（James J. Heckman），科罗拉多学院数学学士；丹尼尔·麦克法登（Daniel L. McFadden），明尼苏达大学物理学士。

2001 年的乔治·阿克尔洛夫（George A. Akerlof）；迈克尔·斯彭斯（A. Michael Spence），牛津大学数学硕士；约瑟夫·斯蒂格利茨（Joseph E. Stiglitz）。

2002 年的丹尼尔·卡纳曼（Daniel Kahneman），希伯来大学心理学与数学学士；弗农·史密斯（Vernon L. Smith）。

2003 年的克莱夫·格兰杰（Clive W. J. Granger），英国第一个经济学数学双学位、统计学博士；罗伯特·恩格尔（Robert F. Engle）。

2004 年的芬恩·基德兰德（Finn E. Kydland）；爱德华·普雷斯科特（Edward C. Prescott），数学学士。

2005 年的托马斯·克罗姆比·谢林（Thomas Crombie Schelling）；罗伯特·约翰·奥曼（Robert John Aumann），数学学士、数学硕士、数学博士，耶路撒冷希伯来大学数学研究院教授、纽约州立大学斯坦尼分校经济系和决策科学院教授以及以色列数学俱乐部主席、美国经济联合会荣誉会员等。

2006 年的埃德蒙·菲尔普斯（Edmund S. Phelps）。

2007 年的里奥尼德·赫维茨（Leonid Hurwicz），华沙大学法学硕士；埃克里·马斯金（Eric S. Maskin），哈佛大学数学博士；罗杰·梅尔森（Roger B. Myerson），哈佛大学应用数学博士。三人均没有经济学学位。

2008 年的保罗·克鲁格曼（Paul Krugman）。

2009 年的埃莉诺·奥斯特罗姆（Elinor Ostrom），政治学博士；奥利弗·威廉姆森（Oliver E. Williamson），高中喜欢数学，麻省理工学院理学士、斯坦福大学工商管理硕士、卡内基—德梅隆大学经济学哲学博士。

2010 年的彼得·戴蒙德（Peter Diamond），耶鲁大学数学学士，麻省理工学院经济学博士；戴尔·莫滕森（Dale T. Mortensen）；克里斯托弗·皮萨里德斯（Christopher A. Pissarides）。

2011 年的托马斯·萨金特（Thomas J. Sargent）；克里斯托弗·西姆斯（Christopher A. Sims），哈佛大学数学学士。

2012 年的埃尔文·罗斯（Alvin Roth），哥伦比亚大学运筹学学士、硕士、博士；罗伊德·沙普利（Lloyd Shapley），哈佛大学数学学士、博士。

2013 年的尤金·法玛（Eugene F. Fama），法文学士；拉尔斯·彼得·汉森（Lars Peter Hansen），犹他州立大学数学学士；罗伯特·希勒（Robert J. Shiller）。

2014 年的让·梯若尔（Jean Tirole），巴黎第九大学应用数学博士、麻省理工学院经济学博士。

2015 年的安格斯·迪顿（Angus Deaton），剑桥大学获得学士、硕士和博士学位。他在剑桥大学的前两年学习中攻读数学专业。

2016 年的奥利弗·哈特（Oliver Hart），剑桥大学国王学院数学学士学位；本特·霍尔姆斯特伦（Bengt Holmstroöm），赫尔辛基大学数学学士学位，斯坦福大学运筹学硕士学位。

2017 年的理查德·塞勒（Richard Thaler），凯斯西储大学学士学位，罗彻斯特大学文学硕士、哲学博士。

2018 的威廉·诺德豪斯（William D. Nordhaus），耶鲁大学学士学位、麻省理工大学经济学博士；保罗·罗默（Paul M. Romer），芝加哥大学，所学专业是数学和物理，获得物理学学士、经济学博士。

2019 的阿比吉特·巴纳吉（Abhijit Banerjee），印度裔；埃丝特·迪弗洛（Esther Duflo），法国数学家出身（父母都是数学家）；迈克尔·克雷默（Michael Kremer），哈佛大学文学学士、硕士、哲学博士。

2020 的保罗·米尔格罗姆（PaulMilgrom），斯坦福大学统计学硕士，经济学博士；罗伯特·威尔逊（Robert Wilson），哈佛大学获得数学学士、工商管理硕士、博士。

二、数学模型

1. 模型

模型（model）的概念应用极其广泛。

最常见的是实物模型，通常是指依照实物的形状和结构按比例制成的物体，如玩具、手办、户型模型、机械模型、城市规划模型等。

物理模型主要是指出于一定目的根据相似原理构造的模型，如机器人、航模飞机、风洞等。

结构模型主要反映系统的结构特点和因果关系，最常见的就是图模型，如地图、电路图和分子结构图等。

其他模型，如工业模型、仿真模型、3D 模型、人力资源模型、思维模型等。

模型是出于一定目的对客观事物的一部分进行简缩、抽象、提炼出来的原型的替代物，模型集中反映了原型中人们需要的那一部分特征。对于一个原型，根据目的不同，我们可以建立多个截然不同的模型；而对于同一目的，由于考查方面不同，采用的方法不同，也会得到不同的模型。

2. 数学模型

数学模型（mathematical model）是近些年发展起来的新学科，是数学理论与实际问题相结合的一门科学。它将现实问题归结为相应的数学问题，并在此基础上利用数学的概念、方法和理论进行深入的分析和研究，从而从定性或定量的角度来刻画实际问题，并为解决现实问题提供精确的数据或可靠的指导。

数学模型没有一个统一的定义。姜启源教授对数学模型的解释是：对于一个现实对象，为了一个特定目的，根据其内在规律做出必要的简化假设，运用适当的数学工具得到的一个数学结构。在建立数学模型时，包括表述、求解、解释、检验等的全过程就称为"数学建模"。

数学模型具有以下几个特征：

（1）沟通现实世界与数学之间的桥梁。

（2）一种抽象模型，区别于具体模型。

（3）数学结构，如数学符号、数学公式、程序、图、表等。

3. 数学建模的一般步骤

（1）问题分析：了解问题背景，明确建模目的，掌握必要信息。

（2）模型假设：根据对象的特征和建模目的，做出必要、合理的简化和假设。模型假设既要反映问题的本质特征，又能使问题得到简化，便于进行数学描述。

（3）建立模型：在分析和假设的基础上，利用合适的数学工具去刻画各变量之间的关系，把问题转化为数学问题。建立模型的方法包括机理分析法、测试分析法、计算机模拟等，常见模型包括函数模型、几何模型、方程模型、随机模型、图论模型、规划模型等。

（4）模型求解：利用数学方法求解得到的数学模型，即应用数学理论求解，特别是计算方法理论，借助计算机求解。

（5）模型分析：结果分析、数据分析。常见的分析内容包括变量之间的依赖关系或稳定性态、数学预测、最优决策控制等。

（6）模型检验：分析所得结果的实际意义，与实际情况进行比较，看是否符合实际，如果结果不够理想，应该修改、补充假设或重新建模。有些模型需要经过多次反复修改，不断完善。

（7）模型应用：建模的最终目的就是实际应用。

三、数学建模竞赛

1. 三大赛事

通常我们所提及的数学建模竞赛是指美国数学建模竞赛、全国大学生数学建模竞赛、全国研究生数学建模竞赛三大赛事。

美国数学建模竞赛（MCM/ICM）是一项国际性的学科竞赛，在世界范围内极具影响力，为现今各类数学建模竞赛之鼻祖。MCM/ICM 是 mathematical contest in modeling 和 interdisciplinary contest in modeling 的缩写，即数学建模竞赛和交叉学科建模竞赛。MCM 始于 1985 年，ICM 始于 2000 年，由美国数学及其应用联合会（the consortium for mathematics and its application，COMAP）主办，得到了美国工业和应用数学学会（society for industry and applied mathematics，SIAM）、美国国家安全局（national security agency，NSA）、运筹与管理科学学会（institute for operations research and the management sciences，INFORMS）等多个组织的赞助。竞赛由 MCM 与 ICM 两部分共 6 个赛题构成，分别是 A（连续）、B（离散）、C（数据见解）、D（运筹学/网络科学）、E（环境科学）、F（政策），竞赛举办时间为每年的一二月份。竞赛奖项设置：Outstanding Winner 特等奖、Finalist Winner 特等奖入围奖、Meritorious Winner 一等奖和 Honorable Mention 二等奖。MCM/ICM 着重强调研究问题、解决方案的原创性、团队合作、交流以及结果的合理性。近几年均有来自美国、中国、加拿大、芬兰、英国等国家和地区的近万支队伍参加，包括来自哈佛大学、普林斯顿大学、西点军校、麻省理工学院、清华大学、北京大学、浙江大学等国际知名高校学生参与此项赛事角逐。

全国大学生数学建模竞赛由教育部高教司和中国工业与应用数学学会联合主办，

创办于 1992 年，每年一届，目前已成为全国高校规模最大的基础性学科竞赛，也是世界上规模最大的数学建模竞赛。20 多年来，全国大学生数学建模竞赛得到了飞速发展，已经成为"推进素质教育、促进创新人才培养的重大品牌竞赛项目"[①]。近几年，每年均有来自中国 33 个省份（包括香港、澳门地区）以及新加坡、美国的高等院校的十几万名大学生报名参加本项竞赛。竞赛由 3 个本科赛题、2 个专科赛题构成，竞赛举办时间为每年九月的第二个周末。竞赛奖项设置：全国一等奖、二等奖，省一等奖、二等奖、三等奖。

全国研究生数学建模竞赛是一项面向全国研究生群体的学术竞赛活动，创办于 2004 年，2006 年被列为教育部研究生教育创新计划项目之一。从 2013 年起，该竞赛作为"全国研究生创新实践系列活动"主题赛事之一，由教育部学位与研究生教育发展中心主办。该项赛事是广大研究生探索实际问题、开展学术交流、提高创新能力和培养团队意识的有效平台。近几年，每年均有来自全国 30 个省份的数千支研究生队伍成功参赛，参赛规模历年均创新高。竞赛由 6 个赛题构成，竞赛举办时间为每年九月的某个周末。竞赛奖项设置：一等奖、二等奖、三等奖。

此外，还有许多类似的比赛，如苏北数学建模联赛、华中数学建模竞赛、华东地区大学生数学建模邀请赛、东北三省数学建模竞赛、中国电机工程学（电工）杯数学建模竞赛、数学中国数学建模网络挑战赛、数学中国数学建模国际赛等。目前，相当数量的学校已开始举办"数学建模校内赛"。

2. 数学建模竞赛是一个创新实践平台

我国大学生的数学建模竞赛活动是从北京大学、清华大学、北京理工大学等共 4 个队于 1989 年参加美国数学建模竞赛开始的。从那时起，数学建模竞赛活动在我国高校中得到迅速发展。1992 年由中国工业与应用数学学会数学模型专业委员会组织举办了我国 10 个城市的大学生数学模型联赛。教育部及时发现并扶植、培育了这一新生事物，决定从 1994 年起由教育部高教司和中国工业与应用数学学会共同主办全国大学生数学建模竞赛，每年一届，至今已有数十年，竞赛的规模以平均年增长 25% 以上的速度发展。

以数学建模竞赛为主体的数学建模活动实际上是一种规模巨大的教育教学改革的实验，数学建模实践活动已成为培养高素质人才的创新实践平台，在此平台上可以全面、系统地培养学生的各种能力。在我国甚至世界范围内，尚没有哪一门数学课程、哪一项活动、哪一项学科性竞赛能取得如此迅猛的发展，能够在培养学生能力上起到如此大的作用。中国高等教育学会时任会长周远清教授曾用"成功的高等教育改革实践"给以评价。李大潜、陈永川、徐宗本、袁亚湘、曾庆存、谷超豪、江伯驹、张恭庆、王选、刘应明等许多中国科学院和中国工程院院士以及教育界的专家多次参加为数学建模竞赛举办的活动，均对这项竞赛给予了热情关心和很高的评价。

首先，数学建模竞赛活动是提高学生综合素质的有效途径。

---

① 参见教育部高教司时任司长张大良在全国大学生数学建模竞赛 20 周年庆典暨 2011 年颁奖仪式上的致辞。

数学建模是沟通现实世界和数学科学之间的桥梁，是数学走向应用的必经之路。它强调的是解决实际问题，以实际问题为载体，通过综合运用经济、数学等各方面的知识，利用计算机等先进技术手段，用数学的方法解决现实社会中的各种问题。数学建模活动的开展，有利于培养大学生的创造能力和创新意识，有利于培养大学生的组织协调能力，有利于培养和提高大学生的自学能力，有利于培养和提高大学生使用计算机的能力，有利于培养大学生严谨的治学态度，有利于增强大学生的适应能力，有利于磨炼大学生的意志和增强锻炼身体的意识，有利于提高大学生的综合素质。

其次，以数学建模为主体的教学活动推动了数学教学内容、方法、手段改革的日趋完善。

以大学生数学建模为主体的数学建模教学活动实际上是一种不打乱教学秩序的、规模相当大的大学生数学教育改革的试验，是我国一项成功的高等教育改革实践，为高等学校应该培养什么人、怎样培养人做出了重要的探索，为提高学生综合素质提供了一个范例。关于大学应设置什么样的课程，虽然尚不能有定论，但从已经在国内广泛开设的数学建模课程来看，大学生数学建模竞赛已经对课程设置产生了实质性的影响。更可喜的是，许多教师在自己开设的课程中力图渗透数学建模的思想，并取得了很好的教学效果。在 1997—2014 年的五届普通高等学校国家级教学成果奖中，与数学建模和数学实验直接相关的成果共有 13 项；截至 2014 年年底，在国家级精品课程中，数学建模和数学实验课程有 12 门。

最后，让数学建模竞赛活动成为一个创新实践平台。

数学建模如果只停留在单独设课、举行竞赛的层面上，不仅其受益面受到很大限制，而且还不能深入数学教育的核心中去。在西南财经大学，数学建模活动已形成以"普及发动、课堂教学、课外实践"为特色的教学模式，其独特的实践环节吸引了一大批各专业学生参与。在每年为全校学生举办的数学建模课题讲座中，我们用微积分、简单微分方程、线性代数等大学一年级新生已经掌握的数学知识讲解数学建模在解决生产实际问题中的作用，使困惑于"学数学究竟有什么用"的学生豁然开朗，并对数学建模产生了浓厚的兴趣。本科生、研究生的数学建模课程的选修率名列前茅，是该校影响最大的课程之一。每年的建模培训与建模竞赛备受学生瞩目，许多学生踊跃报名，要求参赛。由此可以看出，数学建模活动的深入开展具有广泛的群众基础，其独特的教育教学方式吸引了大批优秀学生，学校和教师通过努力探索，可以使之成为一个创新实践平台。

许多参加数学建模竞赛的同学均感到"一次参赛，终身受益！"

第二节　数学建模实例

本节给出两个数学建模实例，重点说明如何做出合理、简化假设，用数学语言表述实际问题，用数学理论解决问题以及结果的实际意义。

一、椅子放稳问题

1. 问题

四只脚的椅子在不平的地面上，通过调整位置，使其四只脚同时着地。

分析：四只脚的椅子在不平的地面上放置，通常只有三只脚着地，放不稳，然而只需稍微挪动几次，就可能使四只脚同时着地，就放稳了。这个看来似乎与数学无关的现象能用数学语言给以表述，并用数学工具来证实吗？

2. 模型假设

注意：我们并不研究所有的椅子和任意地面，我们需要明确要研究的对象和简化研究的问题，对椅子和地面做一些必要的假设。

（1）椅子：方形，四条腿一样长，椅脚与地面接触处可视为一个点，四脚的连线呈正方形。

（2）地面：高度是连续变化的，沿任何方向都不会出现间断（没有像台阶那样的情况），即地面可视为数学上的连续曲面。

（3）动作：将椅子放在地面上，对于椅脚的间距和椅脚的长度而言，地面是相对平坦的，使椅子在任何位置至少有三只脚同时着地。

3. 模型建立

模型构成的中心问题是用数学语言把椅子的四只脚同时着地的条件和结论表示出来。

在这里，我们研究方椅沿椅脚连线正方形的中心旋转的情形下椅子的状态变化。

（1）椅子位置的描述

根据模型假设中的假设（1），椅脚连线成正方形，以中心为对称点，正方形的中心的旋转正好代表了椅子位置的改变，于是可以用旋转角度 θ 这一变量表示椅子的位置（见图 1-1）。

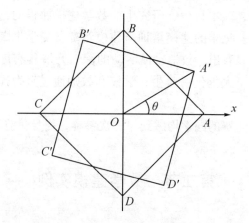

图 1-1　椅脚位置平面示意

椅脚连线为正方形 $ABCD$，对角线 AC 与 x 轴重合，椅子绕中心点 O 旋转角度 θ 后，正方形 $ABCD$ 转至 $A'B'C'D'$ 的位置，所以对角线 AC 与 x 轴的夹角 θ 表示了椅子的位置。

椅脚着地用数学语言来描述就是距离。由于椅子有四只脚，因此有四个距离，由正方形的中心对称性可知，只要设两个距离函数即可。

设 f 为 AC 两脚与地面距离之和，g 为 BD 两脚与地面距离之和。显然 f、g 是旋转角度 θ 的函数，于是，两个距离可表示为 $f(\theta)$、$g(\theta)$。

（2）模型

根据假设（2），f、g 是连续函数。根据假设（3），椅子在任何位置至少有三只脚着地，因此对于任意的 θ，$f(\theta)$、$g(\theta)$ 至少有一个为 0。

我们不妨设当 $\theta = 0$ 时，$g(\theta) = 0$，$f(\theta) > 0$。

于是，改变椅子的位置使四只脚同时着地的问题就归结为证明如下的数学命题：

已知 $f(\theta)$、$g(\theta)$ 是 θ 的连续函数，对任意 θ，$f(\theta)\,g(\theta) = 0$，且 $g(0) = 0$，$f(0) > 0$。证明存在 θ_0，使 $f(\theta_0) = g(\theta_0) = 0$。

4. 模型求解

上述命题有多种证明方法，这里介绍其中比较简单的一种。

令 $h(\theta) = f(\theta) - g(\theta)$，则 $h(\theta)$ 为连续函数。

当 $\theta = 0$ 时，$h(0) = f(0) > 0$。

将椅子旋转 90^0，对角线 AC 与 BD 互换，$\theta = \dfrac{\pi}{2}$。

$$h\left(\frac{\pi}{2}\right) = f\left(\frac{\pi}{2}\right) - g\left(\frac{\pi}{2}\right) = g(0) - f(0) = -f(0) < 0$$

于是，$h(\theta)$ 为闭区间 $\left[0, \dfrac{\pi}{2}\right]$ 上的连续函数，其端点异号。

由零点存在定理，得：

存在 θ_0，使 $h(\theta_0) = 0$，

$\because$ 对任意 θ，$f(\theta)\,g(\theta) = 0$

$\therefore f(\theta_0) = g(\theta_0) = 0$

结论：椅子一定能够放稳。

5. 评注

面对实际问题时，我们并没有马上看见数学，而是在建模的过程中逐步将数学语言引入的。

这个模型的巧妙之处在于用一元变量 θ 表示椅子的位置，用 θ 的两个函数表示椅子四脚与地面的距离，进而把模型假设和椅脚同时着地的结论用简单、精确的数学语言表达出来，构成了这个实际问题的数学模型。

由此可以看出，在模型建立过程中，有一些讨论我们粗糙带过，如四个距离变成两个距离等，这也是建模的常用方法。

二、商人过河问题

1. 问题

三名商人各带一个随从乘船过河,河中只有一只小船,小船只能容纳两人,由乘船者自己划船。随从们密约,在河的任何一岸,一旦随从的人数比商人多,就杀人越货,但是乘船渡河的大权掌握在商人们手中,商人们怎样才能安全渡河呢?

分析:这是一个智力游戏题,其中,商人明确知道随从的特性。该问题求解本不难,可以使用数学模型求解,目的是显示数学建模解决实际问题的规范性与广泛性。

显然这是一个构造性问题,虚拟的场景已经很明确简洁了,不需要再做假设,最多只做符号假设。

原问题为多阶段决策问题,使用向量的概念可较好地刻画各阶段的状态和变化。

2. 模型建立

令第 k 次渡河前此岸的商人数、随从数为 x_k,y_k,其中 $k = 1,2,\cdots$

定义状态向量: $s_k = (x_k, y_k)$。

称 s_k 的安全条件下的取值范围为允许状态集 S。

$$S = \{(x,y) \,|\, x = 0, y = 0,1,2,3; x = 3, y = 0,1,2,3; x = y = 1,2\}$$

定义一次渡船上的商人数和随从数为决策: $d_k = (u_k, v_k)$。

称 d_k 的取值范围为允许决策集 D。

$$D = \{(u,v) \,|\, u + v = 1,2\}$$

每次渡河产生状态改变,状态改变频律为

$$s_{k+1} = s_k + (-1)^k d_k$$

问题:求决策序列 $d_1, d_2, \cdots, d_n$,使 $s_1 = (3,3)$ 通过有限步 n 到达 $s_{n+1} = (0,0)$。

3. 模型求解

模型是递推公式,非常适合计算机编程搜索。不过,在这里我们采用数学上的一种常用方法求解,即图解法。

在平面直角坐标系中,用方格点代表状态 $s_k = (x_k, y_k)$,见图 1-2。其中,允许状态点用"○"表示。

决策:沿方格线在允许状态点之间移动 1~2 格。其中当 k 为奇数时,决策为渡河,向左、下方移动;当 k 为偶数时,决策为渡河,向右、上方移动。要确定一种移动方式,使状态 $s_1 = (3,3)$,通过有限步 n 到达原点 $s_{n+1} = (0,0)$。

图 1-2 给出了一种移动方案。这个结果很容易翻译成实际的渡河方案。

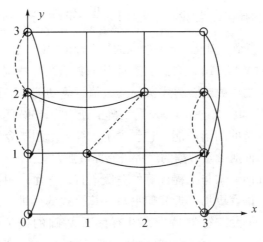

图 1-2　商人过河图解法示意

4. 评注

此问题的求解方法很典型，建立指标体系、变量符号化、确定变量关系、寻找求解方法。在解决实际问题特别是经济、社会问题使用定量分析方法时，常常使用这种方法进行数学建模。

本问题共有两个结果，读者可使用此方法寻找另一个结果。

第三节　MATLAB 软件概述

一、MATLAB 软件简介

1. 数学实验

数学实验就是以计算机为仪器，以软件为载体，通过实验体会数学理论、解决实际中的数学问题的一种方法。数学实验是计算机技术和数学、软件引入教学后出现的新事物，目的是提高学生学习数学的积极性，提高学生对数学的应用意识，并培养学生用所学的数学知识和计算机技术去认识问题和解决实际问题的能力。不同于传统的数学学习方式，数学实验强调的是以学生动手为主的数学学习方式。

通常我们所说的数学实验是指数学软件的使用，目前较流行的通用数学软件包括 MATLAB、Mathematica、Maple 等，它们均具有符号运算、数值计算、图形显示、高效编程的功能。除此之外，还有一些专业的数学软件，包括统计软件 Spss、Sas 和规划软件 Lindo、Lingo 等。

这些软件各有特点，本书主要介绍 MATLAB 软件的使用。

2. MATLAB 软件的特征

作为全世界最著名的通用数学软件，MATLAB 实现了我们通常教学中的几乎所有计算功能，并且超出我们的预期，如我们无法对 $\int_0^1 \frac{\sin(x)}{x}\mathrm{d}x$ 积分（别太认真），但 MATLAB 可以。想大量应用数学模型，但又不具有较强的数学理论知识，我们可以使用 MATLAB。

从矩阵运算起步的 MATLAB 软件，具有非凡的数值运算特别是矩阵运算能力，有大量简捷、方便、高效的函数或表达式实现其数值运算功能。在这方面，其他软件无法和 MATLAB 相比！比如，求一个 1 000 阶矩阵的逆矩阵，MATLAB 只需要 0.04 秒。

MATLAB 具有其独特的图形功能，它包含了一系列绘图指令和专门工具，其独有的数值绘图功能可以为面对大量数据的经济研究提供强大支持。

MATLAB 是一种面向科学与工程计算的高级语言，它允许用数学形式的语言编写程序，且比其他计算机语言更加接近我们书写计算公式的思维方式，其程序语言简单明了，程序设计自由度大，易学易懂，没有编程基础的研究者也可以很快掌握 MATLAB 编程方法。独立的 m 文件窗口设计，把编辑、编译、连接和执行融为一体，操作灵活，轻松实现快速排除输入程序中的书写错误、语法错误和语意错误。特别是 MATLAB 不仅有很强的用户自定义函数的能力，还有丰富的库函数可以直接调用，使我们可以回避许多复杂的算法设计，MATLAB 是一个简单高效的编程平台。

MATLAB2021 占用计算机的硬盘存储空间是 20G，这从一个侧面反映了软件内部功能的巨大，特别是 MATLAB 强大的工程研究工具。目前，MATLAB 内含 80 多个工具箱，每一个工具箱都是为某一类学科专业和应用而定制的，这些工具箱都是由该领域内学术前沿的专家编写设计，全世界的科学家在为 MATLAB 服务。

良好的开放性是 MATLAB 最受人们欢迎的特点之一。除内部函数以外，所有 MAT-LAB 的核心文件和工具箱文件都是可读可改的源文件，用户可对源文件进行二次开发，使之更加符合自己的需要。

由于 MATLAB 的应用几乎囊括所有学科，使得 MATLAB 具有丰富的网络资源。比如，你想编写一个整数规划函数，只需要在网上搜索即可得到许多免费支持，你要做的就是——读懂、判别、消化、修改，使之成为自己的资源。

3. MATLAB 软件应用探讨

MATLAB 软件是进行高等数学教学的强大辅助工具。在包括微积分、线性代数、概率统计等的高等数学教学活动中，我们一直面临着两难选择：一方面，面对日常教学和考试，学生需要进行大量的数学技巧训练；另一方面，面对后续课程，学生需要掌握较好的数学思维和基本的计算方法，而在有限的学时内实现上述两方面是很困难的。MATLAB 为我们提供了这种可能性，即只需要很少的学习时间来掌握 MATLAB，让不过分追求数学技巧的学生从繁杂的计算中解放出来，把数学建模和数学实验的思想引入他们的课程中，既是有益的也是有效的。目前，在许多高校本科生、研究生中均开设有"应用数学软件"类的课程供学生选修。

MATLAB 软件是进行数学建模的必备工具。数学模型是指通过抽象和简化的方式，使用数学语言对实际对象进行刻画，使人们更简明、深刻地认识所研究的对象的一种方法。数学建模包括建立数学模型的全过程，主要包括两个方面：建立数学模型、求解数学模型。于是数学建模求解工具，即数学软件成为必要。MATLAB 以其简洁高效的编程语言、丰富的计算函数使其成为数学建模工具的首选。

　　MATLAB 软件是进行科学研究的强大工具。MATLAB 工具箱几乎囊括了所有可计算类学科，而科学研究涉及大量数学模型，使 MATLAB 成为各类课程教学与研究的基本工具。例如，在经济学科中，为了解决现代金融中的计算问题，MathWorks 公司集结了一批优秀的金融研究人员，开发了包括 Financial Toolbox、Financial Derivatives Toolbox、Financial Time Series Toolbox、Fixed-Income Toolbox 等一系列的金融工具箱，几乎涵盖了所有金融问题，其功能目前仍在不断扩大。在欧美国家，MATLAB 已成为金融工程人员的常用工具，世界上超过 2 000 多家金融机构运用 MATLAB 进行研究分析、评估风险、有效管理公司资产，如国际货币基金组织、摩根士丹利等顶级金融机构都是 MathWorks 公司的注册用户。

二、MATLAB 软件基本操作

1. MATLAB 软件的运行界面

MATLAB 软件的工作界面采用微软的窗口界面形式（见图1-3）。

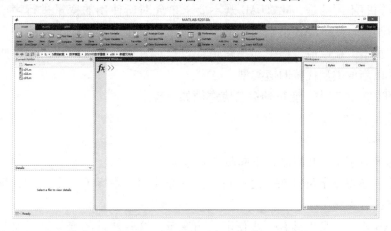

图1-3　MATLAB 软件的工作界面

　　主窗口中包含许多子窗口，如命令窗口（Command Window）、历史窗口（Command History）、当前目录窗口（Current Directory）、工作空间管理窗口（Workspace），这些子窗口均可以进行最小化、最大化、解锁、关闭。我们可以在命令窗口输入指令，使运算结果显示在命令窗口之中。

2. MATLAB 软件的基本操作

（1）基本计算

MATLAB 是一个超级计算器，我们可以直接在命令窗口中以平常惯用的形式输入，如输入：

456456 * 145678131/456456123

按回车键（Enter）显示结果如下：

ans =

1.4568e+005

这里"ans"是指当前的计算结果,若计算时用户没有对表达式设定变量,系统就自动赋当前结果给"ans"变量。

该结果是 MATLAB 科学记数法的一种显示格式,代表:

1.4568×10^5

事实上,MATLAB 保存在内存中的计算结果比显示结果更精确,不同版本精确度有一定差别,可以通过改变 MATLAB 的显示格式或使用 vpa 指令显示更精确的结果。例如,输入:

vpa(ans,30)

结果如下:

ans =

145678.091744507051771506667137

(2)变量

变量是任何程序设计语言的基本要素之一,MATLAB 语言当然也不例外。与常规的程序设计语言不同的是,MATLAB 既不要求事先对所使用的变量进行声明,也不需要指定变量类型,MATLAB 语言会自动依据所赋予变量的值或对变量所进行的操作来识别变量的类型。在赋值过程中如果赋值变量已存在时,MATLAB 语言将使用新值代替旧值,并以新值类型代替旧值类型。

在 MATLAB 语言中,变量的命名应遵循如下规则:

①变量名必须是不含空格的单个词。

②变量名区分大小写。

③变量名有字符个数限制,不同版本有差别。

④变量名必须以字母打头,之后可以是任意字母、数字或下划线,变量名中不允许使用标点符号。

MATLAB 语言本身也具有一些预定义的变量,这些特殊的变量称为常量。表 1-1 给出了 MATLAB 语言中经常使用的一些常量符号及表示数值。

表 1-1　MATLAB 语言中经常使用的常量符号及表示数值

常量符号	表示数值
ans	结果缺省变量名
pi	圆周率
eps	浮点运算的相对精度
inf	正无穷大
NaN	不定值
i, j	虚数单位
realmin	最小浮点数

表1-1(续)

常量符号	表示数值
realmax	最大浮点数
nargin	所用函数的输入变量数目
nargout	所用函数的输出变量数目

例如,输入:

vpa(pi,100)

结果如下:

ans =

3. 1415926535897932384626433832795028419716939937510582097494459230781640

62862089986280348875342117067

有两个指令经常使用:

clc　清屏

clear　清除变量,释放内存

(3)运算符及标点

MATLAB 中不同的标点具有不同的意义,MATLAB 允许算术运算、关系运算、逻辑运算等,并具有特定的运算符。MATLAB 软件特殊符号与运算符见表1-2。

表1-2　MATLAB 软件特殊符号与运算符

	符号	功能	符号	功能
标点	,	分隔符	;	不显示结果
	:	间隔	…	续行
	%	注释	—	—
算术运算符	+	加	-	减
	*	乘	/	除
	^	乘方	\	左除
	.*	点乘	./	点除
	.^	点次方	.\	点左除
关系运算符	= =	等于	~ =	不等于
	>	大于	<	小于
	>=	大于等于	<=	小于等于
逻辑运算符			逻辑或	&	逻辑与
	~	逻辑非	—	—

例如,输入:

456>789

结果如下:

ans =

    0

习题一

1. 本章第二节"椅子放稳问题"中,若将假设条件中四脚的连线呈正方形改为呈长方形,其余不变,试建模求解。

2. 本章第二节"商人过河问题"中,

(1) 若将假设条件部分更改,4 个商人和 4 个随从过河,能否安全过河?

(2) 若将假设条件部分更改,4 个商人和 4 个随从过河,河中一船仅容 3 人。试建模求解,并确定有几个结果。

(3) 假设有 3 对夫妻过河,船最多能载 2 人,条件是任一女子不能在其丈夫不在的情况下与其他男子在一起。如何安排三对夫妻过河? 若船最多能载 3 人,5 对夫妻能否过河?

3. 使用 MATLAB 求解。

(1) $\dfrac{123 \times 456^{78}}{876 \times 543^{75}}$(保留到小数点后 10 位)

(2) $\sin(\dfrac{\pi}{5})$

(3) $\arcsin(0.5)$

(4) $\ln(2)$

第二章 代数模型

本章介绍 MATLAB 矩阵运算功能及其在数学建模中的应用。

第一节 MATLAB 矩阵运算

MATLAB 的基本数据单位是矩阵，具有强大的矩阵运算功能。

一、建立矩阵

1. 直接输入法

MATLAB 中最简单的建立矩阵的方法是从键盘直接输入矩阵的元素：同一行中的元素用逗号"，"或者用空格符来分隔，空格个数不限；不同的行用分号"；"或回车分隔。所有元素处于方括号"［ ］"内。

当矩阵是多维（三维以上）且方括号内的元素是维数较低的矩阵时，会有多重的方括号。矩阵的元素可以是数值、变量、表达式或函数。矩阵的尺寸不必预先定义。

例如，输入：

［1 2 3;4 5 6;7 8 9］

运行结果如下：

```
ans =
    1    2    3
    4    5    6
    7    8    9
```

注：MATLAB 代码为 c01. m。

2. 利用已有数据

MATLAB 语言也允许用户调用在 MATLAB 环境之外定义的矩阵，最简单的方式就是复制、粘贴。

此外，MATLAB 提供了一些读取数据的指令，最常用的是 load 指令。其调用方法为：load+文件名［参数］。

例如，我们在工作路径下保存了一个 txt 文件，文件名为 data，内容为一个数据表，即

| 0.9501 | 0.6154 | 0.0579 | 0.0153 | 0.8381 |

| | 0.2311 | 0.7919 | 0.3529 | 0.7468 | 0.0196 |
| | 0.6068 | 0.9218 | 0.8132 | 0.4451 | 0.6813 |

在 MATLAB 中,输入:

load   data.txt

data

运行结果如下:

data =

0.9501	0.6154	0.0579	0.0153	0.8381
0.2311	0.7919	0.3529	0.7468	0.0196
0.6068	0.9218	0.8132	0.4451	0.6813

数据结果可以使用 save 指令保存下来。

例如，输入并执行

save data

内存中的变量将生成以 mat 为扩展名的文件并保存在工作路径下。

3. 生成向量

在区间 $[a,b]$ 上生成数据间隔相同的向量有两种方式:

(1)定步长 $a:t:b$

(2)等分 $\text{linspace}(a,b,n)$

例如，输入:

$x = 0:3:10$

$y = \text{linspace}(0,10,11)$

运行结果如下:

$x =$

| 0 | 3 | 6 | 9 |

$y =$

| 0 | 1 | 2 | 3 | 4 | 5 | 6 | 7 | 8 | 9 | 10 |

4. 函数命令

在 MATLAB 中，提供了一些生成特殊矩阵的指令。MATLAB 生成特殊矩阵的指令及功能见表 2-1。

表 2-1   MATLAB 生成特殊矩阵的指令及功能

指令	功能	指令	功能
[ ]	空矩阵	$\text{eye}(m,n)$	单位矩阵
$\text{zeros}(m,n)$	零矩阵	$\text{ones}(m,n)$	1 矩阵
$\text{rand}(m,n)$	均匀分布随机阵	$\text{randn}(m,n)$	正态分布随机矩阵
$\text{fix}(m*\text{rand}(n))$	整数随机阵	$\text{randperm}(n)$	1~n 随机排列
$\text{magic}(n)$	幻方阵	—	—

例如,输入:

$fix(10 * rand(4))$

运行结果如下:

ans =

8	6	9	9
9	0	9	4
1	2	1	8
9	5	9	1

注:MATLAB 代码为 c03.m。

二、操作矩阵

1. 元素定位

在 MATLAB 中,矩阵的操作从矩阵元素的定位开始。MATLAB 矩阵元素的定位方式见表 2-2。

表 2-2　MATLAB 矩阵元素的定位方式

指令	功能	指令	功能
$A(i,j)$	i 行 j 列	$A(i1:i2, j1:j2)$	$i1 \sim i2$ 行、$j1 \sim j2$ 列
$A(r, :)$	第 r 行	$A(:,r)$	第 r 列
$A(k,l)$	扩充	$A([i,j], :)$	部分行
$A(:, [i,j])$	部分列	$A([i,j], [s,t])$	子块

例如,输入:

$A = fix(10 * rand(4))$

$A(2:3, :)$

运行结果如下:

A =

4	6	6	6
9	0	7	1
7	8	7	7
9	9	3	0

ans =

9	0	7	1
7	8	7	7

注:MATLAB 代码为 c04.m。

2. 矩阵操作

在 MATLAB 中,矩阵的操作包括取值、更改、删除、增加、拉伸、拼接等。MAT-

LAB 矩阵元素的一些操作方式见表 2-3。

表 2-3　MATLAB 矩阵元素的一些操作方式

指令	功能	指令	功能
$A(i1:i2,\ :)=[\ ]$	删除 i1~i2 行	$A(:,\ j1:j2)=[\ ]$	删除 j1~j2 列
$A(:)$	拉伸为列	$[A\ \ B]$	拼接矩阵
$\mathrm{diag}(A)$	对角阵	$\mathrm{triu}(A)$	上三角阵
$\mathrm{tril}(A)$	下三角阵	—	—

例如，输入：

$A=\begin{bmatrix} 1\ 2\ 3 \\ 4\ 5\ 6 \\ 7\ 8\ 9 \end{bmatrix}$

运行后，输入：

$A(3,3)=100$

运行结果如下：

$A =$

1	2	3
4	5	6
7	8	100

输入：

$A(4,4)=100$

运行结果如下：

$A =$

1	2	3	0
4	5	6	0
7	8	100	0
0	0	0	100

输入：

$A(3,:)=[\ ]$

运行结果如下：

$A =$

1	2	3	0
4	5	6	0
0	0	0	100

输入：

$b=[2\ 2\ 2\ 2]$

$[A;b]$

运行结果如下：

$b =$

    2   2   2   2

ans =

1	2	3	0
4	5	6	0
0	0	0	100
2	2	2	2

输入：

$A(:)$

运行结果如下：

ans =

    1

    4

    0

    2

    5

    0

    3

    6

    0

    0

    0

  100

练习：说出 MATLAB 运行结果。

$x = -3:3$

$y1 = \mathrm{abs}(x) > 1$

$y2 = x([1\ 1\ 1\ 1])$

$y3 = x(\mathrm{abs}(x) > 1)$

$(x>0)\ \&\ (x<2)$

$x(\mathrm{abs}(x)>1) = [\quad]$

注：MATLAB 代码为 c05. m。

说明 MATLAB 矩阵有多种应用，试观察下列指令运行结果：

$d1 = [\exp(3*i); 3*4]$

$d2 = ['abs'\quad 4\ 56]$

syms $x\ y$

$d3 = [x\char94 2\ \sin(x)]$

$d4 = \{1\ 2\ 3; 4\ 5\ 6; 7\ 8\ 9\}$

$d5 = \{1:3 \quad \text{'abs'} \quad [56\ 76]\}$

$d5\{1\}$

注:MATLAB 代码为 c06. m。

三、矩阵运算

1. 基本运算

在 MATLAB 中,矩阵的基本算术运算有:加"+"、减"-"、乘"*"、右除"/"、左除"\"、乘方"^"、转置"'"。

例如,输入:

$A = [1\ 2\ 3; 4\ 5\ 6; 7\ 8\ 9];$

$A^{\wedge}2$

运行结果如下:

```
ans =

    30    36    42
    66    81    96
   102   126   150
```

注:MATLAB 代码为 c07. m。

2. 对应运算

矩阵的乘积法则是"左行右列",即两矩阵的乘积矩阵的每个元素等于左矩阵的行和右矩阵的列对应乘积后之和。事实上,在 MATLAB 中还有一种矩阵乘积运算称为"对应乘积",其运算法则为"对应元素乘积"。运算符为". *",又称为"点乘运算"。

MATLAB 矩阵对应元素包括:点乘". *"、点除"./"、点除".\"、点次方".^"。

矩阵的一些函数运算,如 sin、cos、tan、exp、log、sqrt 等,是针对矩阵内部的每个元素进行的,也是对应运算。矩阵的关系运算、逻辑运算也是对应运算。

例如,输入:

$A = [1\ 2\ 3; 4\ 5\ 6; 7\ 8\ 9];$

$A.^{\wedge}2$

运行结果如下:

```
ans =

     1     4     9
    16    25    36
    49    64    81
```

3. 复杂运算

在 MATLAB 中提供了一些矩阵运算的函数指令。MATLAB 矩阵运算的常用函数指令及功能见表 2-4。

表 2-4 MATLAB 矩阵运算的常用函数指令及功能

指令	功能	指令	功能
$\det(A)$	行列式	$\text{inv}(A)$ 或 $A\,\hat{}\,(-1)$	逆
$\text{size}(A)$	阶数	$\text{rank}(A)$	秩
$[V, D] = \text{eig}(A)$	特征值与特征向量	$\text{rref}(A)$	行阶梯最简式
$\text{orth}(A)$	正交化	$\text{trace}(A)$	迹
length	数组长度	—	—

例如，输入：

$A = [\,1\ 2\ 3;\ 4\ 5\ 6;\ 7\ 8\ 19\,]$；

$\det(A)$，$\text{inv}(A)$，$\text{eig}(A)$，$[V, D] = \text{eig}(A)$

运行结果如下：

ans =

    -30.0000

ans =

    -1.5667 0.4667 0.1000

    1.1333 0.0667 -0.2000

    0.1000 -0.2000 0.1000

ans =

    23.1279

    -0.5382

    2.4102

$V =$

    -0.1565 -0.8534 -0.1768

    -0.3413 0.5124 -0.8553

    -0.9268 0.0959 0.4871

$D =$

    23.1279 0 0

    0 -0.5382 0

    0 0 2.4102

注：MATLAB 代码为 c08.m。

第二节　城市交通流量问题

一、模型建立

1. 问题的提出

城市道路网中每条道路、每个交叉路口的车流量调查,是分析、评价及改善城市交通状况的基础。

某城市单行线流量如图 2-1 所示,其中数字表示该路段每小时按箭头方向行驶的已知车流量(单位:辆),变量表示该路段每小时按箭头方向行驶的未知车流量。

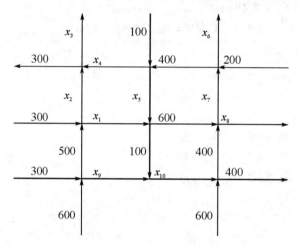

图 2-1　某城市单行线流量

问题:

(1)建立模型确定每条道路的流量关系。

(2)哪些未知流量可以确定?

(3)为了确定所有未知流量,还需要增添哪几条道路的流量统计?

2. 模型假设

(1)每条道路都是单行线。

(2)每条区间道路内无车辆进出,车辆数保持一致。

(3)每个交叉路口进入和离开的车辆数目相等。

3. 模型建立

每条道路的流量关系为线性方程组:

$$\begin{cases} x_2 - x_3 + x_4 = 300 \\ x_4 + x_5 = 500 \\ -x_6 + x_7 = 200 \\ x_1 + x_2 = 800 \\ x_1 + x_5 = 800 \\ x_7 + x_8 = 1000 \\ x_9 = 400 \\ -x_9 + x_{10} = 200 \\ x_{10} = 600 \\ x_8 + x_3 + x_6 = 1000 \end{cases}$$

二、MATLAB 求解线性方程组

MATLAB 求线性方程组的方法或指令有多个,这里只从矩阵运算的角度探讨此问题。

1. 线性方程组

线性方程组的一般形式为

$$\begin{cases} a_{11}x_1 + a_{12}x_2 + \cdots + a_{1n}x_n = b_1 \\ a_{21}x_1 + a_{22}x_2 + \cdots + a_{2n}x_n = b_2 \\ \cdots \\ a_{m1}x_1 + a_{m2}x_2 + \cdots + a_{mn}x_n = b_m \end{cases}$$

矩阵形式为

$AX = b$：

$A = (a_{ij})_{m\times n}$ 　 $b = (b_i)_{m\times 1}$

按方程数与未知数个数的关系划分为恰定方程 n = m、欠定方程 n>m、超定方程n<m。

2. 特解

MATLAB 求线性方程组的特解的方法较为简单,为

$x = A\backslash b$

注：当系数矩阵 A 为不可逆的方阵时，此方法失效。

3. 通解

MATLAB 求线性方程组的通解的方法要复杂一些：

先使用指令 rref($[A\ b]$)将线性方程组的增广矩阵化为简化阶梯形，而后使用自由变量的方法得到解的一般表达式。

若全部采用 MATLAB 求解线性方程组的通解，使用两个指令：

求特解　　　　　linsolve(A,b)

求导出组基础解系：$\text{null}(A,'r')$。

读者可运行 MATLAB 代码 c09.m 学习 MATLAB 求线性方程组的方法。

三、模型求解

线性方程组的增广矩阵为

$$\bar{A} = (A\,b) = \begin{pmatrix} 0 & 1 & -1 & 1 & 0 & 0 & 0 & 0 & 0 & 0 & 300 \\ 0 & 0 & 0 & 1 & 1 & 0 & 0 & 0 & 0 & 0 & 500 \\ 0 & 0 & 0 & 0 & 0 & -1 & 1 & 0 & 0 & 0 & 200 \\ 1 & 1 & 0 & 0 & 0 & 0 & 0 & 0 & 0 & 0 & 800 \\ 1 & 0 & 0 & 0 & 1 & 0 & 0 & 0 & 0 & 0 & 800 \\ 0 & 0 & 0 & 0 & 0 & 0 & 1 & 1 & 0 & 0 & 1000 \\ 0 & 0 & 0 & 0 & 0 & 0 & 0 & 0 & 1 & 0 & 400 \\ 0 & 0 & 0 & 0 & 0 & 0 & 0 & 0 & -1 & 1 & 200 \\ 0 & 0 & 0 & 0 & 0 & 0 & 0 & 0 & 0 & 1 & 600 \\ 0 & 0 & 1 & 0 & 0 & 1 & 0 & 1 & 0 & 0 & 1000 \end{pmatrix}$$

我们将矩阵输入 MATLAB 中，使用指令 $\text{rref}([A\ b])$ 可将增广矩阵化为简化阶梯形。

注：MATLAB 代码为 c10.m。

$$\bar{A} \to \begin{pmatrix} 1 & 0 & 0 & 0 & 1 & 0 & 0 & 0 & 0 & 0 & 800 \\ 0 & 1 & 0 & 0 & -1 & 0 & 0 & 0 & 0 & 0 & 0 \\ 0 & 0 & 1 & 0 & 0 & 0 & 0 & 0 & 0 & 0 & 200 \\ 0 & 0 & 0 & 1 & 1 & 0 & 0 & 0 & 0 & 0 & 500 \\ 0 & 0 & 0 & 0 & 0 & 1 & 0 & 1 & 0 & 0 & 800 \\ 0 & 0 & 0 & 0 & 0 & 0 & 1 & 1 & 0 & 0 & 1000 \\ 0 & 0 & 0 & 0 & 0 & 0 & 0 & 0 & 1 & 0 & 400 \\ 0 & 0 & 0 & 0 & 0 & 0 & 0 & 0 & 0 & 1 & 600 \\ 0 & 0 & 0 & 0 & 0 & 0 & 0 & 0 & 0 & 0 & 0 \\ 0 & 0 & 0 & 0 & 0 & 0 & 0 & 0 & 0 & 0 & 0 \end{pmatrix}$$

于是得到对应方程组：

$$\begin{cases} x_1 = 800 - x_5 \\ x_2 = x_5 \\ x_3 = 200 \\ x_4 = 500 - x_5 \\ x_6 = 800 - x_8 \\ x_7 = 1000 - x_8 \\ x_9 = 400 \\ x_{10} = 600 \end{cases}$$

所以，3 个未知流量 x_3，x_9，x_{10} 可以确定。

为了确定未知流量，我们需要增添两条道路的流量统计，如 x_5，x_8。

于是有

$$
x = \begin{pmatrix} 800 \\ 0 \\ 200 \\ 500 \\ 0 \\ 800 \\ 1000 \\ 0 \\ 400 \\ 600 \end{pmatrix} + k_1 \begin{pmatrix} -1 \\ 1 \\ 0 \\ -1 \\ 1 \\ 0 \\ 0 \\ 0 \\ 0 \\ 0 \end{pmatrix} + k_2 \begin{pmatrix} 0 \\ 0 \\ 0 \\ 0 \\ 0 \\ -1 \\ -1 \\ 1 \\ 0 \\ 0 \end{pmatrix}
$$

其中：k_1, k_2 为 x_5, x_8 的值。

第三节　投入产出模型

一、问题的提出

1. 问题

某地区有三个重要产业：煤矿、发电厂、地方铁路。

经成本核算，每开采 1 元钱的煤，煤矿要支付 0.25 元电费、0.25 元运输费；生产 1 元钱的电力，发电厂要支付 0.65 元煤费、0.05 元电费、0.05 元运输费；创收 1 元钱的运输费，铁路要支付 0.55 元煤费、0.1 元电费。

在某一周内煤矿接到外地 50 000 元订单，发电厂接到外地 25 000 元订单，外界对地方铁路没有需求。

问题：

(1) 三个企业一周内总产值各为多少才能满足自身及外界的需求？

(2) 三个企业间相互支付多少金额？

(3) 三个企业各创造多少新价值？

2. 分析

煤矿、电厂、铁路之间相互依存，使用表格来表示。某地区煤矿、发电厂、地方铁路投入产出情况见表 2-5。

表 2-5　某地区煤矿、发电厂、地方铁路投入产出情况　　　　单位:元

相关情况	煤矿	发电厂	地方铁路	订单	总产值	新创价值
煤矿	0	0.65	0.55	50 000	?	?
电厂	0.25	0.05	0.10	25 000	?	?
地方铁路	0.25	0.05	0	0	?	?

解决此类问题的理论被称为"投入产出模型"。

二、投入产出模型

1936 年瓦西里·列昂惕夫（Wassily Leontief）在研究多个经济部门之间的投入产出关系时，提出了投入产出模型，并因此获得了 1973 年的诺贝尔经济学奖。

投入产出模型是反映国民经济系统内各部门之间的投入与产出的依存关系的数学模型。投入是指各个经济部门在进行经济活动时的消耗，如原材料、设备、能源等；产出是指各经济部门在进行经济活动时的成果，如产品等。投入产出模型由两部分构成，即平衡表和平衡方程，它们又分价值型和实物型。

1. 投入产出表

投入产出表是反映一定时期各部门间相互联系和平衡比例关系的一种平衡表(见表 2-6)。

表 2-6　投入产出表

投入		产出					
		消耗部门				最终产品	总产品
		1	2	…	n		
生产部门	1	x_{11}	x_{12}	…	x_{1n}	y_1	x_1
	2	x_{21}	x_{22}	…	x_{2n}	y_2	x_2
	…	…	…	…	…	…	…
	n	x_{n1}	x_{n2}	…	x_{nn}	y_n	x_n
新增价值		z_1	z_2		z_n	—	
总产值		x_1	x_2	…	x_n		

2. 平衡方程

（1）产品分配:生产与分配使用情况

$$\sum_{j=1}^{n} x_{ij} + y_i = x_i, i = 1, 2, \cdots, n$$

其中, x_{ij} 为部门间流量, y_i 为最终产品, x_i 为总产值。

（2）产品消耗或产值构成：价值形成过程

$$\sum_{i=1}^{n} x_{ij} + z_j = x_j, j = 1, 2, \ldots, n$$

其中，z_j 为新创价值。

（3）综合

$$\sum_{i=1}^{m} y_i = \sum_{j=1}^{n} z_j$$

3. 平衡方程的矩阵形式

（1）直接消耗系数：代表部门间的单位流量

$$a_{ij} = \frac{x_{ij}}{x_j}$$

其中，a_{ij} 为直接消耗系数。

于是 $x_{ij} = a_{ij} x_j$

$$令 A = (a_{ij})_n, X = \begin{pmatrix} x_1 \\ x_2 \\ \cdots \\ x_n \end{pmatrix}, Y = \begin{pmatrix} y_1 \\ y_2 \\ \cdots \\ y_n \end{pmatrix}, Z = \begin{pmatrix} z_1 \\ z_2 \\ \cdots \\ z_n \end{pmatrix}$$

则有

$$(x_{ij})_n = (a_{ij})_n \begin{pmatrix} x_1 & & & \\ & x_2 & & \\ & & \cdots & \\ & & & x_n \end{pmatrix}$$

（2）分配方程：

$$\sum_{j=1}^{n} x_{ij} + y_i = x_i, i = 1, 2, \cdots, n$$

$$\sum_{j=1}^{n} a_{ij} x_j + y_i = x_i$$

$$AX + Y = X$$

$$(E - A)X = Y$$

于是，总产出向量为

$$X = (E - A)^{-1} Y$$

（3）消耗方程：

$$\sum_{i=1}^{n} x_{ij} + z_j = x_j, j = 1, 2, \ldots, n$$

$$\sum_{i=1}^{n} a_{ij} x_j + z_j = x_j$$

$$\left(1 - \sum_{i=1}^{n} a_{ij}\right) x_j = z_j$$

若令

$$W = \begin{pmatrix} x_1 & & \\ & \ddots & \\ & & x_n \end{pmatrix}, I = \begin{pmatrix} 1 \\ \vdots \\ 1 \end{pmatrix}^T$$

则有

$$(IAW)^T + Z = X$$

于是,新创价值向量为

$$Z = X - (IAW)^T$$

三、模型建立与求解

1. 模型

建立煤矿、发电厂、地方铁路投入产出模型(见表 2-7)。

表 2-7 煤矿、发电厂、地方铁路投入产出模型

投入		产出			最终产值	总产值
		消耗部门				
		煤矿	发电厂	地方铁路		
生产部门	煤矿	x_{11}	x_{12}	x_{13}	5 000	x_1
	发电厂	x_{21}	x_{22}	x_{23}	25 000	x_2
	地方铁路	x_{31}	x_{32}	x_{33}	0	x_n
新增价值		z_1	z_2	z_n	—	
总产值		x_1	x_2	x_n		

$$A = \begin{pmatrix} 0 & 0.65 & 0.55 \\ 0.25 & 0.05 & 0.10 \\ 0.25 & 0.05 & 0 \end{pmatrix}, Y = \begin{pmatrix} 50000 \\ 25000 \\ 0 \end{pmatrix}$$

求:

$$X = \begin{pmatrix} x_1 \\ x_2 \\ \cdots \\ x_n \end{pmatrix}, Z = \begin{pmatrix} z_1 \\ z_2 \\ \cdots \\ z_n \end{pmatrix}$$

2. 求解

使用 MATLAB 求解。

我们先将矩阵 A, Y 输入 MATLAB 中。

(1)三个企业一周的总产值

$$X = (E - A)^{-1} Y$$

在 MATLAB 中输入:

$X = (\text{eye}(3) - A) \backslash Y$

$\text{round}(X)$

运行结果如下:

ans =

     102087

      56163

      28330

注:round 为四舍五入取整指令。

即煤矿、发电厂、地方铁路一周的总产值分别为 102 087 元、56 163 元、28 330元。

(2)三个企业间相互支付的金额

$$(x_{ij})_n = (a_{ij})_n \begin{pmatrix} x_1 & & & \\ & x_2 & & \\ & & \cdots & \\ & & & x_n \end{pmatrix}$$

在 MATLAB 中输入:

$P = A * \text{diag}(X)$

$\text{round}(P)$

运行结果如下:

ans =

0	36506	15582
25522	2808	2833
25522	2808	0

即煤矿支付煤矿、发电厂、地方铁路的金额分别为 0 元、25 521 元、25 521 元,发电厂支付煤矿、发电厂、地方铁路的金额分别为 36 505 元、2 808 元、2 808 元,地方铁路支付煤矿、发电厂、地方铁路的金额分别为 15 581 元、2 833 元、0 元。

(3)三个企业新创价值

$Z = X - (\text{IAW})^T$

这个公式比较复杂,使用 MATLAB 可以更简单。

在 MATLAB 中输入:

$Z = X' - \text{sum}(P)$

$\text{round}(Z)$

运行结果如下:

ans =

     51044   14041   9916

即煤矿、发电厂、地方铁路一周内新创价值分别为 51 044 元、14 041 元、9 916 元。

    注:MATLAB 代码为 c11.m。

习题二

1. 使用 MATLAB 进行矩阵运算

设 $A = \begin{bmatrix} 1 & 1 & 1 & 1 \\ 1 & 1 & -1 & -1 \\ 1 & -1 & 1 & -1 \\ 1 & -1 & -1 & 1 \end{bmatrix}$，$B = \begin{bmatrix} 3 & -1 & 3 & -1 & -1 \\ -1 & 3 & -3 & 1 & 2 \\ 1 & 1 & 3 & 3 & 2 \\ 3 & 1 & 1 & -1 & 0 \end{bmatrix}$，$b = \begin{bmatrix} 1 \\ 2 \\ 0 \\ 3 \end{bmatrix}$

（1）求 Ab。

（2）取 B 的前 4 列为 C，计算 $A + C$，$A - \dfrac{C}{3}$，A 与 C 对应元素乘积。

（3）求 A 的行列式、逆矩阵、秩、特征值、特征向量。

（4）求 A 的伴随矩阵。

2. 生成主对角线元素为 1 到 100，其余元素均为 10 的 100 阶方阵。

3. 使用 MATLAB 解线性方程组

$B = \begin{bmatrix} 3 & -1 & 3 & -1 & -1 \\ -1 & 3 & -3 & 1 & 2 \\ 1 & 1 & 3 & 3 & 2 \\ 3 & 1 & 1 & -1 & 0 \end{bmatrix}$，$b = \begin{bmatrix} 1 \\ 2 \\ 0 \\ 3 \end{bmatrix}$

（1）求 $BX = b$ 特解。

（2）求 $BX = b$ 通解。

4. 使用 MATLAB 验证 3σ 法则

（1）生成 1 000 阶标准正态随机阵 $(a_{ij})_n$。

（2）计算元素 $|a_{ij}| < 3$ 的比例。

5. 设某工厂有三个车间，在某一个生产周期内各车间之间的直接消耗系数及最终需求见表 2-8

表 2-8　直接消耗系数及最终需求

车间	直接车间消耗系数			最终需求/千元
	一	二	三	
一	0.25	0.1	0.1	235
二	0.2	0.2	0.1	125
三	0.1	0.1	0.2	210

求：

（1）各车间的总产值。

（2）各车间之间相互支付的金额。

6. 表2-9给出的是某城市一年度的各部门间产品消耗量和外部需求量信息（均以产品价值计算），表中每一行的数字是某一个部门提供给各部门和外部的产品价值

表2-9　某城市一年度的各部门间产品消耗量和外部需求量信息　　单位:万元

	农业	轻工业	重工业	建筑业	运输业	商业	外部需求
农业	45.0	162.0	5.2	9.0	0.8	10.1	151.9
轻工业	27.0	162.0	6.4	6.0	0.6	60.0	338.0
重工业	30.8	30.0	52.0	25.0	15.0	14.0	43.2
建筑业	0.0	0.6	0.2	0.2	4.8	20.0	54.2
运输业	1.6	5.7	3.9	2.4	1.2	2.1	33.1
商业	16.0	32.3	5.5	4.2	12.6	6.1	243.3

（1）试列出投入产出简表，并求出直接消耗矩阵。

（2）根据预测，从这一年度开始的五年内,农业的外部需求每年会下降 1%,轻工业和商业的外部需求每年会递增 6%,而其他部门的外部需求每年会递增 3%。试由此预测这五年内该城市和各部门的总产值的平均每年增长率。

（3）编制第五年度的计划投入产出表。

第三章　MATLAB 符号运算与绘图

本章介绍 MATLAB 符号运算功能和基本的绘图功能。

第一节　MATLAB 符号运算

MATLAB 符号运算功能主要基于符号数学工具箱(symbolic math toolbox)，其核心代码来源于数学软件 Maple。

一、符号对象

MATLAB 中有许多数据类型，包括整型、浮点、逻辑、字符、日期和时间、结构数组、单元格数组、函数句柄以及符号型等。

符号运算有符号型、字符串两种基本形式。

1. 感受符号

[例 3-1]　在 MATLAB 中感受符号。

解　在 MATLAB 中输入：

$y = x^2$

运行后报错，显示红色字体：

??? Undefined function or variable 'x'.

由此可以看出，MATLAB 中使用符号必须定义。

在 MATLAB 中分别定义以下两种符号表达式：

$y = ' x^2 '$　%字符串

syms x　　%符号型

$z = x^2$

运行结果显示：

$y =$

x^2

$z =$

x^2

若在 MATLAB 中继续输入：

$y+1$

$z+1$

运行结果显示：

ans =

     121   95   51

ans =

$x\hat{}2 + 1$

若在 MATLAB 中继续输入：

$\text{limit}(y)$ %计算函数在 0 点的极限

运行后报错,显示红色字体：

??? Undefined function ' limit ' for input arguments of type ' char '.

若在 MATLAB 中继续输入：

$\text{limit}(z)$ %计算函数在 0 点的极限

运行结果显示：

ans =

0

若在 MATLAB 中继续输入：

$\text{fminbnd}(y,1,2)$ %求函数 y 在[−1,1]中的最小值

运行结果显示：

ans =

    1. 0001

若在 MATLAB 中继续输入：

$\text{fminbnd}(z,1,2)$ %求函数 y 在[−1,1]中的最小值

运行后报错,显示：

Error using fcnchk (line 107)

If FUN is a MATLAB object, it must have an feval method.

Error in fminbnd (line 194)

funfcn = fcnchk(funfcn,length(varargin)) ;

注：以上 MATLAB 代码为 c01. m。

说明：MATLAB 中使用符号必须定义。符号运算有符号型、字符串两种基本形式。

符号型、字符串两种基本形式在 MATLAB 符号运算中呈现不同的表现特征。例如，符号型支持四则运算,而字符串在四则运算中进行的是 ASCII 的运算。

有些 MATLAB 的函数指令只支持符号型或字符串其中一种形式。例如，fminbnd 指令只支持字符串形式，limit 指令只支持符号型形式。

2. 定义符号

(1)定义符号变量

在 MATLAB 中,定义符号变量的方式有：

符号型变量   syms   *x*   *y*   *z*

字符串　　　　　　　　$x =$'x'

清除符号变量　　　clear

（2）定义符号表达式

在 MATLAB 中,定义符号表达式的方式有：

符号型　　　　　　　syms x ,$f = \cdots$

字符串型　　　　　　$f =$'$\cdots$'

在 MATLAB 中，函数可以以多种形式定义，除以上两种定义符号表达式的方式外，还可以定义内联函数、句柄函数、m 函数文件等。

内联函数　　　　　　$f =$ inline('$\cdots$')

句柄函数　　　　　　$f = @(x)\cdots$

符号表达式本身不能直接计算函数值，需使用 eval 指令计算函数值，内联函数、句柄函数可以直接计算函数值。若使用内联函数、句柄函数的符号表达式，需定义自变量。

[**例 3-2**]　在 MATLAB 中使用符号。

解　在 MATLAB 中输入：

$f1 =$ sym('1/3')

$f1 + 1/2$

运行结果显示：

$f1 =$

1/3

ans =

5/6

使用符号数值运算,可以进行精确计算。

输入：

syms x ,$f2 = \exp(x^2)$

$f3 =$' $\exp(x^2)$'

运行结果显示：

$f2 =$

$\exp(x^2)$

$f3 =$

$\exp(t^2)$

从结果中看不出变量的类型，需使用 who、whos 或在工作空间管理窗口查看得到。

输入：

$f2(1)$

$f3(1)$

运行结果显示：

ans =

$\exp(x^2)$

ans =

e

输入：

$f4 = \text{inline}(\ '\exp(x^2)\ ')$

$f5 = @(x)\exp(x^2)$

运行结果显示：

$f4 =$

　　　Inline function：

　　　　$f4(x) = \exp(x^2)$

$f5 =$

　　　$@(x)\exp(x^2)$

输入：

$f4(2)$

$f5(2)$

运行结果显示：

ans =

　　　54.5982

ans =

　　　54.5982

注：以上 MATLAB 代码为 c02. m。

在 MATLAB 中，符号对象可以是表达式，也可以是符号矩阵、符号方程。

二、符号运算

利用符号变量可以构建符号表达式、符号函数、符号方程和符号矩阵等，然后可以进行初等运算、微积分运算、解方程、求最优值等操作。

1. 初等运算

在 MATLAB 中，符号型表达式支持四则运算。

符号基本运算为四则运算：$+ - * / \ \hat{}$，函数复合与反函数的函数指令分别为 compose (f,g)、finverse(f)。

[例 3-3]　在 MATLAB 中进行符号初等运算。

解　MATLAB 代码 c04. m 如下：

```
syms x
f = x^2 - 4 * x + 3
g = x^2 - 1
f + g
f - g
f * g
```

f/g

f^2

compose(f,g)

finverse(g)

运行结果显示：

$f =$

$x^2 - 4*x + 3$

$g =$

$x^2 - 1$

ans =

$2*x^2 - 4*x + 2$

ans =

$4 - 4*x$

ans =

$(x^2 - 1)*(x^2 - 4*x + 3)$

ans =

$(x^2 - 4*x + 3)/(x^2 - 1)$

ans =

$(x^2 - 4*x + 3)^2$

ans =

$(x^2 - 1)^2 - 4*x^2 + 7$

ans =

$(x + 1)^{(1/2)}$

在 MATLAB 符号工具箱中,包括了许多代数式化简和代换功能。MATLAB 函数化简指令及功能见表 3-1。

表 3-1　MATLAB 函数化简指令及功能

指令	功能	指令	功能
simplify	简化	collect	合并同类项
expand	展开	factor	分解因式
horner	嵌套表示	—	—

注:simple 指令会将 MATLAB 函数化简指令的主要结果全部显示。

[例 3-4]　在 MATLAB 中进行函数化简。

解　MATLAB 代码 c05. m 如下:

$f = $sym(' $x^3+1+6*x*(x+1)$')

simplify(f)

factor(f)

expand(f)

collect(f)

horner(f)

simple(f)

运行结果显示：

f =

$6 * x * (x + 1) + x\hat{}3 + 1$

ans =

$(x + 1) * (x\hat{}2 + 5 * x + 1)$

ans =

$(x + 1) * (x\hat{}2 + 5 * x + 1)$

ans =

$x\hat{}3 + 6 * x\hat{}2 + 6 * x + 1$

ans =

$x\hat{}3 + 6 * x\hat{}2 + 6 * x + 1$

ans =

$x * (x * (x + 6) + 6) + 1$

MATLAB 还有一个很有用的指令，可以增加表达式的可读性：

符号表达式习惯格式显示 pretty。

输入：

pretty(f)

运行结果显示：

$6\ x\ (x + 1)\ + x^3 + 1$

2. 微积分运算

(1)极限

求极限：$\lim\limits_{x \to a} f(x)$

格式：limit (f, x, a, option)

说明：函数 f 表达式可为符号型。极限变量 x 可缺省，默认变量为 x，或唯一符号变量。趋势点 a 可缺省，默认变量为 0。option 为"left"左极限或"right"右极限，可缺省。

[例 3-5]　求极限 $\lim\limits_{x \to 0} \dfrac{\sin(x)}{x}$ 等。

解　MATLAB 代码 c06. m 如下：

syms 　$x\ a$

limit (sin(x)/x)

limit (sin(x)/x,a)

limit (sin(x)/x,x,a)

limit (sin(x)/x,a,x)

limit $(\sin(x)/x,\inf)$

limit $(\exp(1/x),x,0,'\text{right}')$

limit $(\exp(1/x),x,0,'\text{left}')$

limit $(\exp(1/x),x,0)$

limit $(\sin(1/x))$

运行结果显示：

ans =

1

ans =

$\sin(a)/a$

ans =

$\sin(a)/a$

ans =

$\sin(x)/x$

ans =

0

ans =

Inf

ans =

0

ans =

NaN

ans =

NAN

注：不同版本结果显示不尽相同。

（2）导数

求导：$f^{(n)}(x)$

格式：diff (f, x, n)

说明：函数 f 表达式可为符号型、字符串。自变量 x 可缺省，默认变量为 x，或唯一符号变量。阶数 n 可缺省，默认为 1。

[例 3-6] 求导数 $(x\ln x)'$ 等。

解 MATLAB 代码 c07. m 如下：

```
syms x y a
f=x*log(x)
diff(f)
diff(f,2)
diff(f,a,2)
```

运行结果显示：

$f =$

$x * \log(x)$

ans =

$\log(x) + 1$

ans =

$1/x$

ans =

0

（3）积分

求积分：$\int_a^b f(x)\,\mathrm{d}x$

格式：int (f, x)，int (f, x, a, b)

说明：函数 f 表达式可为符号型、字符串。积分变量 x 可缺省，默认变量为 x，或唯一符号变量。a, b 为积分上下限。

[例 3-7]　求积分 $\int_0^{2\pi} 3x\sin(x)\,\mathrm{d}x$，$\int_0^{2\pi} \dfrac{\sin(x)}{x}\mathrm{d}x$ 等。

解　MATLAB 代码 c08. m 如下：

```
syms x
f=3*x*sin(x)
int (f)
int (f,0,2*pi)
int (sin(x)/x,0,2*pi)
vpa(ans,5)
```

运行结果显示：

$f =$

$3 * x * \sin(x)$

ans =

$3 * \sin(x) - 3 * x * \cos(x)$

ans =

$(-6) * \mathrm{pi}$

ans =

$\mathrm{sinint}(2 * \mathrm{pi})$

ans =

1. 4182

3. 其他

MATLAB 还可进行许多符号运算，如级数运算等。另外，插值运算不是符号运算，而是数值运算，不过在编排上不好单列，我们就把它放到这里吧。

（1）级数

求和运算,格式:

sum(A)　　　　　　　　矩阵求和

cumsum(A)　　　　　　矩阵累计求和

symsum(f,k,m,n)　　　符号求和,f 为表达式,变量 k 在 m 至 n 取值

泰勒展开式,格式:

taylor(f, x, $x0$, 'order', n)

说明: 函数 f 在 $x0$ 点展成泰勒展开式,显示至 n 次项,$x0$, 'order', n 可缺省。

[例 3-8] 演示 MATLAB 函数。

解 MATLAB 代码 c09. m 如下:

$a = $ fix($10 *$ rand(6))

sum($a(:)$)

syms n k

symsum(k)

$s = $ symsum($k,1,n$)

$n = 100$, eval(s)

syms x n k

s = symsum($k^2,1,n$)

factor(s)

symsum(x^k/factorial(k), k, 0, inf)

syms x

$f = $ exp(x)

taylor(f)

taylor(f,x)

taylor($f,x,2$)

taylor(f,x, 'Order', 10)

运行结果显示(部分):

ans =

189

ans =

$k^2/2 - k/2$

s =

$(n * (n + 1))/2$

n =

100

ans =

5050

$s =$

$(n*(2*n+1)*(n+1))/6$

ans =

$[\ 1/6, n, 2*n+1, n+1]$

ans =

$\exp(x)$

$f =$

$\exp(x)$

ans =

$x\hat{\ }5/120 + x\hat{\ }4/24 + x\hat{\ }3/6 + x\hat{\ }2/2 + x + 1$

ans =

$x\hat{\ }5/120 + x\hat{\ }4/24 + x\hat{\ }3/6 + x\hat{\ }2/2 + x + 1$

ans =

$\exp(2) + \exp(2)*(x-2) + (\exp(2)*(x-2)\hat{\ }2)/2 + (\exp(2)*(x-2)\hat{\ }$
$3)/6 + (\exp(2)*(x-2)\hat{\ }4)/24 + (\exp(2)*(x-2)\hat{\ }5)/120$

ans =

$x\hat{\ }9/362880 + x\hat{\ }8/40320 + x\hat{\ }7/5040 + x\hat{\ }6/720 + x\hat{\ }5/120 + x\hat{\ }4/24 + x\hat{\ }3/6 + x\hat{\ }$
$2/2 + x + 1$

（2）函数插值

拟合，格式：

$\quad p = \mathrm{polyfit}(x,y,n)$　　n 次多项式拟合,返回多项式系数

$\quad \mathrm{polyval}(p,x)$　　　　多项式求值

插值,格式：

$\mathrm{interp1}(x,y,\mathrm{xi},'\mathrm{method}')$　　一维插值

$\mathrm{interp2}(x,y,z,\mathrm{xi},\mathrm{yi},'\mathrm{method}')$ 二维插值

说明：插值方法 method 有 nearest（线性最近项）、linear（线性）、spline（三次样条）、pchip（三次）等。

［例 3-9］

解　MATLAB 代码 c10. m 如下：

$x0 = 0 : 0.2 : 2;$

$y0 = [-.447\ 1.978\ 3.11\ 5.25\ 5.02\ 4.66\ 4.01\ 4.58\ 3.45\ 5.35\ 9.22];$

$\mathrm{plot}(x0,y0,'\mathrm{ok}','\mathrm{MarkerFaceColor}','g','\mathrm{MarkerSize}',8,'\mathrm{LineWidth}',1.3)$

hold on

$xx = 0.1 : 0.2 : 2;$

$p1 = \mathrm{polyfit}(x0,y0,1)$

$$yy1 = \text{polyval}(p1, xx);$$
$$p2 = \text{polyfit}(x0, y0, 2)$$
$$yy2 = \text{polyval}(p2, xx);$$
$$p3 = \text{polyfit}(x0, y0, 3)$$
$$yy3 = \text{polyval}(p3, xx);$$

$$\text{plot}(xx, yy1, '-b', xx, yy2, 'm', xx, yy3, 'r')$$

$$t1 = \text{interp1}(x0, y0, xx, '\text{nearest}')$$
$$t2 = \text{interp1}(x0, y0, xx, '\text{linear}')$$
$$t3 = \text{interp1}(x0, y0, xx, '\text{spline}')$$
$$t4 = \text{interp1}(x0, y0, xx, '\text{pchip}')$$

$$\text{plot}(xx, t1, 'r.')$$
$$\text{plot}(xx, t2, '.')$$
$$\text{plot}(xx, t3, 'p')$$
$$\text{plot}(xx, t4, 'r+')$$

运行结果显示（部分结果）：

$p1 =$

    2.7497   1.4486

$p2 =$

    −0.5200   3.7897   1.1366

$p3 =$

    7.0864   −21.7793   20.0035   −0.9043

$t1 =$

    1.9780   3.1100   3.1100   5.0200   4.6600   4.0100

4.5800   3.4500   5.3500   9.2200

$t2 =$

    0.7655   2.5440   4.1800   5.1350   4.8400   4.3350

4.2950   4.0150   4.4000   7.2850

$t3 =$

    1.1953   2.4375   4.2832   5.3396   4.8561   4.2235

4.3760   3.9826   3.9500   7.2425

$t4 =$

    0.9565   2.5518   4.3651   5.1701   4.8628   4.2771   4.2950

4.0150   4.0814   6.9967

第二节 MATLAB 图形功能

MATLAB 具有强大的绘图功能。MATLAB 可通过绘图函数和图形编辑窗口来创建和修改图形，还可以直接对图形句柄进行低层绘图操作。本节介绍绘制二维图形和三维图形的绘图函数以及常见的图形控制函数的使用方法。

一、二维曲线

1. 数值绘图

在 MATLAB 中最基本而且应用最为广泛的绘图指令为数值绘图指令 plot，其基本格式见表 3-2。

表 3-2　MATLAB 绘图指令 plot 的基本格式

功能	格式	说明
定义自变量的取值向量	$x = [\cdots]$ $x = a:t:b$ $x = \text{linspace}(a,b,n)$	—
定义函数的取值向量	$y = [\cdots], y = f(x)$	注意数组的对应运算:点乘、点除、点次方
绘制二维折线图指令	$\text{plot}(x,y), \text{plot}(x)$	参数只有 x 时，横轴为数据序号

[例 3-10]　绘图 $y = x\sin(x)$ 。

解　MATLAB 代码 c11. m 如下：

$x = -15:15;$

$y = x. * \sin(x);$

$\text{plot}(x,y)$

运行此代码，跳出 MATLAB 图形窗口(见图 3-1)。

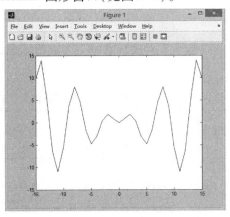

图 3-1　MATLAB 图形窗口

MATLAB 默认的图片保存文件扩展名为.fig,常见的图片浏览器打不开此文件,于是可将图片文件另存为扩展名为.jpg、.bmp 等类型图片文件。

若将代码改成:

$x=-15:15$;

$y=x.*\sin(x)$;

$\text{plot}(x,y,'.')$

图形显示为图 3-2(1)。

若将代码改成:

$x=-15:0.1:15$;

$y=x.*\sin(x)$;

$\text{plot}(x,y,'.')$

图形显示为图 3-2(2)。

MATLAB 图形显示见图 3-2。

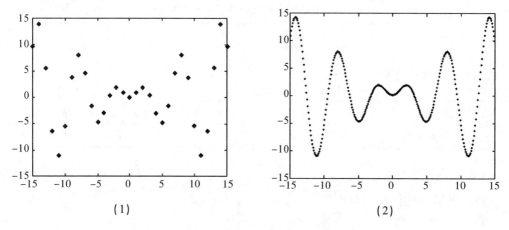

(1)　　　　　　　　　　　　　　(2)

图 3-2　MATLAB 图形显示

由此可以看出,使用 plot 绘图时,并不是绘制函数 $y=x\sin(x)$ 的图形,而是绘制在函数 $y=x\sin(x)$ 取值的点的图形,只是显示的线型有差别。

2. 线型与颜色

绘图指令 plot 可以通过参数设置对曲线的线型等进行定义,其参数设置格式和参数选项见表 3-3、表 3-4。

表 3-3　MATLAB 绘图指令 plot 的参数设置格式

函数	功能	说明
$\text{plot}(x,y,\ LineSpec)$	绘制指定线型曲线	线型选项:LineSpec
$\text{plot}(x,y,LineSpec,$ $'PropertyName',PropertyValue)$	绘制指定属性曲线	属性控制: LineWidth,MarkerEdgeColor, MarkerFaceColor,MarkerSize

表 3-4 MATLAB 绘图指令 plot 的参数选项

符号	线型	符号	点型	符号	颜色
$-$	实线	$.\ o\ x\ +\ *$	点符号	r	Red
$:$	点线	$\hat{}\ v > <$	三角符	g	Green
$-.$	点划线	s(square)	方块	b	Blue
$--$	虚线	d(diamond)	菱形	c	Cyan
—	—	p(pentagram)	五角星	m	Magenta
—	—	h(hexagram)	六角星	y	Yellow
—	—	—	—	k	Black
—	—	—	—	w	White

[**例** 3-11] 使用 plot 参数设置绘图。

解 MATLAB 代码 c12.m 如下：

$x = \text{linspace}(-6*\text{pi}, 6*\text{pi}, 200)$；

$y = x.*\sin(x)$；

$\text{plot}(x, y, 'r^o')$

$x = [-1.2\ 0\ 1.3\ 1.4\ 1.6\ 2.1\ 2.3\ 2.9\ 3.4\ 4.5\ 5.6]$；

$\text{plot}(x, 'p', '\text{LineWidth}', 2, '\text{MarkerEdgeColor}', 'r', \ldots,$

$'\text{MarkerFaceColor}', 'g', '\text{MarkerSize}', 12)$

MATLAB 图形显示见图 3-3。

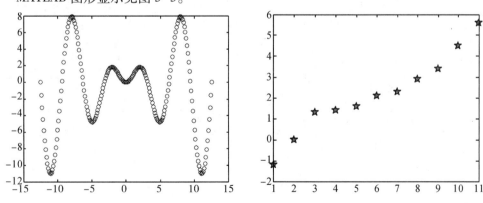

图 3-3 MATLAB 图形显示

3. 函数绘图

MATLAB 函数绘图指令的使用格式见表 3-5。

表 3-5　MATLAB 函数绘图指令的使用格式

函数	功能	说明
$\text{fplot}(f,[a,b])$ $\text{fplot}(f,[a,b],\text{LineSpec})$	函数绘图	f：句柄函数，向量化变量输入， 支持参数方程绘图， 支持线型设置
$\text{ezplot}(f)$ $\text{ezplot}(f,[a,b])$	快捷绘图	f：字符串或符号型， 支持隐函数绘图， 不支持线型设置

[**例 3-12**]　绘图 $y=\sin(x^2)/x$（绘制点图）。

解　分别使用 plot、fplot 绘图，MATLAB 代码 c11. m 如下：

$\text{fplot}(@(x)\sin(x.\char94 2)./x,[-8,8],'.')$

$x=-8:0.04:8;$

$y=\sin(x.\char94 2)./x;$

$\text{plot}(x,y,'.')$

从图 3-4 中可以看出，两指令绘图效果不尽相同。

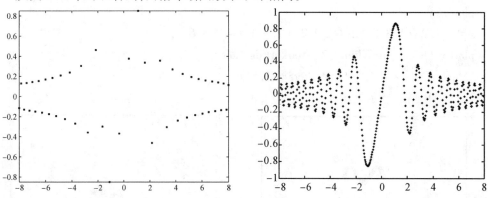

图 3-4　两指令绘图效果

[**例 3-13**]　绘图。

(1) $x^2-y^2=1$

(2) $\begin{cases} x=\cos(3t) \\ y=\sin(2t) \end{cases}$

解　MATLAB 代码 c14. m 如下：

$\text{ezplot}('x\char94 2-y\char94 2=1')$

$xt=@(t)\cos(3*t);$

$yt=@(t)\sin(2*t);$

$\text{fplot}(xt,yt)$

MATLAB 图形显示见图 3-5。

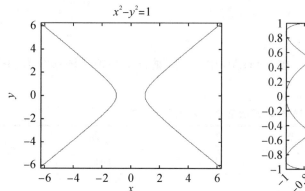
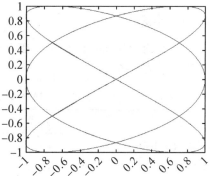

图 3-5 MATLAB 图形显示

[**例** 3-14] 绘图 $y = \tan(5x)$。

解 分别使用 plot、fplot、ezplot 绘图，MATLAB 代码 c15. m 如下：

$x = 0 : 0.1 : 5;$

$y = \tan(5 * x);$

$\text{plot}(x, y)$

$\text{fplot}(@(x)\tan(5 * x), [0, 5])$

$\text{ezplot}('\tan(5 * x)', [0, 5])$

MATLAB 图形显示见图 3-6。

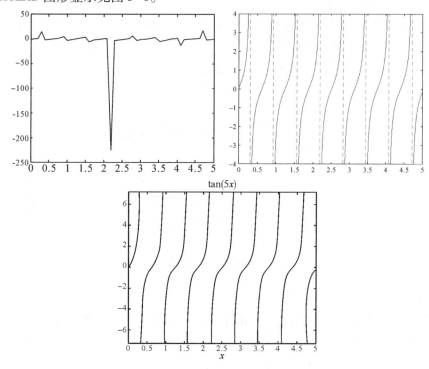

图 3-6 MATLAB 图形显示

二、三维曲线

1. 数值绘图

与二维绘图指令 plot 相对应，在 MATLAB 中，三维曲线的数值绘图指令为 plot3，其使用格式见表 3-6。

表 3-6　MATLAB 绘图指令 plot3 的使用格式

功能	格式	说明
定义参数的取值	$t = \cdots$	向量
定义坐标的取值	$x = x(t)$ $y = y(t)$ $z = z(t)$	注意数组的对应运算：点乘、点除、点次方
数值绘图	plot3(x, y, z) plot3$(x, y, z,$ LineSpec$)$	支持线型设置

[例 3-13]　观察空间曲线绘图效果。

解　MATLAB 代码 c14. m 如下：

$t = (0:0.02:2) * \text{pi};$

$x = \sin(t); y = \cos(t); z = \cos(2 * t);$

plot3$(x, y, z, 'b-', x, y, z, 'bd')$

view$([-82,58])$, box on

其中，在 plot3 指令中使用了多个图形叠绘的功能（后面介绍），view 视角设置，box on 坐标加边框。MATLAB 图形显示见图 3-7。

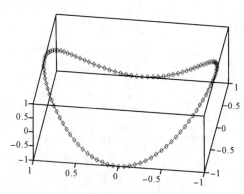

图 3-7　MATLAB 图形显示

2. 函数绘图

与二维绘图指令 ezplot 相对应，在 MATLAB 中，三维曲线的函数绘图指令为 ezplot3，其使用格式见表 3-7。

表 3-7 MATLAB 绘图指令 ezplot3 的使用格式

功能	函数	说明
函数绘图	ezplot3(x,y,z) ezplot3$(x,y,z,[a,b])$	x,y,z:含参字符串 或 符号型

[例 3-16] 绘图。

$$\begin{cases} x = e^{\frac{t}{10}} \\ y = \sin(t)\cos(t) \\ z = t \end{cases}$$

解 MATLAB 代码 c17. m 如下：

ezplot3$('\exp(t/10)','\sin(t)*\cos(t)','t',[0,6*\mathrm{pi}])$

MATLAB 图形显示见图 3-8。

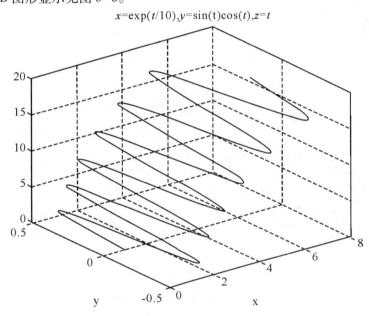

图 3-8 MATLAB 图形显示

三、三维曲面

1. 数值绘图

MATLAB 提供了 surf 指令和 mesh 指令来绘制三维曲面图。MATLAB 曲面绘图指令见表 3-8。

表 3-8　MATLAB 曲面绘图指令

功能	格式	说明
建立由 (x,y) 构成的网格点	$[x,y] = \mathrm{meshgrid}(a{:}t{:}b)$ $[x,y] = \mathrm{meshgrid}(x,y)$	矩阵
定义曲面函数的取值	$z = z(x,y)$	注意矩阵的对应运算:点乘、点除、点次方
绘制表面图	$\mathrm{surf}(z)$ $\mathrm{surf}(x,y,z)$	各线条之间的补面用颜色填充
绘制网格图	$\mathrm{mesh}(x)$ $\mathrm{mesh}(x,y,z)$	各线条之间的补面为白色

[例 3-17]　绘图: $z = x^2 + y^2$。

解　此曲面为旋转抛物面,MATLAB 代码 c18. m 如下:

$[x,y] = \mathrm{meshgrid}(-1{:}0.1{:}1)$;

$z = x.\text{\textasciicircum}2 + y.\text{\textasciicircum}2$;

$\mathrm{surf}(x,y,z)$

$\mathrm{mesh}(x,y,z)$

MATLAB 图形显示见图 3-9。

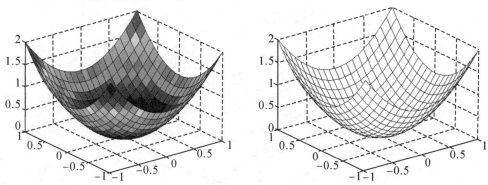

图 3-9　MATLAB 图形显示

值得注意的是,通常我们画旋转抛物面的图像形如一个碗,怎么成吊床了?

[例 3-18]　讨论 (x,y) 构成的网格点问题。

解　MATLAB 代码为 c19. m

x,y 各取三点,并计算 z 值:

$x = 0{:}1{:}2$

$y = 0{:}1{:}2$

$z = x.\text{\textasciicircum}2 + y.\text{\textasciicircum}2$

结果为

$x =$

　　　0　　　1　　　2

$y =$

　　0　　1　　2

$z =$

　　0　　2　　8

事实上,在空间上只得到三点 $(0,0,0)$,$(1,1,2)$,$(2,2,8)$,不可能画出空间曲面图。

使用 meshgrid 指令将 (x,y) 取的点织成网格,

$[x,y] = \text{meshgrid}(x,y)$

得到九点:

$x =$

　　0　　1　　2

　　0　　1　　2

　　0　　1　　2

$y =$

　　0　　0　　0

　　1　　1　　1

　　2　　2　　2

使用此九点画图。

$z = x.\char94 2 + y.\char94 2$

$\text{surf}(x,y,z)$

得到的图形见图 3-10。

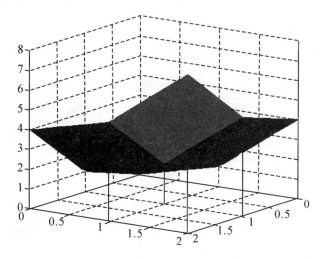

图 3-10　MATLAB 图形显示

[例 3-19]　绘制 $y = x$ 的平面图。

解　通过选取平面上的 4 点,构建 2 阶矩阵,绘制平面图,MATLAB 代码为 c20. m。

$x = [0\ 1;0\ 1]$

$y = [0\ 1;0\ 1]$

$z = [0\ 0;1\ 1]$

$\text{surf}(x,y,z)$

即可得到平面图形。

[例 3-20]   使用输入参数为 1 个矩阵的绘图指令格式。

解   MATLAB 代码为 c20. m

$x = [1\ 2\ 3\ 4;1\ 2\ 4\ 8;1\ 3\ 6\ 9]$

$\text{mesh}(x)$

y=peaks;%生成一个 49 阶的高斯分布矩阵

$\text{surf}(y)$

得到的图形见图 3-11。

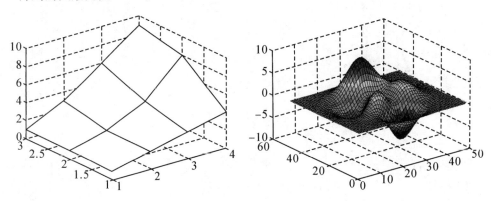

图 3-11   MATLAB 图形显示

2. 修饰

MATLAB 提供了许多曲面图形的修饰指令。MATLAB 曲面图形修饰见表 3-9。

表 3-9   MATLAB 曲面图形修饰

功能	函数	说明及选项(options)
着色	shading options	interp flat faceted
透视	hidden options	on off
颜色控制	surf(x,y,z,t)	t:控制节点
色图	colormap(CM)	CM:jet hot cool hsv gray copper pink bone flag spring summer autumn winter[R G B]:0~1

[例 3-21]   绘图并使用修饰

$$z = \frac{\sin(\sqrt{x^2 + y^2})}{\sqrt{x^2 + y^2}}$$

解   MATLAB 代码为 c21. m

$[x,y] = \text{meshgrid}(-8:.1:8);$

R = sqrt($x.$^2+$y.$^2) + eps;

$z = \sin(R)./R$;

surf(z)

shading interp

axis off

MATLAB 图形显示见图 3-12。

图 3-12　MATLAB 图形显示

另外,注意 eps 的使用。

[例 3-22]　显示色图控制效果。

解　MATLAB 代码为 c22. m

[x,y] = meshgrid(-5:5);

$z = x$;

$t = $ rand(11);

surf(x,y,z,t)

MATLAB 图形显示见图 3-13。

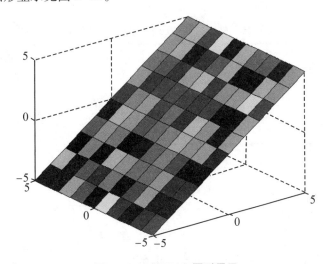

图 3-13　MATLAB 图形显示

每次运行代码的效果会不一样。

[**例**3-23]　体会色图控制效果。

解　MATLAB 代码为 c23. m

$[x,y] = \text{meshgrid}(-8:.5:8)$;

$R = \text{sqrt}(x.^2+y.^2)+\text{eps}$;

$z = \sin(R)./R$;

$\text{surf}(z)$

shading interp

axis off

colormap(cool)

MATLAB 图形显示见图 3-14。

图 3-14　MATLAB 图形显示

色图选项不同,效果会不一样。

3. 函数绘图

MATLAB 提供了曲面图形的函数绘图指令。MATLAB 曲面图形的函数绘图指令见表 3-10。

表 3-10　MATLAB 曲面图形的函数绘图指令

函数	功能	说明
绘制表面图	$\text{ezsurf}(f)$ $\text{ezsurf}(f,[a,b])$	f:含参字符串或符号型
绘制网格图	$\text{ezmesh}(f)$ $\text{ezmesh}(f,[a,b])$	f:含参字符串或符号型

[**例**3-24]　函数绘图并与数值绘图比较

$z = \text{real}(\arctan(x+iy))$

解　MATLAB 代码为 c24. m

ezsurf('real(atan(x+i*y))')

$[x,y] = \text{meshgrid}(\text{linspace}(-2*\text{pi},2*\text{pi},60))$;

$z = \text{real}(\text{atan}(x+i.*y))$;

$\text{surf}(x,y,z)$

axis tight

得到两个图形(见图 3-15)。

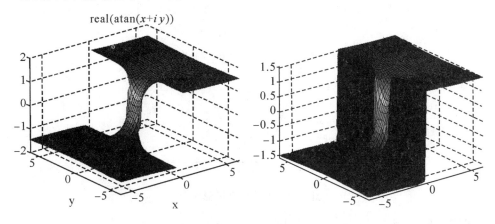

图 3-15　MATLAB 图形显示

四、其他

1. 显示多个图形

MATLAB 显示的多个图形有多种形式(见表 3-11)。

表 3-11　MATLAB 显示多个图形

多种形式	函数	功能
同一窗口叠绘	$w = [f;g]$; $plot(x,w)$	二维折线图
	$plot(x,y,LineSpec,x,z,LineSpec,\cdots)$	二维折线图
	hold　on	保持图形
	hold　off	关闭保持图形功能
同一窗口多个子图	$subplot(m,n,p)$	分块绘图
指定图形窗口绘图	$figure(k)$	图形窗口
窗口控制	clf	删除图形
	close	关闭图形窗口

[例 3-25]　绘图 $y = k\cos(x), k = 0.4:0.1:1, x \in [0, 2\pi]$。

解　MATLAB 代码 c25.m 如下:

$x = 0:0.1:2 * pi$;

$k = 0.4:0.1:1$;

$y = \cos(x)' * k$;

$plot(x,y)$

MATLAB 图形显示见图 3-16。

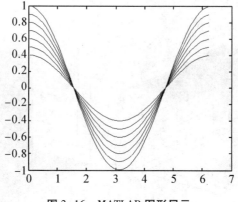

图 3-16 MATLAB 图形显示

[**例** 3-26] 用图形表示连续调制波形 $y = \sin(t)\sin(9t)$ 及其包络线。

解 MATLAB 代码 c26. m 如下：

$t = (0:\text{pi}/100:\text{pi})'$;
$y1 = \sin(t) * [1, -1]$;
$y2 = \sin(t) . * \sin(9 * t)$;
$t3 = \text{pi} * (0:9)/9$;
$y3 = \sin(t3) . * \sin(9 * t3)$;
$\text{plot}(t, y1, 'r:', t, y2, 'b', t3, y3, 'bo')$
$\text{axis}([0, \text{pi}, -1, 1])$

MATLAB 图形显示见图 3-17。

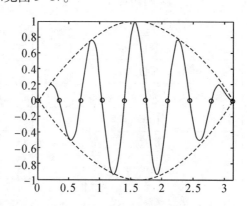

图 3-17 MATLAB 图形显示

2. 图形的标记和坐标控制

MATLAB 图形窗口可以对图形进行标记、对坐标进行控制（见表 3-12）。

表 3-12　MATLAB 图形控制

功能	函数	说明及 options
视角控制	$\text{view}([az,el])$ $\text{view}([vx,vy,vz])$	设置:方位角。仰角设置:坐标
坐标控制	$\text{axis}([\text{xmin xmax ymin ymax zmin zmax cmin cmax}])$ axis options	坐标范围 auto manual tight fill ij xy equal image square vis3d normal off on
坐标轴标注	$\text{title}('\text{f 曲线图}')$ $\text{xlabel}('x\,\text{轴}')\ \text{ylabel}('y\,\text{轴}')\ \text{zlabel}('z\,\text{轴}')$	加图名,坐标轴加标志
坐标标注	$\text{text}(x,y,'\text{string}')$ $\text{text}(x,y,z,'\text{string}')$	定位标注

3. 其他绘图指令

MATLAB 还有许多其他的绘图指令(见表 3-13)。

表 3-13　MATLAB 其他绘图指令

功能	函数	说明
极坐标	$\text{polar}(\text{theta},\text{rho},\text{LineSpec})$ $h = \text{polar}(\dots)$	绘图取值
球面	$\text{sphere}(n)$ $[X,Y,Z] = \text{sphere}(n)$	单位球取值

[例 3-27]　极坐标绘图。

$r = \cos(2\theta)$

$r = 2(1 + \cos\theta)$

解　MATLAB 代码 c27. m 如下:

$t = 0:0.02:2*\text{pi};$

$\text{subplot}(1,2,1)$

$\text{polar}(t,\cos(2*t),'g*')$

$\text{subplot}(1,2,2)$

$\text{polar}(t,2*(1+\cos(t)),'r*')$

MATLAB 图形显示见图 3-18。

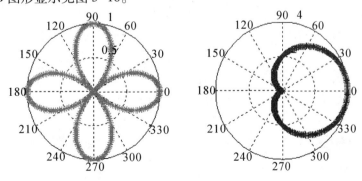

图 3-18　MATLAB 图形显示

[例 3-29] 绘制球面。

解 MATLAB 代码 c29. m 如下：

sphere(30)

axis equal

shading interp

MATLAB 图形显示见图 3-19。

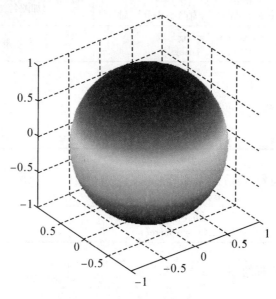

图 3-19 MATLAB 图形显示

4. 进一步讨论

[例 3-26] 再次讨论 $z = x^2 + y^2$。

解 通常我们画旋转抛物面为一个"碗"，需要 (x,y) 在圆内取值，即 r,θ 两个量均匀取值，一个是圆内均匀取圆环，另一个是圆周上均匀取点：$x = r\cos\theta, y = r\sin\theta$。

MATLAB 代码 c25. m 如下：

```
n = 30;
k = 0;
for r = 0:1/n:1
    k = k+1;
    x(k,:) = r * cos(linspace(0,2 * pi,n));
    y(k,:) = r * sin(linspace(0,2 * pi,n));
end
z = x.^2+y.^2;
surf(x,y,z)
axis equal
shading interp
```

colormap(winter)

%axis off

MATLAB 图形显示见图 3-20。

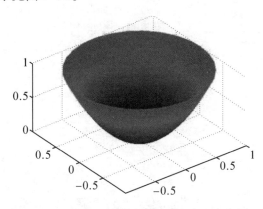

图 3-20 MATLAB 图形显示

习题三

1. 使用 MATLAB 计算。

(1)因式分解：$y = 2x^5 - x^4 + 6x^2 - 7x + 2$。

(2) $\lim\limits_{x \to 0^+} (\cos x)^{\frac{1}{x^2}}$。

(3) $y = e^{-x^2}$，求：y''。

(4) $\int_0^\infty t e^{-2t} \mathrm{d}t$。

(5) $\iint\limits_D \dfrac{1}{1 + x^2 + y^2} \mathrm{d}x\mathrm{d}y$，其中 $D : x^2 + y^2 \leqslant 1$。

2. 使用 MATLAB 绘图。

(1)曲线 $y = \dfrac{\sin x^2}{x + 1}, 0 < x < 5$（红色，'o'线，标记 x y 轴、曲线名）。

(2)在同一窗口中绘制曲线 $0 \leqslant x \leqslant 20$：

$y1 = e^{-0.1x}\sin x$（红色，'.'点线）；$y2 = e^{-x}\sin 5x$（蓝色，点划线）。

(3)曲线 $x = t\cos(2t)$，$y = t\sin(2t)$（参数方程曲线，t 为参数）（蓝色，*点线）。

(4)空间曲线 $x = \sin t$，$y = \cos t$，$z = t$。

(5)曲面 $z = \sqrt{|xy|}$（x y 均在 $[-2,2]$，去掉网格，无刻度，色系为 cool）。

(6)上题中加入一个原点为球心、半径为 1 的球（去掉网格，无刻度，色系为 flag）。

(7)曲面 $z = xy\sin(xy)$（$-2 \leqslant x, y \leqslant 2$）。

(8)曲线 $r = \sqrt[4]{\sin(5\theta)}, 0 \leqslant \theta \leqslant 2\pi$（极坐标曲线）（紫红色，点线）。

3. 使用 MATLAB 绘制曲面 $z = -17x^2 + 16y|x| - 17y^2 (-10 \leq x, y \leq 10)$ 带填充颜色等高线图(100 个等高线,去掉等高线,色系为 jet)。

注:Matlab 指令为 contourf,通过使用 help 学习指令使用方法。

第四章　方程模型

方程求解在数学理论研究、实际应用中均是一类非常重要的问题。对于工程技术和社会经济领域中的许多问题，当不考虑时间因素的变化，将其作为静态问题处理时，这些问题常常可以建立代数方程模型；当考虑时间因素的变化，将其作为动态问题处理时，这些问题常常可以建立微分方程模型。方程求解也是 MATLAB 软件符号运算、数值运算关注的一个重要问题。本章介绍 MATLAB 代数方程与微分方程的求解函数，并介绍几个方程模型的建立和求解。

第一节　MATLAB 求解方程

MATLAB 方程求解包括代数方程、微分方程的符号求解和数值求解。

一、代数方程

1. 代数方程的符号求解

在 MATLAB 中，代数方程的符号求解函数及使用格式见表 4-1。

表 4-1　MATLAB 代数方程的符号求解函数及使用格式

格式	说明
solve(eq)	方程 eq 支持符号型、字符串
solve(eq, var)	var 为自变量，可缺省
solve(eq1, eq2, …,eqn) solve(eq1, eq2, …,eqn, var1, var2, …, varn)	求解方程组时输出的结果为结构型数据，可以使用变量数组来接收

[**例** 4-1]　解方程。

(1) $2x^4 + x^2 + 7x - 3 = 0$

(2) $\begin{cases} x + 2y + 2z = 10 \\ 2x - y + z = 0 \end{cases}$

解　MATLAB 求解代码为 c01. m。

(1)方程求解采用不同的格式，代码如下：

```
syms x
f1 = 2 * x^4+x^2+7 * x-3
```

solve($f1$, x)

$f2 = {}'2 * x\text{\textasciicircum}4 + x\text{\textasciicircum}2 + 7 * x - 3\,'$

solve($f2$)

solve($'2 * x\text{\textasciicircum}4 + x\text{\textasciicircum}2 + 7 * x - 3 = 0\,'$)

vpa(ans, 5)

运行结果相同:

ans =

   -1.5463

    0.5738+1.4506i

    0.5738-1.4506i

    0.3987

(2)线性方程组在第二章中已讨论过,现在我们使用符号求解的方式来求解,代码如下:

solve($'x + 2 * y + 2 * z = 10, 2 * x - y + z = 0\,'$)

运行结果如下:

ans =

x:[1×1 sym]

y:[1×1 sym]

结果为结构型数据,可以采用结构型数据的显示方式,编写代码:

$s = $solve($'x + 2 * y + 2 * z = 10, 2 * x - y + z = 0\,'$)

$s.x$

$s.y$

运行结果如下:

$s = $

x:[1×1 sym]

y:[1×1 sym]

ans =

$2 - (4 * z)/5$

ans =

$4 - (3 * z)/5$

也可以使用变量数组来接收,编写代码:

$[x, y] = $solve($'x + 2 * y + 2 * z = 10, 2 * x - y + z = 0\,'$)

运行结果如下:

$x = $

$2 - (4 * z)/5$

$y = $

$4 - (3 * z)/5$

由此可以看出,使用 MATLAB 求解时,将 z 变量作为自由变量,得到线性方程组的通解。

2. 代数方程的数值求解

在 MATLAB 中,代数方程的数值求解函数及使用格式见表 4-2。

表 4-2　MATLAB 代数方程的数值求解函数及使用格式

格式	说明
fsolve(fun,$x0$) fzero(fun,$x0$)	方程 fun 支持字符串
	$x0$ 为初值,不能缺省
	fzero 单变量,fsolve 可多变量
	两函数内部算法不同

[例 4-2]　解方程 $\tan(2*x) = \sin(x)$ 。

解　MATLAB 求解代码为 c02. m。

先使用符号解,代码如下:

g = '$\tan(2*x) = \sin(x)$'

solve(g)

vpa(ans,5)

运行结果如下:

ans =

acos(1/2 − 3^(1/2)/2)

acos(3^(1/2)/2 + 1/2)

　　　0

−acos(1/2 − 3^(1/2)/2)

−acos(3^(1/2)/2 + 1/2)

ans =

　　　1. 9455

　0. 83144 * i

　0

　　　−1. 9455

−0. 831 44 * i

使用图形显示解的情况,编写代码如下:

ezplot('$\sin(x)$')

hold on

ezplot('$\tan(2*x)$')

运行后显示的图形见图 4-1, 即 $\tan(2*x) = \sin(x)$ 图形。

由此可以看出,两曲线交点有无穷个,方程应有无穷多解。

若求方程在 100 点附近的解,便可使用方程的数值求解方法,代码如下:

g=' tan(2 * x)−sin(x)'

fsolve(g, 100)

fzero(g, 100)

运行结果如下：

ans =

  100. 5310

ans =

  97. 3894

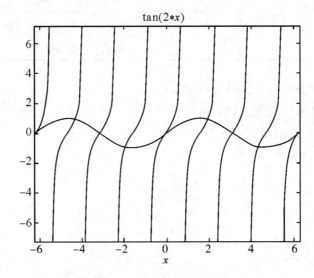

图 4-1　tan(2 * x) = sin(x) 图形

二、微分方程

1. 微分方程的符号求解

MATLAB 微分方程的符号求解函数见表 4-3。

表 4-3　MATLAB 微分方程的符号求解函数

格式	说明
S = dsolve(eqn) S = dsolve(eqn, x) S = dsolve(eqn, cond, x)	方程 eqn 支持字符串、符号性
	x 为自变量，缺省为 t
	导数记号为 Dy, D2y, Dny, 支持 diff 记号
	cond 为初始条件
	微分方程组求解结果为结构型数据
	解为符号型

例 4.3 解微分方程 $y'' = -4y$ 。

解 MATLAB 求解代码为 c03. m。

观察自变量,代码如下:

dsolve('Dy=x')

dsolve('Dy=x','x')

运行结果如下:

ans =

C1 + $t * x$

ans =

x^2/2 + C2

使用符号型,代码如下:

syms y(x)

dsolve(diff(y)-x)

运行结果如下:

ans =

x^2/2 + C2

解初值问题,代码如下:

g = 'D2y=-4*y'

dsolve(g)

y = dsolve(g,'y(0)=1,Dy(pi/3)=0')

运行结果如下:

ans =

C3 * cos(2 * t) + C4 * sin(2 * t)

y =

cos(2 * t) - 3^(1/2) * sin(2 * t)

微分方程组求解结果为结构型数据,代码如下:

[x,y] = dsolve('Dx=y','Dy=x')

[x,y] = dsolve('Dx=y','Dy=x','x(0)=0','y(0)=1')

运行结果如下:

x =

C5 * exp(t) - C6/exp(t)

y =

C5 * exp(t) + C6/exp(t)

x =

exp(t)/2 - 1/(2 * exp(t))

y =

1/(2 * exp(t)) + exp(t)/2

2. 微分方程的数值求解

在 MATLAB 中,一类特殊的一阶微分方程的数值求解函数见表4-4。

表4-4　MATLAB 一类特殊的一阶微分方程的数值求解函数

格式	说明
$[T,Y] = solver(odefun, tspan, y0)$	solver:ode23,ode45,ode113,ode15s,ode23s,ode23t,ode23tb
	odefun:微分方程自由项函数句柄
	tspan:区间
	$y0$:初始值
	算法:龙格库塔法

[**例**4-4]　解微分方程数值解。

(1) $y' = y, y(0) = 1$

(2) $\begin{cases} x' = -x^3 - y, x(0) = 1 \\ y' = x - y^3, y(0) = 0.5 \end{cases}$

解　MATLAB 求解代码为 c04. m。

(1)自由项函数为内联函数,代码如下:

fun = inline(' y ',' x ',' y ')

$[x,y] = ode45(fun, [0,4], 1)$

plot(x,y)

运行结果为向量:

$x =$

　　　0

　0.0502

　0.1005

　0.1507

　0.2010

…

$y =$

　1.0000

　1.0515

　1.1057

　1.1627

　1.2226

…

利用向量点作图可看出解函数的图形(见图4-2)。

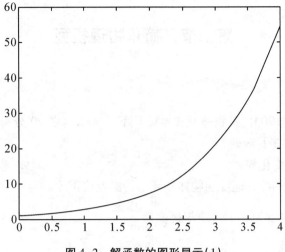

图 4-2 解函数的图形显示(1)

(2)自由项函数为 m 函数,保存在 fun4. m 中。代码如下:

```
function f=fun4(t,x)
f=[-x(1)^3-x(2);x(1)-x(2)^3];%列
```

求解微分方程代码 c04. m 如下:

```
[t,x]=ode45(@fun4,[0,30],[1;0.5])
plot(t,x)
```

运行结果为向量,利用向量点作图可看出解函数的图形(见图 4-3)。

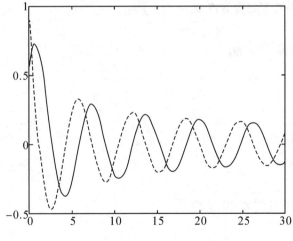

图 4-3 解函数的图形显示(2)

第二节　简单物理模型

一、物体温度变化

[例 4-5]　室温 20℃,某物体从 100℃下降到 60℃需要 20 分钟时间。试问该物体下降到 30℃,还需要多长时间?

分析关键:温度变化规律。

冷却定律:物体的冷却速度与物体和环境的温差成正比。

解　设物体的温度为 $T(t)$,冷却速度为 $\dfrac{dT}{dt}$,

根据冷却定律,有

$$\begin{cases} \dfrac{dT}{dt} = -k(T - 20) \\ T(0) = 100 \end{cases}$$

其中: k 为冷却系数。

利用 MATLAB 求解(代码为 c05. m)。

T = dsolve('DT = $-k*(T-20)$','$T(0) = 100$')

得到的结果为

$T(t) = 20 + 80e^{-kt}$

由于物体从 100℃下降到 60℃需要 20 分钟,

所以:

$T(20) = 20 + 80e^{-20k} = 60$

$k = \dfrac{1}{20}\ln2$

于是有

$T(t) = 20 + 80e^{-\frac{t}{20}\ln2}$

代入: $T(t) = 30$

得 $t = 60$

即该物体下降到 30℃还需要 40 分钟。

二、下滑时间

[例 4-6]　长为 6 米的链条从桌面上由静止状态开始无摩擦地沿桌子边缘下滑。设运动开始时,链条有 1 米垂于桌面下,试求链条全部从桌子边缘滑下需多少时间?

分析　关键:位移变化规律和运动方程。

牛顿第二定律 $F = ma$

解 建立坐标系(见图 4-4),原点位于链条终点的初始位置。

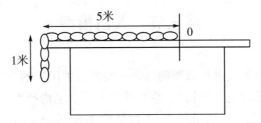

图 4-4 "链条下滑"问题坐标显示

令 t 时刻链条终点位置为 $x(t)$

t 时刻链条质量为

$$m = \rho(1 + x)$$

其中:ρ 为链条线密度。

链条受力为

$$F = mg = \rho(1 + x)g$$

链条运动加速度为

$$a = x''$$

根据牛顿第二定律可得

$$F = \rho(1 + x)g = 6\rho x''$$

即

$$6x'' - gx - g = 0$$

初始状态下:$x(0) = 0, x'(0) = 0$

于是,得到链条运动距离的二阶微分方程:

$$\begin{cases} 6x'' - gx - g = 0 \\ x(0) = 0 \\ x'(0) = 0 \end{cases}$$

利用 MATLAB 求解(代码为 c06.m)。

$x = \text{dsolve}('6 * \text{D}2x - g * x - g = 0', 'x(0) = 0, \text{D}x(0) = 0')$

$\text{pretty}(x)$

得到的结果为

$$x = \frac{1}{2}(e^{\sqrt{\frac{g}{6}}t} + e^{-\sqrt{\frac{g}{6}}t}) - 1$$

当 $x = 5$ 时,得

$$t = \sqrt{\frac{6}{g}}\ln(6 + \sqrt{35})$$

第三节　人口模型

人口问题是当今世界发展的重要问题。一些发展中国家的出生率过高,一些发达国家的自然增长率趋于零甚至负增长,这些对世界人口状况均产生了重大影响。我国的人口问题一直比较突出,如人口数量过多、人口结构不合理、人口分布不均衡等,人口问题研究一直是一个重要课题。

人口模型研究始于 1798 年马尔萨斯(Malthus)人口爆炸式方程;1838 年威赫尔斯特(Verhulst)对 Malthus 方程进行了修正,得出 Logistic 方程;1920 年 A.J.洛特卡(A.J.Lotka)和 1926 年伏尔泰拉(Volterra)分别独立地提出了两个种族进行竞争的模型;G.V.尤尔(G.V.Yule)于 1924 年引入概率观点对人口问题进行了研究;各种比较精细的人口模型则是在 20 世纪 40 年代后建立起来的,按龄离散型人口模型由 P.H.莱斯利(P.H.Leslie)在 1945 年完成;现代按龄连续型人口模型在 1959 年由 Van.H.夫普尔斯特(Van.H.Fpoerster)做出。20 多年来,我国从事自然科学(主要是控制论)的学者针对我国人口现状而做出的中国人口预测模型和人口控制模型为我国人口政策提供了科学依据。

影响人口增长的因素很多,如人口的基数、人口的自然增长率以及各种扰动因素。自然增长率取决于自然死亡率和自然出生率,扰动因素主要有人口迁移、自然灾害、战争因素等。影响自然死亡率的因素有人口发展史、健康水平、营养条件、医疗设施、文教水准、遗传因素、环境污染、政策影响等;影响自然出生率的因素有政治制度、社会保障、经济条件、文教卫生、传统习惯、价值观念、城市规模、结婚年龄、节育措施、婴儿死亡率高低等。

由于影响人口增长的因素很多,研究者通常采用的方法都是建立简化模型,根据需要逐步完善。

人口模型的最基本问题是人口预测。例如,1998 年年末中国的总人口数约为 12.5亿,自然增长率为 9.53‰,依此预测 2000 年年末中国的总人口数为

$12.5 \times (1 + 0.009\,53)^2 \approx 12.739\,4$(亿人)

2000 年 11 月 1 日全国总人口为 126 583 万人。预测 2003 年年末中国的总人口数为

$12.5 \times (1 + 0.009\,53)^5 \approx 13.107\,1$(亿人)

2005 年 1 月 6 日,中国人口总数达到 13 亿;2010 年年底,中国人口总数为13.473 5亿人(《统计年鉴(2011)》)。

设:基年人口数为 x_0,k 年后为 x_k,年增长率为 r

则人口增长模型为

$x_k = x_0 (1 + r)^k$

此模型为最简单的人口模型。

一、指数增长模型——Malthus 模型

英国人口学家马尔萨斯(1766—1834)在担任牧师期间,查看了教堂一百多年人口出

生统计资料,发现人口出生率稳定于一个常数。因此,他于 1798 年在《人口原理》一书中提出了闻名于世的 Malthus 人口模型。

1. 模型假设

基本假设:人口的自然增长率是一个常数,或者说单位时间内人口增长量与当时人口数成正比。

2. 模型建立

设:t 时刻人口数为 $x(t)$,人口自然增长率为 r,

由于自然增长率是指单位时间内人口增长量与人口数之比,得

$$\frac{\Delta x(t)}{x(t)\Delta t} = r$$

$$\therefore \frac{\Delta x(t)}{\Delta t} = rx(t)$$

等式两边取极限:$\Delta t \to 0$,得

$$x'(t) = rx(t)$$

考虑基年人口数 x_0,得到人口模型为微分方程

$$\begin{cases} x'(t) = rx(t) \\ x(0) = x_0 \end{cases}$$

3. 模型求解

该微分方程为一阶可分离变量的微分方程,结果易得

$$x(t) = x_0 e^{rt}$$

为指数函数。因此,Malthus 模型又称为"指数增长模型"。

4. 评述

因为 $e^r \approx 1 + r$,所以 $x(t) = x_0 e^{rt} \approx x_0 (1+r)^t$。可见,最简单的人口模型 $x_k = x_0 (1+r)^k$ 是指数增长模型的离散形式。

Malthus 模型能够比较准确地预测短期内人口变化的规律。但长期来看,任何地区的人口都不可能无限增长,并且从人口现状来看,人口的增长速度一直在减缓。显然 Malthus 模型描述人口变化已过分粗糙,需要进行改进,即修改模型的基本假设。

二、阻滞增长模型——Logistic 模型

1. 模型假设

否定人口的自然增长率是一个常数这一假设,最简单的形式就是一次函数。
基本假设:人口的自然增长率 r 是人口 $x(t)$ 的线性函数。

2. 模型建立

令人口自然增长率 r 的线性函数为

$$r(x) = r - sx \quad (s, r > 0)$$

设最大人口容量(自然资源和环境条件所能容纳的最大人口数量)为 x_m,
则有 $r(x_m) = 0$

代入线性函数表达式可得 $s = \dfrac{r}{x_m}$

于是,$r(x) = r - \dfrac{r}{x_m}x = r(1 - \dfrac{x}{x_m})$

所以

$$x'(t) = r(x)x(t) = r(1 - \frac{x}{x_m})x$$

考虑基年人口数 x_0,得到人口模型为微分方程:

$$\begin{cases} x'(t) = rx(t)(1 - \dfrac{x(t)}{x_m}) \\ x(0) = x_0 \end{cases}$$

3. 模型求解

该微分方程为一阶可分离变量的微分方程。

利用 MATLAB 求解(代码为 c07. m)。

$x2 = \text{dsolve}('Dx = r * x * (1-x/xm)', 'x(0) = x0')$

simple($x2$)

pretty(ans)

得到的结果为

$$x(t) = \frac{x_m}{1 + (\dfrac{x_m}{x_0} - 1)e^{-rt}}$$

4. 评述

Logistic 模型是荷兰生物数学家弗赫斯特(Verhulst)于 1838 年提出的。该模型能大体上描述人口及许多物种,如森林中树木的增长、池塘中鱼的增长、细胞的繁殖等的变化规律,并在社会经济领域有广泛的应用,如耐用消费品的销售量等。基于这个模型能够描述一些事物符合逻辑的客观规律,人们常称它为"Logistic 模型"。

通过图形,我们来分析 Malthus 模型与 Logistic 模型的关系。使用 MATLAB 绘图功能,代码为 c07. m。

figure(1),clf

r=0. 01;xm=1;x0=0. 01;

syms x t

hold on

ezplot($r * x * (1-x/xm)$,[0,1])

ezplot($r * x$,[0,1])

text(0. 7,8. 5 * 10^-3,'Malthus')

text$(0.7, 2.5 * 10\text{\textasciicircum}-3, '\text{ Logistic }')$

figure(2), clf

ezplot$(\text{eval}(x1), [0, 1000])$, hold on

ezplot$(\text{eval}(x2), [0, 1000])$

text$(320, 0.8, '\text{Malthus }')$

text$(520, 0.6, '\text{Logistic }')$

运行后显示的图形见图 4-5 和图 4-6。

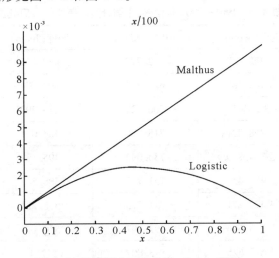

图 4-5 两模型人口变化率 $x'(t) \sim t$ 图形

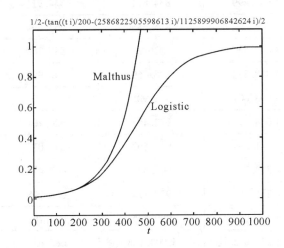

图 4-6 两模型人口数量 $x(t) \sim t$ 函数

图 4-6 显示，人口变化初期，Malthus 模型与 Logistic 模型刻画的人口数量非常接近。但随着时间的变化，两模型将产生较大的差异，从长期来看，Logistic 模型给出的结果相对合理。

这两个模型仅给出了人口总数的信息，而这一信息是远远不能满足各方面需求的，若想得到人口变化的更多信息，还需进一步建模分析。

三、模型的参数估计、检验和预报

应用 Malthus 模型或 Logistic 模型进行人口分析时,先要做参数估计,估计参数 r 或 r、x_m,常用的统计方法为最小二乘法。

1. 选取数据

以实际人口数据为例,表 4-5 为 1961—2002 年世界、中国、印度、美国的人口数据。

表 4-5　1961—2002 年世界、中国、印度、美国的人口数据　　　　单位:百万人

年份	世界(World)	中国(China)	印度(India)	美国(USA)
1961	3 080.13	672.777	452.476	189.091
1962	3 140.783	685.883	462.78	191.954
1963	3 203.5	700.221	473.292	194.714
1964	3 268.221	715.938	484.071	197.336
1965	3 334.879	733.092	495.157	199.796
1966	3 403.433	751.737	506.547	202.08
1967	3 473.771	771.715	518.221	204.203
1968	3 545.606	792.597	530.176	206.209
1969	3 618.625	813.807	542.41	208.162
1970	3 692.499	834.871	554.911	210.111
1971	3 767.21	855.685	567.694	212.072
1972	3 842.657	876.2	580.745	214.043
1973	3 918.334	896.069	593.989	216.041
1974	3 993.607	914.905	607.329	218.078
1975	4 068.113	932.457	620.701	220.165
1976	4 141.594	948.563	634.072	222.312
1977	4 214.269	963.339	647.476	224.521
1978	4 286.788	977.174	660.998	226.785
1979	4 360.032	990.635	674.762	229.091
1980	4 434.675	1 004.168	688.856	231.428
1981	4 510.809	1 017.808	703.301	233.8
1982	4 588.263	1 031.519	718.072	236.208
1983	4 667.307	1 045.584	733.166	238.638
1984	4 748.187	1 060.329	748.568	241.067
1985	4 830.98	1 075.937	764.26	243.484

表4-5(续)

年份	世界(World)	中国(China)	印度(India)	美国(USA)
1986	4 915.874	1 092.599	780.243	245.877
1987	5 002.601	1 110.155	796.504	248.259
1988	5 090.24	1 127.996	812.994	250.663
1989	5 177.546	1 145.274	829.649	253.136
1990	5 263.586	1 161.381	846.418	255.712
1991	5 348.014	1 176.087	863.261	258.402
1992	5 430.971	1 189.56	880.166	261.192
1993	5 512.714	1 202.087	897.14	264.065
1994	5 593.732	1 214.131	914.2	266.991
1995	5 674.381	1 226.03	931.351	269.945
1996	5 754.69	1 237.858	948.591	272.924
1997	5 834.504	1 249.499	965.878	275.928
1998	5 913.786	1 260.886	983.11	278.948
1999	5 992.485	1 271.903	1 000.161	281.975
2000	6 070.586	1 282.473	1 016.938	285.003
2001	6 148.063	1 292.585	1 033.395	288.025
2002	6 224.978	1 302.307	1 049.549	291.038

使用 MATLAB,将数据录入 MATLAB 矩阵 p 中,而后使用绘图指令显示人口的变化形态,代码为 c08.m。

$t = p(:,1);$

$\text{plot}(t,p(:,2),t,p(:,3),'r',t,p(:,4),'k',t,p(:,5),'m')$

$\text{text}(1995,5500,'\text{WORLD}')$

$\text{text}(1995,1500,'\text{China}')$

$\text{text}(1995,1000,'\text{India}')$

$\text{text}(1995,500,'\text{USA}')$

运行后显示的图形见图 4-7,即人口的变化形态。

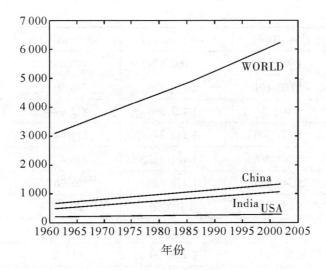

图 4-7 人口的变化形态

从图 4-7 中可以看出,世界、中国、印度、美国的人口数据均在增长,局部特征不明显。于是,我们来观察人口自然增长率的变化,使用 MATLAB 计算、绘图,代码为 c08. m。

$q=(p(2{:}n,2{:}5)-p(1{:}(n-1),2{:}5))./p(1{:}(n-1),2{:}5);$

$q=[p(2{:}n,1)\ q]$

$t2=q(:,1);$

$\mathrm{plot}(t2,q(:,2),t2,q(:,3),'r',t2,q(:,4),'k',t2,q(:,5),'m')$

text(1995,0.020,' India ')

text(1995,0.015,' WORLD ')

text(1980,0.013,' China ')

text(1980,0.009,' USA ')

运行后显示的图形见图 4-8,即自然增长率的变化形态。

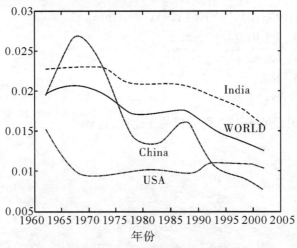

图 4-8 自然增长率的变化形态

　　从图 4-8 中可以看出，中国人口数据的变化比较畸形，在三年自然灾害后到"文化大革命"爆发之间，中国进入生育高峰期，人口快速增长；进入"文化大革命"时期，人口增长逐渐减缓；"文化大革命"后，虽然受到计划生育政策影响（1982 年计划生育定为基本国策），人口自然增长率开始下降，但受上一次生育高峰期时人口进入育龄期的影响，1984—1990 年产生又一轮生育高峰，而后一直降低。鉴于此，中国人口数据不适合做典型数据进行模型分析，我们采用世界人口数据进行模型分析。

2. 参数估计

（1）Malthus 模型参数估计

采用最小二乘法，使用 MATLAB 计算，对 Malthus 模型参数 r 进行参数估计。

使用 MATLAB 的函数文件，建立离差平方和运算函数，代码为 c09. m。

function $y = \text{fun1}(r)$

$t = (1961:2002) - 1961;$

$x = [\, 3080.13 \quad 3140.783 \quad 3203.5 \quad 3268.221 \quad 3334.879 \quad 3403.433$

3473.771　　3545.606　　3618.625　　3692.499　　3767.21　　3842.657

3918.334　3993.607　4068.113　4141.594　4214.269　4286.788

4360.032　4434.675　4510.809　4588.263　4667.307　4748.187

4830.98　4915.874　5002.601　5090.24　5177.546　5263.586

5348.014　5430.971　5512.714　5593.732　5674.381　5754.69

5834.504　5913.786　5992.485　6070.586　6148.063　6224.978 $];$

$y = \text{sum}((x(1) * \exp(r*t) - x).\hat{}2);$

绘图，观察离差平方和运算函数是否有最小值，代码为 c10. m。

$r = 0.01:0.001:0.02;$

for $i = 1:\text{length}(r)$

$y(i) = \text{c09}(r(i));$

end

$\text{plot}(r, y)$

使用最优化指令 fminbnd 指令，求参数值，代码为 c10. m。

$r = \text{fminbnd}('c09(x)', 0.01, 0.02)$

得到的最终结果为

$r = 0.017\ 994$

（2）Logistic 模型参数估计

采用最小二乘法，使用 MATLAB 计算，对 Logistic 模型参数 r、x_m 进行参数估计。

使用 MATLAB 的函数文件，建立离差平方和运算函数，代码为 c11. m。

function $y = \text{fun2}(x)$

$t = (1961:2002) - 1961;$

$x0 = [\, 3080.13 \quad 3140.783 \quad 3203.5 \quad 3268.221 \quad 3334.879 \quad 3403.433$

3473.771　　3545.606　　3618.625　　3692.499　　3767.21　　3842.657

3918.334	3993.607	4068.113	4141.594	4214.269	4286.788
4360.032	4434.675	4510.809	4588.263	4667.307	4748.187
4830.98	4915.874	5002.601	5090.24	5177.546	5263.586
5348.014	5430.971	5512.714	5593.732	5674.381	5754.69
5834.504	5913.786	5992.485	6070.586	6148.063	6224.978];

$y = \text{sum}((x(2)./(1+(x(2)/x0(1)-1)*\exp(-x(1)*t))-x0).^2);$

绘图,观察离差平方和运算函数是否有最小值,代码为 c12.m。

$r = 0.01:0.001:0.06;$

$xm = 6000:200:20000;$

```
for i = 1:length(r)
    for j = 1:length(xm)
        z(i,j) = c11([r(i),xm(j)]);
    end
end
surf(r,xm,z')
contour(r,xm,z',100)
```

使用最优化指令 fminunc 指令,编程搜索参数值,代码为 c12.m。

$r = \text{fminunc}(@c11,[0.02,10000])$

```
f0 = inf;
for i = 0.01:0.01:0.06
    for j = 8000:500:20000
        [r,f] = fminunc(@c11,[i,j]);
        if f<f0
            f0 = f;
            r0 = r;
        end
    end
end
r = r0
```

得到的最终结果为

$r = 0.028679, x_m = 11500$

3. 数据检验

将参数估计的结果分别代入 Malthus 模型及 Logistic 模型中,计算世界人口预测数据,并与实际数据比较,代码为 c13.m。

$t = 1961:2002;$

$x = [3080.13$	3140.783	3203.5	3268.221	3334.879	3403.433
3473.771	3545.606	3618.625	3692.499	3767.21	3842.657

3918.334	3993.607	4068.113	4141.594	4214.269	4286.788
4360.032	4434.675	4510.809	4588.263	4667.307	4748.187
4830.98	4915.874	5002.601	5090.24	5177.546	5263.586
5348.014	5430.971	5512.714	5593.732	5674.381	5754.69
5834.504	5913.786	5992.485	6070.586	6148.063	6224.978];

$r = 0.017994$

$plot(t,x,t,x(1)*exp(r*(t-1961)),'r*')$

$text(1965,6000,'Malthus 模型')$

$text(1965,5750,'-实际数据')$

$text(1965,5500,'. 预测数据')$

$r = [0.028679 \quad 11500]$

$plot(t,x,t,r(2)./(1+(r(2)/x(1)-1)*exp(-r(1)*(t-1961))),'r*')$

$text(1965,6000,'Logistic 模型')$

$text(1965,5750,'-实际数据')$

$text(1965,5500,'* 预测数据')$

运行后显示的图形见图 4-9 和图 4-10。

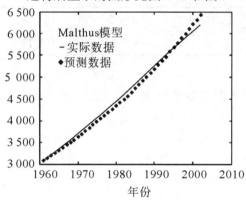

图 4-9 Malthus 模型

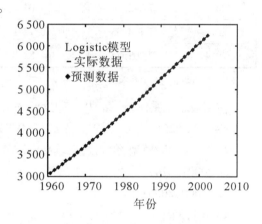

图 4-10 Logistic 模型

从图 4-9 和图 4-10 可以看出,Malthus 模型预测效果不太理想,并且偏差越来越大,Logistic 模型预测效果比较理想。

4. 人口预测

采用 Logistic 模型预测未来人口变化,数据使用 2000—2014 年世界、中国、印度、美国、日本的人口数据。

表 4-6   2000—2014 年世界、中国、印度、美国、日本的人口数据   单位:百万人

年份	世界 (World)	中国 (China)	印度 (India)	美国 (USA)	日本 (Japan)
2000	6 101.96	1 267.43	1 042.26	282.16	126.84

表4-6(续)

年份	世界 （World）	中国 （China）	印度 （India）	美国 （USA）	日本 （Japan）
2001	6 179.98	1 276.27	1 059.5	284.97	127.15
2002	6 257.4	1 284.53	1 076.71	287.63	127.45
2003	6 334.78	1 292.27	1 093.79	290.11	127.72
2004	6 412.47	1 299.88	1 110.63	292.81	127.76
2005	6 490.29	1 307.56	1 127.14	295.52	127.77
2006	6 568.34	1 314.48	1 143.29	298.38	127.85
2007	6 646.37	1 321.29	1 159.1	301.23	128
2008	6 725.58	1 328.02	1 174.66	304.09	128.06
2009	6 804.92	1 334.5	1 190.14	306.77	128.05
2010	6 884.35	1 340.91	1 205.62	309.35	128.07
2011	6 964.28	1 347.35	1 221.16	311.72	127.82
2012	7 042.94	1 354.04	1 236.69	314.11	127.56
2013	7 124.95	1 360.72	1 252.14	316.5	127.34
2014	7 207.74	1 367.82	1 267.4	318.86	127.13

注:参考世界银行相关数据。

使用最小二乘法,计算中国、印度两国人口数据的 Logistic 模型参数值:

$r = 0.036251, x_m = 1549.7$ 及 $r = 0.03974, \quad x_m = 1781.5$

代入 Logistic 模型,预测未来。MATLAB 代码为 c14. m。

```
t = 2000:2014;
t2 = 2000:2030;
x = p(:,3)';
r = [0.036251    1549.7]
plot(t,x,t2,r(2)./(1+(r(2)/x(1)-1)*exp(-r(1)*(t2-2000))),'r.')
hold on
x = p(:,4)';
r = [0.03974    1781.5]
plot(t,x,t2,r(2)./(1+(r(2)/x(1)-1)*exp(-r(1)*(t2-2000))),'r.')
text(2005,1350,'China')
text(2005,1200,'India')
```

运行后显示的图形见图 4-11,即中国、印度人口数据 Logistic 模型预测。

从图 4-11 可以看出,印度人口的增长速度高于中国,大致在 2026 年印度人口将超过中国,成为人口第一大国。

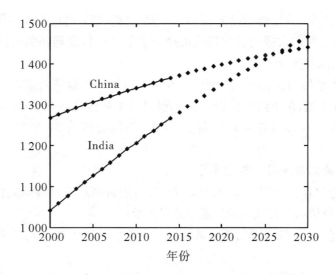

图 4-11 中国、印度人口数据 Logistic 模型预测

习题四

1. 使用 MATLAB 解代数方程。

(1) $23x^5 + 105x^4 - 10x^2 + 17x = 0$

(2) $\begin{cases} xy^2 + z^2 = 0 \\ x - y = 1 \\ x^2 - 5y - 6 = 0 \end{cases}$

2. 使用 MATLAB 解微分方程。

(1) $xy' = y\ln(xy) - y$

(2) $\begin{cases} y'' - y' + 2y = e^x \\ y(0) = 0.5, y'(0) = 1 \end{cases}$

3. 使用 MATLAB 解微分方程数值解,并绘制解图形。

$\begin{cases} x' = y \\ y' = (1 - x^2)y - x \\ x(0) = 2, y(0) = 0 \\ t \in [0, 20] \end{cases}$

4. 一起交通事故发生 3 个小时后,警方测得司机血液中酒精的含量是 56/100 (毫克/毫升),又过两个小时,含量降为 40/100(毫克/毫升)。试判断:当事故发生时,司机是否为醉酒驾驶[不超过 80/100(毫克/毫升)]。

5. 现有一体重为 60 千克的人,口服某药 0.1 克后,经 3 次检测得到数据如下:服药后 3 小时血药浓度为 763.9 纳克/毫升,服药 18 小时后血药浓度为 76.39 纳克/毫升,服药 20 小时后血药浓度为 53.4 纳克/毫升。设相同体重的人的药物代谢的情况相同。

(1)问一体重 60 千克的人第一次服药 0.1 克剂量后的最高血药浓度是多少?

（2）为保证药效，在血药浓度降低到 437.15 纳克/毫升时应再次口服药物，其剂量应使最高浓度等于第一次服药后的最高浓度。求第二次口服药物的时间与第一次口服药物的时间的间隔和剂量。

6. 为迎接香港回归，柯受良于 1997 年 6 月 1 日驾车飞越黄河壶口。柯受良和其座驾合计重约 100 千克，东岸跑道长 265 米，柯受良驾车从跑道东端起动，到达跑道终端时速度为 150 千米/小时，他随即从仰角 5°冲出，飞越跨度为 57 米安全落到西岸木桥上。问：

（1）柯受良跨越黄河用了多长时间？

（2）若起飞点高出河面 10 米，柯受良驾车飞行的最高点离河面多少米？

（3）西岸木桥桥面与起飞点的高度差是多少米？

（4）假设空气阻力与速度的平方成正比，比例系数为 0.2kg/m，重新讨论问题（1）（2）（3）的结果。

7. 新型冠状病毒肺炎（corona virus disease 2019, COVID-19）（简称"新冠"）是指 2019 新型冠状病毒感染导致的肺炎。2019 年 12 月报告首例新冠病例，而后在全球大流行。

在国际卫生组织（www.who.int）等权威机构报告中收集全世界及各个国家的新冠疫情的数据，包括确诊数据、死亡数据、疫苗注射数据等，以及相关数据。

参考相关资料，学习并使用传染病模型，对新冠疫情的走势进行预测，给出相关预测结果，比如：疫情结束的时间、感染的人数、因为新冠疫情死亡的人数等，并与实际数据比较说明预测效果。

第五章 MATLAB 程序设计

MATLAB 是一种用于数值计算、可视化及编程的高级语言。

MATLAB 是最"古老"的解释性语言。在数学建模领域，MATLAB 的出现，让很多数学研究得到大力的推进，而它的流行，也正得益于它的解释性。MATLAB 采用类似 C 语言的高级语言语法，可以使用简单的英语语法，容易阅读，加上它的解释性可以及时映射计算方法结果，这让专业领域内的研究者从复杂的计算机语言中脱离出来，而只需要关心自身领域的内容。

MATLAB 的底层是 C 语言编写的，执行效率比 C 语言低，但 MATLAB 语法简单许多，使用 MATLAB 语言编程和开发算法的速度比使用 BASIC、FORTRAN、C、C++等其他高级计算机语言有大幅提高，这是因为 MATLAB 语言编程无须执行诸如声明变量、指定数据类型和分配内存等低级管理任务。在很多情况下，支持向量运算和矩阵运算就无须使用 for 循环。因此，一行 MATLAB 代码有时等同于数行 C 代码或 C++代码。

MATLAB 工具箱和附加产品可针对信号处理与通信、图像和视频处理、控制系统以及许多其他领域提供各种内置算法。通过将这些算法与自己的算法结合使用，MATLAB 可以构建复杂的程序和应用程序。

第一节 MATLAB 程序语言

一、m 文件

在执行 MATLAB 命令时，可以直接在命令窗门中逐条输入后执行。当命令行很简单时，使用逐条输入方式还是比较方便的。但当命令行很多时，显然再使用这种方式输入 MATLAB 命令就会显得杂乱无章，不易于把握程序的具体走向，并且给程序的修改和维护带来了很大的麻烦。针对此问题，MATLAB 提供了另一种输入命令并执行的方式：m 文件工作方式，即把要执行的命令全部写在一个文本文件中。这样，既能使程序显得简洁明了，又便于对程序的修改与维护。

所谓 m 文件就是由 MATLAB 语言编写的可在 MATLAB 语言环境下运行程序源代码文件，它是一种 ASCII 型的文本文件，其扩展名为.m。m 文件直接采用 MATLAB 命令编写，就像在 MATLAB 的命令窗口直接输入命令一样，因此调试起来也十分方便，并且增强了程序的交互性。与其他文本文件一样，m 文件可以在任何文本编辑器中进行编辑、存储、修改和读取。

m 文件有两种形式：一种是命令集文件或称脚本文件（script）；另一种是函数文件（Function）。

1. 脚本文件

脚本文件是若干个 MATLAB 命令的集合文件。下面我们用一个简单例子说明如何编写和运行脚本文件。

[例 5-1]　使用 m 文件求已知三边长度的三角形面积。

操作方法如下：

（1）创建新的 m 文件。

通过 MATLAB 菜单 File\New\M-File 选项或单击工具栏 New Scripe 图标，新建一个 m 文件。

（2）在脚本窗口中编写相关代码，即

a＝3，b＝4，c＝5，

p＝(a+b+c)/2；

s＝sqrt(p*(p-a)*(p-b)*(p-c))

（3）保存至文件 c01 中，即

c01．m

（4）运行。

运行有多种方式，常用的有两种。命令窗口中键入 c01 后回车，或在 m 文件窗口按 F5 键，执行结果显示在命令窗口，即

a ＝

　　3

b ＝

　　4

c ＝

　　5

s ＝

　　6

脚本的操作对象为 MATLAB 工作空间内的变量，并且在脚本执行结束后，脚本中对变量的一切操作均会被保留。

2. 函数文件

相对于脚本文件而言，函数文件略为复杂。函数文件需要给定输入参数，并能够对输入变量进行若干操作，实现特定的功能，最后给出一定的输出结果或图形，等等。另外，其操作对象为函数的输入变量和函数内的局部变量等，其代码组织结构和调用方式与脚本文件也截然不同。

函数文件的代码分为两个部分：函数题头、函数体。

函数题头是指函数的定义行，是函数语句的第一行，在该行中将定义函数名、输入变量列表和输出变量列表等。

function [out1, out2, ...] = myfun(in1, in2, ...)

函数体是指函数代码段，也是函数的主体部分。

[例5-2]　建立 m 函数文件:定义函数。

$f(x,y) = 100(y - x^2)^2 + (1 - x)^2$

并计算 $f(1,2)$。

操作方法如下:

(1)创建新的 M 文件。

(2)在脚本窗口中编写相关代码,即

function　　f=fun(x,y)

f=100*(y-x^2)^2+(1-x)^2;

(3)保存至文件 fun 中,即

fun.m

(4)调用。

在命令窗口中键入 fun(1,2) 后回车,执行结果显示在命令窗口,即

ans =

100

在 MATLAB 中调用函数文件时，系统查询的是相应的文件而不是函数名，建议存储函数文件时文件名应与文件内主函数名一致，以便于理解和使用。

在 MATLAB 的 m 文件中包括脚本文件和函数文件，可以定义多个子函数或称嵌套函数，以方便在文件内部相互调用。其使用格式为

　　　主文件代码

　　function SubFunction

　　　　子函数代码

　　end

二、流程控制语句

作为一种高级程序语言，同其他的程序设计语言一样，MATLAB 语言也给出了丰富的流程控制语句。

MATLAB 程序一般可分为三大类：顺序结构、分支结构和循环结构。顺序结构是 MATLAB 程序结构的基本形式，依照自上而下的顺序进行代码的执行；分支结构的控制语句为 if 语句和 switch 语句；循环结构的控制语句为 for 语句和 while 语句等。

1. if 语句

if 语句是分支结构的控制语句，是程序设计语言中流程控制语句之一。使用该语句可以选择执行指定的命令。if 语句的调用格式有简单条件语句、多选择条件语句和多条件条件语句三种。

(1)简单条件语句:

if expression

```
        statements
    end
```

表达式 expression 为逻辑判断语句。如果 expression 中的所有元素为真(非零),那么就执行 if 和 end 之间的 statements。

(2)多选择条件语句:

```
if expression
        statements1
    else
        statements2
    end
```

如果在表达式 expression 中的所有元素为真(非零),那么就执行 if 和 else 语言之间的 statements1;否则,就执行 else 和 end 语言之间的 statements2。

(3)多条件条件语句:

```
if expression1
        statements1
    elseif expression2
        statements2
        …
    else
        statements3
    end
```

在以上的各层次的逻辑判断中,若其中任意一层逻辑判断为真,则将执行对应的执行语句,并跳出该条件判断语句,其后的逻辑判断语句均不进行检查。

[例 5-3] 分段函数。

$$y = \begin{cases} -1 & x < 0 \\ 0 & x = 0 \\ 1 & x > 0 \end{cases}$$

输入一个 x 的值,输出符号函数 y 的值。

编写代码 c03. m 如下:

```
x = input('x=');
if x<0
        y=-1
elseif x= =0
        y=0
else
        y=1
    end
```

运行该程序,提示:

x =

输入 3，回车，结果如下：

y =

　　1

此函数也可以采用 m 函数文件编写。

2. switch **语句**

switch 语句也是分支结构的控制语句，常用于针对某个变量的不同取值来进行不同的操作。switch 语句的调用格式为

switch switchexpr

case caseexpr1

　　statement1

case caseexpr2

　　statement2

…

otherwise

　　statement3

end

其中：switch_expr 为选择判断量，case_expr 为选择判断值，statement 为执行语句。

[例 5-4] 编写代码 c04. m。

month = input('month = ');

switch month

case{3,4,5}

　　season =' spring '

case{6,7,8}

　　season =' summer '

case{9,10,11}

　　season =' autumn '

otherwise

　　season =' winter '

end

运行该程序,提示:

month =

输入 3,回车,结果如下:

season =

spring

3. for **语句**

for 语句是流程控制语句中的基础，使用该语句可以指定的次数重复执行循环体内

的语句。for 语句的调用格式为

```
for index = values
    program statements
end
```

其中：index 为循环控制变量，values 为循环变量的取值，program statements 为循环体，index 按顺序在 values 取值，每取值一次，执行一次 program statements。

在 MATLAB 中，values 为一个矩阵，其特殊情况为一个向量，最常见的形式是

index = a:t:b

即

循环变量=初始值:步长:终值

默认：步长=1

[例 5-5]　生成一个 6 阶矩阵，使其主对角线上元素皆为 1，与主对角线相邻元素皆为 2，其余皆为 0。

编写代码 c05.m 如下：

```
for i=1:6
    for j=1:6
        if i==j
            a(i,j)=1;
        elseif abs(i-j)==1
            a(i,j)=2;
        else
            a(i,j)=0;
        end
    end
end
a
```

运行结果如下：

```
a =
    1    2    0    0    0    0
    2    1    2    0    0    0
    0    2    1    2    0    0
    0    0    2    1    2    0
    0    0    0    2    1    2
    0    0    0    0    2    1
```

把此矩阵直接输入 MATLAB 中并不困难，但若将矩阵的阶数改为 100 或更大，程序则具有较大的优势。

[例 5-6]　观察代码 c06.m。

sum=zeros(6,1);

```
for n = eye(6,6)
    sum = sum+n;
end
sum
```

运行结果是多少?

循环变量的取值为矩阵的一列!

4. while 语句

while 语句与 for 语句不同的是，前者是以条件的满足与否来判断循环是否结束的，而后者则是以执行次数是否达到指定值为判断依据的。while 语句的调用格式为

```
while expression
    program statements
end
```

其中：expression 为循环判断的语句，program statements 为循环体。

[例 5-7] 求自然数的前 n 项之和。

编写代码 c07.m 如下：

```
n = input('n=');
sum = 0; k = 1;
while k<=n
    sum = sum+k;
    k = k+1;
end
sum
```

运行该程序，n 取 100，结果如下：

```
sum =
        5050
```

需要说明的是，该程序是正确的，但不是一个"好"的程序，"好"的程序应该清晰易懂、算法简单、存储量小。

修改代码如下：

```
n = input('n=');
sum = 0;
for k = 1:n
    sum = sum+k;
end
sum
```

由于是 MATLAB，故代码如下：

```
sum(1:n)
```

然而，在命令窗口键入代码 sum（1：n）后再回车，报错：

??? Index exceeds matrix dimensions.

解决方法:在命令窗口键入

clear sum

回车,而后键入代码 sum (1∶n) 后回车,正确! 为什么?

读者可能会说:自然数的前 n 项之和太简单了,我知道公式,不用这么复杂! 如果该题目改成: 求自然数的前 n 项 3 次方之和 (或更高次方),MATLAB 仍然没有问题:

sum((1∶n).^3)

在 while 语句中,在语句内必须有可以修改循环控制变量的命令;否则,该循环语言将陷入死循环中。除非循环语句中有控制退出循环的命令,如 break 语句。

MATLAB 提供了两个程序流控制指令 break、continue 用于控制循环语句:break 的作用是跳出循环;continue 的作用是结束本次循环、继续进行下次循环。这两个指令一般和 if 语句结合使用。

[例 5-8]　连续正奇数求和,从 1 开始一直到和达到 1 000 为止。问: 加到哪一项?

编写代码 c08. m 如下:

```
clear
sum1 = 0;
for i = 1∶100
    n = 2 * i−1;
    if sum1 < 1000
        sum1 = sum1+n;
    else
        break
    end
end
sum1,n
```

运行结果如下:

sum1 =

　　　　1024

n =

　　　65

然而,执行代码

sum(1∶2∶65)

结果为

ans =

　　　1089

即程序是错误的,为什么?

正确的代码应为

```
clear
sum1 = 0;
for i = 1:100
    if sum1<1000
        n = 2 * i-1;
        sum1 = sum1+n;
    else
        break
    end
end
sum1,n
```

本题的简单代码为

```
clear
sum1 = 0;n = -1;
while sum1<1000
    n = n+2;
    sum1 = sum1+n;
end
sum1,n
```

第二节　哥德巴赫猜想

本节介绍几个编程实例。

一、绘图

[例 5-9]　绘制空间曲面图。

$$z = \begin{cases} e^{-0.75y^2-3.75x^2-1.5x} & x+y > 1 \\ e^{-y^2-6x^2} & -1 < x+y \leq 1 \\ e^{-0.75y^2-3.75x^2+1.5x} & x+y \leq -1 \end{cases}$$

解　取 $-2 \leq x, y \leq 2$

空间曲面绘图要求在 x, y 取值点构成的网格内,计算函数 z 的值。

由于二元函数为分段函数, 所以我们采用 MATLAB 编程的方式解决函数 z 值的计算问题。

编写代码 c09. m 如下:

```
[x,y] = meshgrid(-2:0.2:2);
```

```
for i = 1:size(x,1)
    for j = 1:size(x,2)
            if x(i,j)+y(i,j)>1
z(i,j)=exp(-0.75*y(i,j)^2-3.75*x(i,j)^2-1.5*x(i,j));
            elseif x(i,j)+y(i,j)<=-1
            z(i,j)=exp(-0.75*y(i,j)^2-3.75*x(i,j)^2+1.5*x(i,j));
            else z(i,j)=exp(-y(i,j)^2-6.*x(i,j)^2);
            end
    end
end
surf(x,y,z)
```

MATLAB 图形显示见图 5-1。

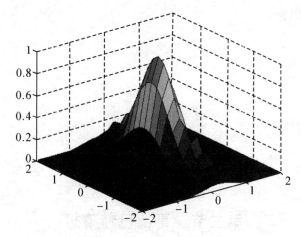

图 5-1　MATLAB 图形显示

使用 MATLAB 特有的功能，也可通过矩阵的计算，实现函数 z 值的计算问题。

编写代码 c09. m 如下：

```
[x,y]=meshgrid(-2:0.2:2);
z=exp(-0.75*y.^2-3.75*x.^2-1.5*x).*(x+y>1) ...
    +exp(-0.75*y.^2-3.75*x.^2+1.5*x).*(x+y<=-1) ...
    +exp(-y.^2-6.*x.^2).*((x+y>-1)&(x+y<=1));
surf(x,y,z)
```

[例 5-10]　在同一空间直角坐标系中绘制曲面图单叶双曲面、椭圆锥面。

解　单叶双曲面、椭圆锥面标准方程分别为

$$\frac{x^2}{a^2}+\frac{y^2}{b^2}-\frac{z^2}{c^2}=1, \qquad \frac{x^2}{a^2}+\frac{y^2}{b^2}-\frac{z^2}{c^2}=0$$

令 $a=1$，$b=1$，$c=2$

若取 $-2 \leqslant x$，$y \leqslant 2$，计算 z 值，绘制单叶双曲面：

$[x,y]=$meshgrid$(-2:0.2:2)$；

```
z = real( sqrt( 2 * ( x.^2+y.^2-1 ) ) ) ;
surf( x,y,z )
```

MATLAB 图形显示见图 5-2。

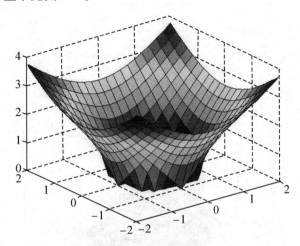

图 5-2　MATLAB 图形显示

这显然不是我们想得到的。

于是,我们采用编程的方式绘制 MATLAB 图形。

编写代码 c10. m 如下:

```
n = 10;m = 30;
k = 0;
for i = -2:1/n:2
    k = k+1;
    x( k,: ) = linspace( -sqrt( 1+i^2/2 ) ,sqrt( 1+i^2/2 ) ,2 * n+1 ) ;
    y( k,: ) = real( sqrt( 1+i^2/2-x( k,: ).^2 ) ) ;
    z( k,: ) = ones( 1,2 * n+1 ) * i;
end
x = [ x  -x ];y = [ y  -y ];
z = [ z  z ];
mesh( x,y,z )
hidden off
hold on
clear x y z
k = 0;
for i = -2:1/n:2
    k = k+1;
    x( k,: ) = linspace( -sqrt( i^2/2 ) ,sqrt( i^2/2 ) ,2 * n+1 ) ;
    y( k,: ) = real( sqrt( i^2/2-x( k,: ).^2 ) ) ;
```

$$z(k,:) = \text{ones}(1, 2*n+1)*i;$$

```
end
x = [x -x]; y = [y -y];
z = [z z];
surf(x, y, z)
```

MATLAB 图形显示见图 5-3。

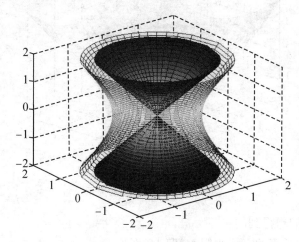

图 5-3　MATLAB 图形显示

二、Fibonacci 数列

斐波那契(Fibonacci)数列指的是这样一个数列：

$$1, 1, 2, 3, 5, 8, 13, 21, \cdots$$

这个数列从第三项开始，每一项都等于前两项之和。

[例 5-11]　生成长度为 n 的 Fibonacci 数列。

解　Fibonacci 数列通项满足

$$F(1) = F(2) = 1$$

$$F(n) = F(n-1) + F(n-2) \quad n \geqslant 3$$

编写代码 fb.m 如下：

```
function f = fb(n)
if n == 1
    f = 1;
elseif n == 2
    f = [1 1];
else
    f = [1 1];
    for i = 3:n
        f(i) = f(i-1) + f(i-2);
```

```
    end
end
```

在命令窗口输入 fb(10)，回车，结果如下：

ans =

　　　 1 　　 1 　　 2 　　 3 　　 5 　　 8 　　 13 　　 21 　　 34 　　 55

Fibonacci 数列，又称"黄金分割数列"。当 n 趋向于无穷大时，前一项与后一项的比值越来越逼近黄金分割数 0.618。我们可以编程验证这一结果，编写代码 c11.m 如下：

$c = \text{fb}(11);$

$b = c(1:10)./c(2:11)$

$a = \text{fb}(101);$

$a(100)/a(101);$

vpa(ans)

运行结果如下：

$b =$

　　　 1.0000 　　 0.5000 　　 0.6667 　　 0.6000 　　 0.6250 　　 0.6154 　　 0.6190

0.6176 　　 0.6182 　　 0.6180

ans =

0.61803398874989490252573887711907

三、素数

[例 5-12]　求 $n = 100$ 以内的所有素数。

解　所谓素数是指除了 1 和它本身以外不能被任何整数整除的数。因此，判断一个整数 i 是不是素数，我们只需把 i 被 2 和 $\sqrt{i}$ 之间的每一个整数去除，如果都不能被整除，那么 i 就是一个素数。

使用 for 语句构造循环，若不满足条件使用 break 退出，使用 MATLAB 矩阵特有的功能记录素数。算法的流程见图 5-4。

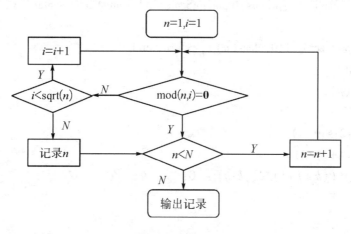

图 5-4　算法的流程

编写代码 c12. m 如下：

```
n = 100;
prime = [2];k = 0;
for i = 3:n
    for m = 2:sqrt(i)
        if mod(i,m) = = 0
            k = 1;
            break;
        else
            k = 0;
        end
    end
    if k = = 0
        prime = [prime [i]];
    end
end
prime
```

运行结果如下：

```
prime =
    2    3    5    7    11   13   17   19   23   29   31   37
   41   43   47   53   59   61   67   71   73   79   83   89
   97
```

MATLAB 自带的素数生成指令为：primes。其算法虽然更优，但算法已不是我们通常理解的算法，感兴趣的读者可以自己思考。其代码如下：

```
function p = primes(n)
if length(n) ~ = 1
    error('MATLAB:primes:InputNotScalar', 'N must be a scalar');
end
if n < 2, p = zeros(1,0,class(n)); return, end
p = 1:2:n;
q = length(p);
p(1) = 2;
for k = 3:2:sqrt(n)
    if p((k+1)/2)
        p(((k*k+1)/2):k:q) = 0;
    end
end
p = p(p>0);
```

四、验证哥德巴赫猜想

哥德巴赫猜想：所有大偶数均为两素数之和。

[**例** 5-13] 验证哥德巴赫猜想。

解 构造循环，检验大偶数是否等于两个素数之和，若存在不满足，显示：

Goldbach conjecture error

否则，显示矩阵：第一行为大偶数，第二、第三行为等于两个素数之和的两个素数，及 Goldbach conjecture right。

使用 MATLAB 自带的素数生成指令：isprime。

编写代码 c13. m 如下：

```
n = 1000;
for i = 4:2:n
    k = 0;
    for j = 2:i/2
        if isprime(j)&isprime(i-j)
            m(1:3,i/2-1) = [i j i-j]';
            k = 1;
            break
        end
    end
    if k == 0
        disp('Goldbach conjecture error')
        break
    end
end
if k == 1
    m
    disp('Goldbach conjecture right')
end
```

运行结果如下（部分结果）：

$m =$

992	994	996	998	1000
421	491	487	499	491
571	503	509	499	509

Goldbach conjecture right

第三节　个人所得税问题

一、个人所得税的计算

个人所得税（personal income tax）是调整征税机关与自然人（居民、非居民人）之间在个人所得税的征纳与管理过程中所发生的社会关系的法律规范的总称。

我们常说的个人所得税是指工资、薪金等所得，适用 7 级超额累进税率，按月应纳税所得额计算征税。

2011 年 9 月 1 日起调整后的 7 级超额累进个人所得税税率见表 5-1。

表 5-1　　　　　　　　　　　7 级超额累进个人所得税税率

级数	全月应纳税所得额 （基数 3 500 元）/元	年终奖/元	税率/%
1	0~1 500	(0,18 000)	3
2	1 500(含)~4 500	(18 000,54 000)	10
3	4 500(含)~9 000	(54 000,108 000)	20
4	9 000(含)~35 000	(108 000,420 000)	25
5	35 000(含)~55 000	(420 000,660 000)	30
6	55 000(含)~80 000	(660 000,960 000)	35
7	80 000(含)以上	(960 000,∞)	45

个人所得税按月征收。在一个纳税年度内，每一个纳税人还可享受一次一次性奖金的优惠，俗称"年奖金"。按月征收的税率为超额累进税率，而年奖金税率为一次性税率。

[例 5-14]　建立 MATLAB 纳税额计算函数。

解　程序是一个多条件分支语句。

按月征收纳税额计算函数的编写代码 t1.m 如下：

```
function f=tax(x)
t=x-3500;
if t<=0
    f=0;
elseif t<=1500
    f=t*0.03;
elseif t<=4500
    f=45+(t-1500)*0.1;
elseif t<=9000
```

$$f = 345 + (t - 4500) * 0.2;$$
elseif $t <= 35000$
$$f = 1245 + (t - 9000) * 0.25;$$
elseif $t <= 55000$
$$f = 7745 + (t - 35000) * 0.3;$$
elseif $t <= 80000$
$$f = 13745 + (t - 55000) * 0.35;$$
else
$$f = 22495 + (t - 80000) * 0.45;$$
end

年奖金纳税额计算函数的编写代码 t2. m 如下：

function $f = \text{tax2}(t)$
if $t <= 18000$
$$f = t * 0.03;$$
elseif $t <= 54000$
$$f = t * 0.1;$$
elseif $t <= 108000$
$$f = t * 0.2;$$
elseif $t <= 420000$
$$f = t * 0.25;$$
elseif $t <= 660000$
$$f = t * 0.3;$$
elseif $t <= 960000$
$$f = t * 0.35;$$
else
$$f = t * 0.45;$$
end

例如，某人月收入（应纳税所得额）为 50 000 元，计算此人全部收入按月纳税的每月纳税额、全部收入按年奖金发放的每月纳税额（近似）、全部收入按月和年奖金各发放一半的每月纳税额。编写代码 c14. m 如下：

$t1(50000)$
$t2(50000 * 12)/12$
$t1(50000/2) + t2(50000 * 12/2)/12$

运行结果如下：

ans =

　　11195

ans =

　　15000

ans =

    10620

从结果可以看出，合理分配月收入和年奖金，可以做到合理避税。

二、个人收入的合理分配

[例 5-15]　如何合理分配月收入、年奖金，达到合理避税、增加实际收入的目的。

解　假设某人每年收入确定，一部分收入每月平摊，另一部分按年奖金发放。我们采用定步长搜索的方法，搜索、记录纳税额最小值。

编写代码 t3.m 如下：

```
function [mint,k1]=tax3(x)
%x 为月收入，mint 为最小纳税额，k1 为每月移到年奖金的收入额。
k=0;
mint=t1(x);
k1=0;
while k<x
    d1=t1(x-k)+(t2(12*k)/12);
    if mint>d1+0.0001
        mint=d1;
        k1=k;
    end
    k=k+1;
end
```

例如，某人月收入（应纳税所得额）为 50 000 元，计算此人最优收入分配方式，在命令窗口键入：

[mint,k]=t3(50000)

回车执行，结果如下：

mint =

    10295

k =

    4500

即此人每月发放工资 50 000-4 500=44 500（元），4 500 元按年奖金发放，则实际收入最高，每月平均扣税 10 295 元。

事实上，月收入为 51 000 元，最优收入分配方式也是每月的 4 500 元按年终奖发放，那么数据有什么规律吗？

[例 5-16]　将月收入、年奖金合理避税的优化分配方式列表。

解　考察 10 万元以内月收入人群，将月收入、年奖金合理避税的优化分配方式列表。第一、第二、第三、第四行分别代表月收入、按月发放数额、移到年奖金数额、平均实际月收入。为简化表格，我们将按月发放数额相同或移到年奖金数额相同的项目合并表示。

考虑以 100 元为步长，编写代码 c16. m 如下：

```
s = 100000;n = s/100;
for i = 1:n
    A(1,i)= 100 * i;
    [mint,k1]= t3(A(1,i));
    A(2:4,i)= [A(1,i)-k1;k1;A(1,i)-mint];
end

B = A(:,1);k = 1;
for j = 2:n
    if A(2,j)~ = B(2,k) & A(3,j)~ = B(3,k)
        B(:,[k+1 k+2])= A(:,[j-1 j]);
        k = k+2;
    end
end
B(:,k+1)= A(:,n)
```

在程序中，矩阵 A 记录的是所有 100～100 000 元月收入以 100 为步长的收入数据，矩阵 B 记录的是简化数据。程序运行结果如下：

B =

Columns 1 through 5

100	5000	5100	6500	6600
100	5000	5000	5000	5100
0	0	100	1500	1500
100	4955	5052	6410	6500

Columns 6 through 10

10500	10600	12500	12600	56500
9000	8000	8000	8100	52000
1500	2600	4500	4500	4500
9910	9995	11705	11785	44255

Columns 11 through 14

56600	73500	73600	100000
38500	38500	38600	65000
18100	35000	35000	35000
44330	57005	57075	75230

将月收入、年奖金合理避税的优化分配方式见表 5-2。

表 5-2　　　　　　将月收入、年奖金合理避税的优化分配方式　　　　　　单位:元

月收入	100~ 5 000	5 100~ 6 500	6 600~ 10 500	10 600~ 12 500	12 600~ 56 500	56 600~ 73 500	73 600~ 100 000
月发放额	—	5 000	—	8 000	—	38 500	—
年奖金额	0	—	1 500	—	4 500	—	35 000
实际收入	100~ 4 955	5 052~ 6 410	6 500~ 9 910	9 995~ 11 705	11 785~ 44 255	44 330~ 57 005	57 075~ 75 230

显然,若一部分收入每月平摊,另一部分按年奖金发放,当月收入与年奖金对应税率相同时,总纳税额最低。编程也可以沿尽量按月发放的思路编写程序。

第四节　贷款计划

贷款是银行或其他金融机构按一定利率和必须归还等条件出借货币资金的一种信用活动形式。

一、贷款计算

1. 等额本息
等额本息贷款计算是典型的规则现金流的计算问题。其计算公式如下:

$$PV = \sum_{t=1}^{n} \frac{P}{(1+r)^t} = \frac{P}{r}\left(1 - \frac{1}{(1+r)^n}\right)$$

其中:PV 代表现值,P 代表现金流数额,r 代表利率,n 代表期数。

[例 5-17]　求现金流数额、期数、利率。

解

已知 PV、r、n,现金流数额为

$$P = \frac{PV \times r}{1 - \frac{1}{(1+r)^n}}$$

已知 PV、P、r,贷款期数为

$$n = \log_{1+r} \frac{P}{P - PV \times r}$$

然而,利率 r 不容易简单求得,需要解方程。

例如:贷款 500 000 元,4 年还清,每月 13 000 元,年利率为多少?

使用 MATLAB 计算,编写代码 c17. m 如下:

```
pv = 500000, n = 4, p = 13000
syms r
solve( p/r * ( 1-1/( 1+r)^( n * 12) )-pv) ;
```

rate = ans(1) * 12

运行结果如下：

rate =

0. 113175391489239256945909017216941

2. 等额本金

等额本金是指在还款期内把贷款数总额等分，每月偿还同等数额的本金和剩余贷款在该月所产生的利息。

[例 5-18]　贷款 100 000 元，1 年还清，年利率为 5.1%，求每月还款数额。

解　使用 MATLAB 特有的矩阵计算功能，容易得到。

编写代码 c18. m 如下：

```
format short g
pv = 100000;n = 12;r = 0.055;
t = pv/n;
p = (pv: -t:t) * r/12 + t
```

运行结果如下：

```
p =
    Columns 1 through 4
        8791. 7        8753. 5        8715. 3        8677. 1
    Columns 5 through 8
        8638. 9        8600. 7        8562. 5        8524. 3
    Columns 9 through 12
        8486. 1        8447. 9        8409. 7        8371. 5
```

二、贷款计划

[例 5-19]　小李夫妇买房需向银行贷款 60 万元，按月分期等额偿还房屋抵押贷款，月利率是 0.056 5，贷款期为 20 年。小李夫妇每月能有 8 000 元的结余。

（1）小李夫妇是否有能力买房？月供多少？

（2）有一则广告是"本公司能帮您提前一年还清贷款，只要每半月还钱一次，但由于文书工作多了，要求您先付半年的钱作为手续费"，这是否划算？

（3）小李夫妇若将结余全部用来还贷，需要多长时间还清房贷？

（4）小李夫妇向银行贷款 60 万元后，有可能若干年后一次性还清贷款。小李想知道每月月供多少用来还本金、多少用来还贷款、本金还剩多少没有还清？

解　（1）使用公式计算，编写代码 c19. m 如下：

```
pv = 600000,n = 20 * 12,r = 0.0565/12
p = pv * r/(1 - 1/(1 + r)^n)
```

运行结果如下：

$$p =$$

　　　　　4178.3

即小李夫妇有能力买房,月供为 4 178.3 元。

(2)我们采用计算还款金额的现值计算比较,编写代码 c19. m 如下:

$$pv2 = p * 6 + (p/2)/(r/2) * (1 - 1/(1 + (r/2))^{((n-12)*2)})$$

运行结果如下:

$$pv2 =$$

　　　　　608785.076983594

即实际多支付了 8 785 元,不划算。

(3)使用公式计算,编写代码 c19. m 如下:

$$p = 8000;$$

$$n = \log(p/(p - pv * r))/\log(1 + r)/12$$

运行结果如下:

$$n =$$

　　　　　7. 7279

即不到 8 年便还清房贷。

(4)贷款的月供首先用来还清一个月产生的全部利息,剩余部分用来偿还部分本金,使用 MATLAB 编程求解,显示:还款年、月、当月月利息、当月偿还本金、剩余本金。

编写代码 c19. m 如下:

$$A = [1;1;pv * r;p - pv * r;pv - pv * r]$$

for $i = 2:n$

　　$A(1,i) = \text{fix}((i-1)/12) + 1;$

　　$A(2,i) = i - \text{fix}((i-1)/12) * 12;$

　　$A(3,i) = A(5,i-1) * r;$

　　$A(4,i) = p - A(3,i);$

　　$A(5,i) = A(5,i-1) - A(4,i);$

end

A

运行结果(在第 10 年附近的部分结果)如下:

Columns 118 through 130

10	10	10	11	11
10	11	12	1	2
1821. 7	1810. 6	1799. 5	1788. 3	1777
2356. 6	2367. 7	2378. 9	2390. 1	2401. 3
3. 8455e+005	3. 8219e+005	3. 7981e+005	3. 7742e+005	3. 7502e+005

即在第 10 年年末,小李夫妇欠银行的贷款金额为 382 190 元。

MATLAB 金融工具箱包含了年金的计算函数,读者在学习中可参考相关资料。

习题五

1. 建立 m 文件,键入:

$1 + 2 - 3 \times 4 \div 5$

(1)保存,文件名为 1,执行此文件。

(2)另存为,文件名为 a1,执行此文件。

问题:

两个文件执行结果是否相同,正确答案为多少? 为什么?

2. 使用 MATLAB 进行函数计算

函数为: $y = f(x) = 2e^{x+1}$

(1)建立上述函数的 m 函数文件,并计算 $f(1)$。

(2)建立 m 脚本文件,计算 $f(1)$,将上述函数以子函数的形式定义为在此文件中。

3. 编程计算 1+2+4+8+…+1 024。

4. 偶数求和,总和不超过 10 000,至多要加多少项?

5. 求伴随矩阵

$$A = \begin{bmatrix} -1 & 1 & 1 & 1 \\ -1 & 1 & -1 & -1 \\ 1 & -1 & 1 & -1 \\ 1 & -1 & -1 & 1 \end{bmatrix}$$

6. 函数作图

(1) $y = \begin{cases} x\sin x & x \geq 0 \\ x^2 & x < 0 \end{cases}$ (x 在 $[-3,3]$,红色, $*$ 点线)。

(2)绘制双叶双曲面表面图: $x^2 + \dfrac{y^2}{4} - z^2 = -1$,上底与下底为椭圆形。

7. 小明向银行贷款,贷款金额为 2 万元,年利率为 0.055,2 年还清。问:

(1)按月等额本金还款,小明每个月还款多少?

(2)按月等额本息还款,小明每个月还款多少?

8. 李总向某钱庄借款 100 万元,钱庄要求李总按月等额本息还款,每月还款 3 万元,5 年还清,不考虑手续费。问:

(1)李总借款的年利率是多少?

(2)2 年零 3 个月时,李总获得一笔大额资金可以用来还款。此时,李总一次性还款额为多少?

9. 哥德巴赫猜想相关问题:10 000 以内。

(1)有多少素数?

(2)大偶数分解成两素数之和时,分解表达式唯一的有多少个?

如 14 = 7+7 = 3+11 表达式不唯一, 8 = 5+3 唯一(不计次序)。

10. 孪生素数猜想相关问题：孪生素数是指相差 2 的素数对，如 3 和 5、5 和 7、11 和 13 等。

问：10 000 以内有多少对孪生素数。

11. 验证费马小定理：10 000 以内。

若 p 是质数，且 a、p 互质，那么 a 的 $(p-1)$ 次方除以 p 的余数恒等于 1。

第六章 线性规划模型

运筹学包括数学规划、图论与网络、排队论、存储论、对策论、决策论、模拟论等。数学规划（mathematical programming）有时也被称为最优化理论，是运筹学的一个重要分支，也是现代数学的一门重要学科。其基本思想出现在19世纪初，并由美国哈佛大学的 Robert Dorfman 于20世纪40年代末提出。数学规划的研究对象是数值最优化问题，是一类古老的数学问题。古典的微分法已可以用来解决某些简单的非线性最优化问题。直到20世纪40年代以后，由于大量实际问题的需要和电子计算机的高速发展，数学规划才得以迅速发展起来，并成为一门十分活跃的新兴学科。今天，数学规划的应用极为普遍，它的理论和方法已经渗透到自然科学、社会科学和工程技术中。

第一节 MATLAB 求解线性规划

线性规划（linear programming，LP）是数学规划中研究较早、发展较快、应用较广泛、方法较成熟的一个重要分支，被广泛应用于军事作战、经济分析、经营管理和工程技术等方面。

一、理论

1. 线性规划的一般形式

（1）规划问题的一般形式

决策变量：$x = (x_1, x_2, \cdots, x_n)$

目标函数：$\min F = f(x)$

约束条件：$s.t\ x \in A(\subset R^n)$

注：

约束条件 $x \in A$ 一般用等式或不等式方程表示：

$h_i(x_1, x_2, \ldots, x_n) \leqslant 0,\ i = 1, 2, \ldots, m$

$g_j(x_1, x_2, \ldots, x_n) = 0,\ j = 1, 2, \ldots, l$

存在无约束条件的情况，如函数的极值问题。

根据问题的性质和处理方法的差异，数学规划可分成许多不同的分支，如线性规划、非线性规划、多目标规划、动态规划、参数规划、组合优化和整数规划、随机规划、模糊规划、非光滑优化、多层规划、全局优化、变分不等式与互补问题等。

（2）线性规划问题的一般形式

线性规划的目标函数、约束条件均为线性函数。线性规划的一般形式为

$$\min F = c_1 x_1 + c_2 x_2 + \cdots + c_n x_n$$

$$st \begin{cases} a_{11} x_1 + a_{12} x_2 + \cdots + a_{1n} x_n \leqslant b_1 \\ a_{21} x_1 + a_{22} x_2 + \cdots + a_{2n} x_n \leqslant b_2 \\ \cdots \\ a_{m1} x_1 + a_{m2} x_2 + \cdots + a_{mn} x_n \leqslant b_m \\ x_i \geqslant 0, i = 1, 2, \ldots, n \end{cases}$$

线性规划的矩阵的形式为

$$\min F = CX$$

$$\begin{cases} AX \leqslant b \\ X \geqslant 0 \end{cases}$$

其中：

$$C = (c_1, c_2, \ldots, c_n)$$

$$A = (a_{ij})_{m \times n}$$

$$b = (b_1, b_2, \ldots, b_m)^T$$

2. 线性规划的求解方法

图解法：通过图解法求解可以理解线性规划的一些基本概念。这种方法仅适用于只有两个变量的线性规划问题。

单纯形法：求解线性规划问题的基本方法是单纯形法。单纯形法为 20 世纪十大算法之一，1947 年由美国数学家丹齐格（G. B. Dantzing）提出。此外，线性规划的解法还有大型优化算法，如 Lipsol 法等。

计算机应用：许多计算软件都有解线性规划的功能，Lindo 公司开发的 Lingo 软件为专业规划软件，通用数学软件 MATLAB、Mathematica、Maple 等具有解线性规划的功能，其他如 Excel、SAS 等软件也具有解线性规划的功能。

二、MATLAB 求解线性规划

MATLAB 的优化工具箱被放在 toolbox 目录下的 optim 子目录中，包括有若干个常用的求解最优化问题的函数指令。

MATLAB 求解线性规划的函数指令为 linprog。

1. 基本形式

$$\min f^T x$$

$$st : Ax \leqslant b$$

调用格式为

$$x = \text{linprog}(f, A, b)$$

其中：输入参数为 f 效益系数、A 不等式约束系数、b 资源系数，输出参数为 x 最优解。

[**例** 6-1] 求解线性规划。

$\min f = x_1 - x_2$

$$\text{st}\begin{cases} -2x_1 + x_2 \leqslant 2 \\ x_1 - 2x_2 \leqslant 2 \\ x_1 + x_2 \leqslant 5 \end{cases}$$

解 MATLAB 求解代码为 c01. m。

$f = [1\ -1]$;

$A = [-2\ 1$

　　$1\ -2$

　　$1\ 1]$;

$b = [2\ \ \ 2\ \ \ 5]$;

$x = \mathrm{linprog}(f, A, b)$

运行结果为

Optimization terminated.

$x =$

　　　1. 0000

　　　4. 0000

2. 一般形式

$\min f^T x$

$$\text{st}\begin{cases} Ax \leqslant b \\ Aeq \cdot x = beq \\ lb \leqslant x \leqslant ub \end{cases}$$

调用格式为

$[x, \mathrm{fval}, \mathrm{exitflag}, \mathrm{output}, \mathrm{lambda}] = \mathrm{linprog}(f, A, b, \mathrm{Aeq}, \mathrm{beq}, \mathrm{lb}, \mathrm{ub}, \mathrm{x0}, \mathrm{options})$

其中：输入参数为 f 效益系数、A 不等式约束系数、b 资源系数、Aeq 等式约束系数、beq 等式约束常数项、lb 变量下界、ub 变量上界、$x0$ 初值、options 指定优化参数。参数 A，b，Aeq，beq，lb，ub 可以缺省，也可以使用 [ ] 或 NaN 占位，但至少要包含一个约束条件。

输出参数为 x 最优解、fval 最优值、exitflag 退出条件、output 优化信息、lambda 为 Lagrange 乘子。

[**例** 6-2] 求解线性规划。

$\min f = -5x_1 - 4x_2 - 6x_3$

$$\text{st}\begin{cases} x_1 - x_2 + x_3 \leqslant 20 \\ 3x_1 + 2x_2 + 4x_3 \leqslant 42 \\ 3x_1 + 2x_2 \leqslant 30 \\ x_1, x_2, x_3 \geqslant 0 \end{cases}$$

解 MATLAB 求解代码为 c02. m。

$f = \begin{bmatrix} -5 & -4 & -6 \end{bmatrix}$;

$A = \begin{bmatrix} 1 & -1 & 1 \\ 3 & 2 & 4 \\ 3 & 2 & 0 \end{bmatrix}$;

$b = \begin{bmatrix} 20 & 42 & 30 \end{bmatrix}$;

lb = zeros(3,1);

$[x, \text{fval}, \text{exitflag}, \text{output}, \text{lambda}] = \text{linprog}(f, A, b, [\ ], [\ ], \text{lb})$

运行结果为

Optimal solution found.

x =

   0

  15. 0000

  3. 0000

fval =

  −78

exitflag =

   1

output =

 struct with fields：

   iterations：3

 constrviolation：0

    message：'Optimal solution found.'

   algorithm：'dual−simplex'

  firstorderopt：1. 7764e−15

lambda =

 struct with fields：

  lower：$[3\times1\ \text{double}]$

  upper：$[3\times1\ \text{double}]$

  eqlin：$[\ ]$

 ineqlin：$[3\times1\ \text{double}]$

其中：lambda 为结构数组，可以通过以下格式显示内容，即

 lambda.ineqlin

运行结果为

 ans =

   0

  1. 5000

  0. 5000

3. 整数规划

MATLAB2014a 中，混合整数规划的函数指令为 intlinprog，调用方式如下：

$$[x, \text{fval}, \text{exitflag}, \text{output}] = \text{intlinprog}(f, \text{intcon}, A, b, \text{Aeq}, \text{beq}, \text{lb}, \text{ub}, \text{options})$$

其中：输入参数 intcon 用来声明整数变量的序号。

第二节　线性规划实例

一、选址问题

1. 问题

某公司有 6 个建筑工地，位置坐标为 (a_i, b_i)（单位：千米），水泥日用量 r_i（单位：吨）。建筑工地位置坐标、水泥日用量取值见表 6-1。

表 6-1　建筑工地位置坐标、水泥日用量取值

i	1	2	3	4	5	6
a	1.25	8.75	0.5	5.75	3	7.25
b	1.25	0.75	4.75	5	6.5	7.75
r	3	5	4	7	6	11

现有 2 个料场，位于 $A(5, 1)$、$B(2, 7)$，记 (x_j, y_j)，$j = 1, 2$，日储量 q_j 各有 20 吨。

假设：料场和工地之间有直线道路。

问题：制订每天的供应计划，即从 A、B 两个料场分别向各工地运送多少吨水泥，使总的运输吨千米数最小？

2. 模型建立

设 w_{ij} 表示第 j 个料场向第 i 个施工点的材料运量。

目标函数为吨千米数最小，即

$$\min Z = \sum_{i=1}^{m} \sum_{j=1}^{n} w_{ij} \sqrt{(x_j - a_i)^2 + (y_j - b_i)^2}$$

其中：$\sqrt{(x_j - a_i)^2 + (y_j - b_i)^2}$ 为料场到施工点的距离。

约束条件为满足需求：$\sum_{j=1}^{n} w_{ij} = r_i$ 或 $\sum_{j=1}^{n} w_{ij} \geqslant r_i$

不超出供应：$\sum_{i=1}^{m} w_{ij} \leqslant q_j$

及一般约束：$w_{ij} \geqslant 0$

于是得到线性规划模型：

$$\min Z = \sum_{i=1}^{m} \sum_{j=1}^{n} w_{ij} \sqrt{(x_j - a_i)^2 + (y_j - b_i)^2}$$

$$\begin{cases} \sum_{j=1}^{n} w_{ij} \geqslant r_i \, (i = 1, 2, \ldots, m) \\ \sum_{i=1}^{m} w_{ij} \leqslant q_j \, (j = 1, 2, \ldots, n) \\ \qquad w_{ij} \geqslant 0 \end{cases}$$

3. 模型求解

使用 MATLAB 求解。

目标函数 $\min Z = \sum_{i=1}^{m} \sum_{j=1}^{n} w_{ij} \sqrt{(x_j - a_i)^2 + (y_j - b_i)^2}$ 系数，一共有 12 项，不能简单计算出来，并且决策变量 w_{ij} 为二维变量，要转成一维，所以采用编程的方法。代码 c03.m 如下：

```
a = [1.25,8.75,0.5,5.75,3,7.25];
b = [1.25,0.75,4.75,5,6.5,7.75];
d = [3,5,4,7,6,11]; e = [20,20];
x = [5,2]; y = [1,7];
for i = 1:length(a)
    for j = 1:2
        s(i,j) = ((x(j)-a(i))^2+(y(j)-b(i))^2)^(1/2);
    end
end
f = s(:);
```

约束条件：$\begin{cases} \sum_{j=1}^{n} w_{ij} = r_i \, (i = 1, 2, \ldots, m) \\ \sum_{i=1}^{m} w_{ij} \leqslant q_j \, (j = 1, 2, \ldots, n) \\ \qquad w_{ij} \geqslant 0 \end{cases}$ 涉及的三个矩阵或向量代码为

```
A = [1 1 1 1 1 1 0 0 0 0 0 0; 0 0 0 0 0 0 1 1 1 1 1 1];
b = e;
Aeq = [1 0 0 0 0 0 1 0 0 0 0 0
       0 1 0 0 0 0 0 1 0 0 0 0
       0 0 1 0 0 0 0 0 1 0 0 0
       0 0 0 1 0 0 0 0 0 1 0 0
       0 0 0 0 1 0 0 0 0 0 1 0
       0 0 0 0 0 1 0 0 0 0 0 1];
```

beq $= d$；

lb $=$ zeros（1,12）；

调用求解线性规划指令为

$[x, \text{fval}] = \text{linprog}(f, A, b, \text{Aeq}, \text{beq}, \text{lb})$

运行结果如下：

$x =$

3.0000

5.0000

0.0000

7.0000

0.0000

1.0000

0.0000

0.0000

4.0000

0.0000

6.0000

10.0000

fval $=$

136.2275

即最优解为第 1 料场运到 6 工地的运量分别为 3、5、0、7、0、1，第 2 料场运到 6 工地的运量分别为 0、0、4、0、6、10，总的运输吨千米数最小为 136.227 5 吨千米。

二、费用问题

1. 问题

有一园丁需要购买肥料 107 千克，而现在市场上有两种包装的肥料：一种是每袋 35 千克，价格为 14 元；另一种是每袋 24 千克，价格为 12 元。

问：园丁在满足需要的情况下怎样才能使花费最节约？

2. 模型建立

决策变量：设两种包装分别购买 x_1, x_2 袋。

目标函数：花费最节约 $\min y = 14x_1 + 12x_2$

约束条件：满足需求 $35x_1 + 24x_2 \geq 107$

$x_1, x_2 \geq 0$，且为整数。

于是，得到线性规划模型为

$\min y = 14x_1 + 12x_2$

$$\begin{cases} 35x_1 + 24x_2 \geq 107 \\ x_1, x_2 \geq 0 \ and \ \text{int} \end{cases}$$

3. 模型求解

此问题称为整数线性规划问题,简称"整数规划"。

使用 MATLAB 求解。代码 c04. m 如下:

```
f=[14 12];
A=-[35 24];
b=-107;
lb=zeros(2,1);
[x,fval]=linprog(f,A,b,[ ],[ ],lb)
```

运行结果如下:

```
x =
    3.0571
    0.0000
fval =
    42.8000
```

结果不满足整数解条件。

在 MATLAB2013 以下版本中,无整数规划计算工具,可以采用编程搜索的方式, 即

```
smin=1000;
for i=0:4
    for j=0:5
        s=14*i+12*j;
        if 35*i+24*j>=107&smin>s
            smin=s;
            x=[i,j];
        end
    end
end
x
smin
```

运行结果如下:

```
x =
    1    3
smin =
    50
```

即购买 35 千克、24 千克两种包装的肥料各 1 袋、3 袋,最节约花费 50 元。

若使用函数指令 intlinprog,代码 c04. m 如下:

```
intcon=[1 2]
```

$$[x, \text{fval}] = \text{intlinprog}(f, \text{intcon}, A, b, [\,], [\,], \text{lb})$$

三、矿井开采

1. 问题

有一矿藏由 30 块正方形矿井组成，分四层，每层矿井上对应 4 块矿井。其结构及编号如图 6-1 所示。

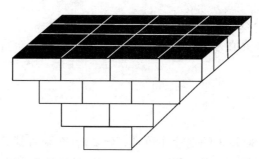

1	2	3	4
5	6	7	8
9	10	11	12
13	14	15	16

第 1 层

17	18	19
20	21	22
23	24	25

第 2 层

26	27
28	29

第 3 层

30

第 4 层

图 6-1　矿藏结构及编号

其中，每块矿井的开采价值为 C_i（可能为负）。开采要求：开采下一个，上面四个均需开采。求解 30 个矿井，如何开采获利才最大？

2. 模型建立

令决策变量：$x_i = 0, 1 (i = 1, 2, \ldots, n)$ 代表第 i 个矿井开采或不开采。

则目标函数：收益最大 $\max y = \sum_{i=1}^{30} c_i x_i$

约束条件：开采下一个，上面四个均需开采。

$x_{17} \leqslant x_1$

$x_{17} \leqslant x_2$

……

$x_{30} \leqslant x_{29}$

共 56 个不等式。

于是，得到线性规划模型，即

$$\max y = \sum_{i=1}^{30} c_i x_i$$

$$\text{st}\begin{cases} -x_1 + x_{17} \leqslant 0 \\ -x_2 + x_{17} \leqslant 0 \\ \quad \cdots \\ -x_{29} + x_{30} \leqslant 0 \\ x_1, x_2, \ldots, x_{30} = 0, 1 \end{cases}$$

3. 模型求解

此问题称为 0-1 整数线性规划问题，简称"0-1 规划"。

本问题若给出开采价值为 C_i 的值，则可以使用 MATLAB 求解，代码为 c05.m。

四、合理下料

1. 问题

某车间有长度为 180 厘米的钢管（数量充分多），今要将其截为三种不同长度，长度分别为 70 厘米的管料 100 根，而 50 厘米、30 厘米的管料分别不得少于 150 根、120 根。

问：应如何下料才能最省？

2. 模型建立

决策变量需要分析后才能得到。

下料方式共有 8 种(见表 6-2)。

表 6-2　材料的 8 种下料方式

截法		一	二	三	四	五	六	七	八	需求量
长度	70	2	1	1	1	0	0	0	0	100
	50	0	2	1	0	3	2	1	0	150
	30	1	0	2	3	1	2	4	6	120
余料		10	10	0	20	0	20	10	0	

决策变量：第 i 种下料方式进行 x_i 次。

目标函数：余料最省,用料最少。

模型为线性规划模型,即

$$\min y = \sum_{i=1}^{8} x_i$$

$$\text{st}\begin{cases} 2x_1 + x_2 + x_3 + x_4 \geqslant 100 \\ 2x_2 + x_3 + 3x_5 + 2x_6 + x_7 \geqslant 150 \\ x_1 + x_3 + 3x_4 + 2x_6 + 3x_7 + 5x_8 \geqslant 120 \\ x_1, x_2, \ldots, x_8 \geqslant 0, \text{int} \end{cases}$$

思考：约束条件是否可以改为等式？

3. 模型求解

使用 MATLAB 求解。代码为 c06. m。

我们先编程求解下料方式：

```
p=[ ];
for i=0:2
    for j=0:3
        for k=0:6
            s=i*70+j*50+k*30;
            if s<=180 & 180-s<30
                p=[p  [i;j;k;180-s]];
            end
        end
    end
end
p
```

使用函数 linprog 求解

```
f=ones(1,8);
A=-p(1:3,:);
b=-[100 150 120];
lb=zeros(1,8);
[x,fval]=linprog(f,A,b,[ ],[ ],lb)
```

运行结果为

$x =$

　　　0

　　　0

　　　0

　　2.8571

　　　0

　58.5714

　41.4286

　　　0

fval =

　102.8571

结果非整数，不满足条件。

调用函数 intlinprog，求解整数规划问题，即

　　[x,fval]=intlinprog(f,1:8,A,b,[ ],[ ],lb)

运行结果如下：

LP：	Optimal objective value is 102. 857143.
Heuristics：	Found 1 solution using rounding.
	Upper bound is 104. 000000.
	Relative gap is 1. 09%.
Cut Generation：	Applied 1 strong CG cut.
	Lower bound is 103. 000000.
	Relative gap is 0. 00%.

Optimal solution found.

Intlinprog stopped at the root node because the objective value is within a gap tolerance of the optimal value,

options.AbsoluteGapTolerance = 0 (the default value). The intcon variables are integer within tolerance,

options.IntegerTolerance = 1$e-$05 (the default value).

$x =$

        0
        0
        0
    3. 0000
        0
   59. 0000
   41. 0000
        0

fval =

   103. 0000

即得到最省的下料使用钢管 103 根。

第三节　生产安排问题

一、问题提出

某单位生产的产品由多个部件组成，并且每个部件都需要工人、技术人员协同生产。企业生产结构示意见图 6-2。

图 6-2 中，A_1 表示最终产品，A_2、A_3、A_4 表示中间产品，$A_j \xrightarrow{k} A_i$ 表示生产 A_i 一个单位需要消耗 A_j 产品 k 单位。

已知生产每个部件所需的资源使用情况如表 6-3 所示。

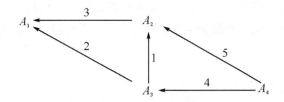

图 6-2 企业生产结构示意

表 6-3 资源使用情况

项目	产品			
	A_1	A_2	A_3	A_4
工人/人	5	8	10	3
技术员/人	5	2	1	1
设备/台	2	13	4	2
加工时间/小时	4	3	5	2

问：在均衡连续生产条件下如何安排生产？

二、模型建立

本问题难点是：决策变量、目标不明确、约束条件定量表示。

决策变量：本问题涉及的量包括各产品的产量、各生产资源的数量、生产时间、产品之间的匹配量等。由于各产品的产量随时间增加而增加，各产品的产量不可能是决策变量。生产资源是固定量，由于生产资源之间存在关系，所以生产资源虽然是决策变量，但不是基本决策变量。关键点：生产资源与产品的在线生产数量相关。

目标函数：单纯的产品数量不可能是目标，它可以是无穷大！

约束条件：均衡连续生产，"均衡"应指各产品是按需求比例生产的，生产的产品数量相互匹配的，不会造成某一个产品产量偏多而产生积压。"连续"应指生产资源在工作时间内、固定的生产状态下不间断生产。这些概念如何定量？

我们引入生产规模的概念。

"生产规模"指完成整个生产过程所需各资源总和，可以理解为生产流水线，包括生产所需的全部工人、技术人员、设备。显然，这些资源需在均衡连续的条件下进行，即在连续生产条件下，无人员、设备闲置。资源受在线生产的产品数量控制，若称生产一个产品需要的资源（工人，设备）称为一组，因为是连续生产，所以实际使用的资源数量不随时间的改变而改变。于是有：

决策变量，即生产各部件资源组数 x_i。

"生产规模"指完成整个生产过程所需各资源总和，代表单位时间生产最终产品的数量，也可表示成在线生产的最终产品的数量，即生产最终产品的数量的资源组数。于是有：

目标函数，即最终产品的数量的资源组数 $\min x_1$

"均衡"指所有中间产品的库存与上期库存都相同，所以均衡生产条件就是投入产出配比，即单位时间内生产产品数＝单位时间内产品需要数。于是有

约束条件：

$$\frac{x_j}{t_j} = \sum_{i=1}^{4} b_{ij} \frac{x_i}{t_i}, \quad j = 1,2,3,4$$

其中：x_i 生产各部件资源组数、t_i 生产时间、b_{ij} 为需要消耗系数。

于是得到线性规划模型如下：

$$\min x_0$$

$$st \begin{cases} \dfrac{x_j}{t_j} = \sum_{i=1}^{4} b_{ij} \dfrac{x_i}{t_i} & j = 1,2,3,4 \\ x_1 \geqslant 1, x_j \geqslant 0, 整数 \end{cases}$$

三、模型求解

使用 MATLAB 求解。代码为 c07. m。

```
f=[1 0 0 0];
Aeq=[0 -5/3 -4/5 1/2
    -2/4 -1/3 1/5 0
    -3/4 1/3 0 0];
beq=[0 0 0];
lb=[1 0 0 0];
[x,fval]=linprog(f,[],[],Aeq,beq,lb)
[x,fval]=intlinprog(f,1:4,[],[],Aeq,beq,lb)
```

运行结果如下：

```
x =
    4.0000
    9.0000
   25.0000
   70.0000
fval =
    4.0000
```

结果满足整数条件，即达到最小生产规模时，生产各部件资源组数分别为 4、9、25、70 组。

所需生产资源（工人，设备）：

```
[5  8   10  3
 5  2   1   1
 2  13  4   2]*x
lcm(lcm(lcm(4,3),5),2)
```

运行结果如下：

ans =

    552

    133

    365

ans =

     60

即达到最小生产规模时，工人、技术员、设备的数量分别为：552 人、133 人、365 台，相应的最短周期是 60 小时。

习题六

1. 使用 MATLAB 求解

$$\min(2x + 3y + 5z)$$

$$\begin{cases} x + 2y + 2z \geq 30 \\ 3x + y + 2z \geq 20 \\ 40 \leq 2x + y + 10z \leq 50 \\ x, y, z \geq 0 \end{cases}$$

2. 某车间有长度为 100 厘米的钢管（数量充分多）。

（1）今要将其截为长度分别为 55 厘米、45 厘米、35 厘米的管料 45 根、61 根、99 根。问：应如何下料才能最省（精确解）？

（2）今要将其截为长度分别为 10 厘米、20 厘米、25 厘米、30 厘米、40 厘米、50 厘米、65 厘米、75 厘米的 8 种管料 45 根、32 根、93 根、53 根、113 根、65 根、24 根、98 根。问：有多少种下料方式？应如何下料才能最省（近似解）？

3. 设有一笔资金共计 10 万元，未来 5 年内可以投资 4 个项目。其中：项目 1 每年年初投资，投资后第二年年末才可回收资金，本利为 115%；项目 2 只能在第三年年初投资，到第五年年末回收本利 125%，但不超过 3 万元；项目 3 在第二年年初投资，第五年年末回收本利 140%，但不超过 4 万元；项目 4 每年年初投资，年末回收本利 106%。试确定 5 年内如何安排投资？

4. 某厂生产三种产品 Ⅰ、Ⅱ、Ⅲ。每种产品要经过 A、B 两道工序加工。设该厂有两种规格的设备能完成 A 工序，它们以 A_1、A_2 表示；有三种规格的设备能完成 B 工序，它们以 B_1、B_2、B_3 表示。产品 Ⅰ 可在 A、B 任何一种规格设备上加工。产品 Ⅱ 可在任何规格的 A 设备上加工，但完成 B 工序时，只能在 B_1 设备上加工；产品 Ⅲ 只能在 A_2 与 B_2 设备上加工。已知在各种机床设备的单件工时、原材料费、产品销售价格、各种设备有效台时和满负荷操作时机床设备的费用如表 6-4 所示。要求：安排最优的生产计划，使该厂利润最大。

表 6-4　某厂产品生产费用表

设备	产品			设备有效台时	满负荷时的设备费用/元
	I	II	III		
A1	5	10		6 000	300
A2	7	9	12	10 000	321
B1	6	8		4 000	250
B2	4	—	11	7 000	783
B3	7	—		4 000	200
原料费/元·件	0.25	0.35	0.50	—	—
单价/元·件	1.25	2.00	2.80	—	—

5. 有四个工人，要指派他们分别完成 4 项工作，每人做各项工作所消耗的时间如表 6-5 所示。

表 6-5　工人完成工作耗费时间表工作　　　　　　　　　　单位：小时

工人	工作			
	A	B	C	D
甲	15	18	21	24
乙	19	23	22	18
丙	26	17	16	19
丁	19	21	23	17

问：指派哪个人去完成哪项工作可使总的消耗时间为最小？

6. 某战略轰炸机群奉命摧毁敌人军事目标。已知该目标有 4 个要害部位，只要摧毁其中之一即可达到目的。为完成此项任务的汽油消耗量限制为 48 000 升、重型炸弹48 枚、轻型炸弹 32 枚。飞机携带重型炸弹时每升汽油可飞行 2 千米，带轻型炸弹时每升汽油可飞行 3 千米。又知每架飞机每次只能装载一枚炸弹，每出发轰炸一次除去来回路程汽油消耗（空载时每升汽油可飞行 4 千米）外，起飞和降落每次各消耗 100 升。飞机相关数据见表 6-6。

表 6-6　飞机相关数据

要害部位	离机场距离/千米	摧毁可能性	
		每枚重型弹	每枚轻型弹
1	450	0.10	0.08
2	480	0.20	0.16
3	540	0.15	0.12
4	600	0.25	0.20

为了使摧毁敌方军事目标的可能性最大，我们应如何确定飞机轰炸的方案，要求建立这个问题的线性规划模型。

7. 某汽车厂生产小型、中型、大型三种类型的汽车，已知各类型每辆车对钢材、劳动时间的需求量、利润及工厂每月的现有量，相关数据见表 6-7。

表 6-7　相关数据

相关情况	小型	中型	大型	现有量
钢材/吨	1	2	5	1 000
劳动时间/小时	250	125	150	120 000
利润/万元	3	5	12	—

（1）如果每月生产的汽车必须为整车，试制订月生产计划，使工厂的利润最大。

（2）如果生产某一类型汽车，则至少要生产 50 辆，那么最优的生产计划应做何改变？

第七章　非线性规划模型

非线性规划是具有非线性约束条件或目标函数的数学规划，是运筹学的一个重要分支。本章讨论非线性规划模型及其 MATLAB 求解方法。

第一节　MATLAB 求解非线性规划

非线性规划（nonlinear programming，NLP）是 20 世纪 50 年代才形成的一门新兴学科，20 世纪 70 年代又得到进一步发展。非线性规划在工程、管理、经济、科研、军事等方面都有广泛的应用，为最优设计提供了有利的工具。

一、理论

1. 非线性规划的一般形式

$$\underset{x}{\text{Min}} f(x) = f(x_1, x_2, \cdots, x_n)$$

$$\text{st}: \cdots$$

$$x \in D \subseteq R^n$$

非线性规划按约束条件可分为有约束规划、无约束规划，按决策变量的取值可分为连续优化、离散优化。非线性规划的最优解可分为局部最优解、全局最优解，现有解法大多只是求出局部最优解。

2. 非线性规划的求解方法

在微积分课程中我们接触过的无约束优化方法是求极值，即求函数最优化的局部解。对于 n 元函数求极值：

$$\underset{x}{\text{Min}} f(x) = f(x_1, x_2, \cdots, x_n)$$

极值存在的必要条件为

$$\nabla f(x^*) = (f_{x_1}, \cdots, f_{x_n})^T = 0$$

极值存在的充分条件为

$$\nabla f(x^*) = 0, \ \nabla^2 f(x^*) > 0$$

其中：$\nabla^2 f = \left[\dfrac{\partial^2 f}{\partial x_i \partial x_j} \right]_n$ 为 Hessian 阵。

1951 年 H.W.库恩和 A.W.塔克发表的关于最优性条件（后来称为"库恩—塔克条

件")的论文是非线性规划正式诞生的一个重要标志。在 20 世纪 50 年代还得出了可分离规划和二次规划的 n 种解法，它们大多以 G.B.丹齐克提出的解线性规划的单纯形法为基础。20 世纪 50 年代末到 60 年代末出现了许多解非线性规划问题的有效的算法，70 年代又得到进一步发展。20 世纪 80 年代以来，随着计算机技术的快速发展，非线性规划方法取得了长足进步，在信赖域法、稀疏拟牛顿法、并行计算、内点法和有限存储法等领域取得了丰硕的成果。

　　非线性规划的求解方法有很多。一维最优化方法有黄金分割法、Fibonacci、切线法、插值法等。无约束最优化方法大多是逐次一维搜索的迭代算法，有最速下降法、牛顿法、共轭梯度法、变尺度法、方向加速法、拟牛顿法、单纯形加速法等；约束最优化方法有拉格朗日乘子法、罚函数法、可行方向法、模拟退火法、遗传算法、蚁群算法、神经网络等算法。

　　一般来说，解非线性规划问题要比解线性规划问题困难得多。而且，不像线性规划有单纯形法这一通用方法，非线性规划目前还没有适于各种问题的一般算法，各个方法都有自己特定的适用范围。

二、MATLAB 求解线性规划

1. 一元无约束优化

在 MATLAB 优化工具箱中，一元无约束优化的求解函数及调用格式为

$[x, \text{fval}] = \text{fminbnd}(\text{fun}, x1, x2)$

其中：输入参数 fun 为目标函数，支持字符串、inline 函数、句柄函数，$[x1, x2]$ 为优化区间。输出参数为 x 最优解、fval 最优值。

注：最优解为区间内全局最优解。

[例 7-1]　求函数 $y = 2e^{-x}\sin x$ 在区间 $[0,8]$ 上的最大值、最小值。

解　MATLAB 求解代码为 c01.m。

使用字符串形式求解：

```
f='2*exp(-x)*sin(x)';
%fplot(f,[0,8]);
[xmin,ymin]=fminbnd (f,0,8)
f1='-2*exp(-x)*sin(x)';
[xmax,ymax]=fminbnd (f1,0,8)
ymax=-ymax
```

使用 inline 函数求解：

```
f2=inline('2*exp(-x)*sin(x)')
[xmin,ymin]=fminbnd (f2,0,8)
```

使用 m 函数文件，代码为 fun1.m：

```
function f=fun1(x)
f=2*exp(-x)*sin(x);
```

采用字符串调用、句柄调用 m 函数文件的方式求解：

$[x1, f1] = \text{fminbnd}('\text{fun1}', 0, 8)$

$[x2, f2] = \text{fminbnd}(@\text{fun1}, 0, 8)$

$[x3, f3] = \text{fminbnd}('\text{fun1}(x)', 0, 8)$

运行结果相同：

$x\text{min} =$

  3. 9270

$y\text{min} =$

  −0. 0279

$x\text{max} =$

  0. 7854

$y\text{max} =$

  0. 6448

2. 多元无约束优化

在 MATLAB 优化工具箱中，多元无约束优化的求解函数及调用格式为

$[x, \text{fval}] = \text{fminunc}(\text{fun}, x0)$

$[x, \text{fval}] = \text{fminsearch}(\text{fun}, x0)$

其中：输入参数 fun 为目标函数，支持字符串、inline 函数、句柄函数，x0 初值。输出参数为 x 最优解、fval 最优值。

注：fminunc、fminsearch 只支持函数 fun 自变量单变量符号。

最优解为局部最优解。

[例 7-2] 求函数 $f = 100 (y - x^2)^2 + (1 - x)^2$ 的最小值。

解 MATLAB 求解代码为 c02. m。

$f = '100 * (x(2)-x(1)^2)^2+(1-x(1))^2';$

$[x, \text{fval}] = \text{fminunc}(f, [0, 0])$

$[x, \text{fval}] = \text{fminsearch}(f, [0, 0])$

运行结果如下：

$x =$

  1. 0000 1. 0000

$\text{fval} =$

 1. 9474e−011

$x =$

  1. 0000 1. 0000

$\text{fval} =$

 3. 6862e−010

3. 有约束优化

MATLAB 求解有约束优化的基本形式为

$$\min f(x)$$

$$\mathrm{st}\begin{cases} c(x) \leqslant 0 \\ ceq(x) = 0 \\ Ax \leqslant b \\ Aeq \cdot x = beq \\ lb \leqslant x \leqslant ub \end{cases}$$

调用格式为

$$[x, \mathrm{fval}] = \mathrm{fmincon}(\mathrm{fun}, x0, A, b, \mathrm{Aeq}, \mathrm{beq}, \mathrm{lb}, \mathrm{ub}, \mathrm{nonlcon})$$

其中：输入参数 fun 为目标函数（支持字符串、inline 函数、句柄函数），$x0$ 初值，A 线性不等式约束系数，b 线性不等式约束常数项，Aeq 线性等式约束系数，beq 线性等式约束常数项，lb 变量下界，ub 变量上界，nonlcon 非线性约束（支持句柄函数）。参数 A，b，Aeq，beq，lb，ub 可以缺省，也可以使用 [ ] 或 NaN 占位。

输出参数为 x 最优解、fval 最优值。

注：fmincon 只支持函数 fun、约束条件自变量单变量符号。

最优解为局部最优解。

[例 7-3]　求解

$$\min f = x_1^2 + 4x_2^2$$

$$\begin{cases} 3x_1 + 4x_2 \geqslant 13 \\ x_1^2 + x_2^2 \leqslant 10 \\ x_1, x_2 \geqslant 0 \end{cases}$$

解　建立 MATLAB 的函数文件表示目标函数，代码为 fun2.m：

```
function y = fun2(x)
y = x(1)^2 + 4 * x(2)^2;
```

建立 MATLAB 的函数文件表示非线性约束，代码为 fun3.m：

```
function [c, ceq] = fun3(x)
c = x(1)^2 + x(2)^2 - 10;
ceq = 0;
```

求解原问题代码为 c03.m：

```
x0 = [10, 10];
A = [-3, -4]; b = -13;
lb = [0, 0];
[x, f] = fmincon(@fun2, x0, A, b, [ ], [ ], lb, [ ], @fun3)
```

运行结果如下：

```
x =
    3.0000    1.0000
f =
    13
```

[例7-4] 求解

$$\min f = x_1{}^2 + 4x_2{}^2 + x_3{}^2$$

$$\text{st}\begin{cases} 3x_1 + 4x_2 + x_3 \geqslant 13 \\ x_1{}^2 + x_2{}^2 - x_3 \leqslant 100 \\ 3x_1{}^3 + x_2{}^2 - 10\sqrt{x_3} \geqslant 20 \\ 3x_1 - x_2{}^2 + x_3 = 50 \\ x_1, x_2, x_3 \geqslant 0 \end{cases}$$

解　建立 MATLAB 的函数文件表示非线性约束,代码为 fun4. m:

```
function [c,ceq]=fun4(x)
c=[x(1)^2+x(2)^2-x(3)-100,-3*x(1)^3-x(2)^2+10*sqrt(x(3))+20];
ceq=3*x(1)-x(2)^2+x(3)-50;
```

求解原问题代码为 c04. m:

```
x0=[1,1,1];
A=[-3,-4,-1];b=-13;
lb=[0,0,0];
f='x(1)^2+4*x(2)^2+x(3)^2';
[x,f]=fmincon(f,x0,A,b,[],[],lb,[],@fun4)
```

运行结果如下:

```
x =
   10.8390    0.0000    17.4831
f =
   423.142 3
```

第二节　选址问题

一、问题

在第六章第二节中,我们讨论了选址问题,现将原问题更改,我们又将如何解决?

[例7-5]　某公司有 6 个建筑工地,位置坐标为 (a_i, b_i)(单位:千米),水泥日用量 r_i(单位:吨),具体取值见表7-1。

表7-1　　　　　　　　建筑工地位置坐标、水泥日用量取值

i	1	2	3	4	5	6
a	1.25	8.75	0.5	5.75	3	7.25
b	1.25	0.75	4.75	5	6.5	7.75
r	3	5	4	7	6	11

现要建立 2 个料场，日储量 $q_j(j = 1, 2)$ 各有 20 吨。

假设：料场和工地之间有直线道路。

问题：确定料场位置和每天的供应计划，使总的运输吨千米数最小。

二、模型建立

设 (x_j, y_j) 表示料场位置，w_{ij} 表示第 j 个料场向第 i 个施工点的材料运量。

模型为

$$\min Z = \sum_{i=1}^{m} \sum_{j=1}^{n} w_{ij} \sqrt{(x_j - a_i)^2 + (y_j - b_i)^2}$$

$$\begin{cases} \sum_{j=1}^{n} w_{ij} = r_i (i = 1, 2, \ldots, m) \\ \sum_{i=1}^{m} w_{ij} \leqslant q_j (j = 1, 2, \ldots, n) \\ w_{ij} \geqslant 0 \end{cases}$$

此模型与第六章第二节的选址问题的模型在形式上是一样的，但在这里决策变量为 (x_j, y_j) 和 w_{ij}，模型为非线性规划模型。

三、模型求解

1. 目标函数

$$\min Z = \sum_{i=1}^{m} \sum_{j=1}^{n} w_{ij} \sqrt{(x_j - a_i)^2 + (y_j - b_i)^2}$$

该模型求解需要在 MATLAB 中编写函数表达式，并解决两个问题。一个是决策变量 (x_j, y_j)、w_{ij} 共有 16 个，要换成一个一维向量；另一个是目标函数表达式含有 12 项，采用编程的方法得到。

建立 MATLAB 函数文件，代码 fun5. m 如下：

```
function f = fun5(x)
a = [1.25    8.75    0.5    5.75    3    7.25];
b = [1.25    0.75    4.75    5    6.5    7.75];
xx = [x(13) x(15)];
yy = [x(14) x(16)];
w = [x(1:6)' x(7:12)'];
f = 0;
for i = 1:6
    for j = 1:2
        f = f+w(i,j)*((xx(j)-a(i))^2+(yy(j)-b(i))^2)^.5;
    end
end
```

2. 约束条件

$$
\begin{cases}
\sum_{j=1}^{n} w_{ij} = r_i (i = 1, 2, \ldots, m) \\
\sum_{i=1}^{m} w_{ij} \leq q_j (j = 1, 2, \ldots, n) \\
w_{ij} \geq 0
\end{cases}
$$

约束条件均为线性，建立相关系数矩阵，代码 c05. m 如下：

$d = [3, 5, 4, 7, 6, 11]$；$e = [20, 20]$；

$A = [1\ 1\ 1\ 1\ 1\ 1\ 0\ 0\ 0\ 0\ 0\ 0\ 0\ 0\ 0\ 0; 0\ 0\ 0\ 0\ 0\ 0\ 1\ 1\ 1\ 1\ 1\ 1\ 0\ 0\ 0\ 0]$；$b = e$；

$\mathrm{Aeq} = [1\ 0\ 0\ 0\ 0\ 0\ 1\ 0\ 0\ 0\ 0\ 0\ 0\ 0\ 0\ 0$

      $0\ 1\ 0\ 0\ 0\ 0\ 0\ 1\ 0\ 0\ 0\ 0\ 0\ 0\ 0\ 0$

      $0\ 0\ 1\ 0\ 0\ 0\ 0\ 0\ 1\ 0\ 0\ 0\ 0\ 0\ 0\ 0$

      $0\ 0\ 0\ 1\ 0\ 0\ 0\ 0\ 0\ 1\ 0\ 0\ 0\ 0\ 0\ 0$

      $0\ 0\ 0\ 0\ 1\ 0\ 0\ 0\ 0\ 0\ 1\ 0\ 0\ 0\ 0\ 0$

      $0\ 0\ 0\ 0\ 0\ 1\ 0\ 0\ 0\ 0\ 0\ 1\ 0\ 0\ 0\ 0]$；

$\mathrm{beq} = d$；

$\mathrm{lb} = [\mathrm{zeros}(1, 12)\ -\mathrm{inf}\ -\mathrm{inf}\ -\mathrm{inf}\ -\mathrm{inf}]$；

3. 调用指令求解

使用 MATLAB 有约束优化 fmincon 函数指令求解。初值采用原有结果，代码 c05. m 如下：

$x0 = [3\ 5\ 0\ 7\ 0\ 1\ 0\ 0\ 4\ 0\ 6\ 10, 5\ 1, 2\ 7]$；

$[x, \mathrm{fval}] = \mathrm{fmincon}(@\mathrm{fun5}, x0, A, b, \mathrm{Aeq}, \mathrm{beq}, \mathrm{lb})$

运行结果如下：

$x =$

    3.0000   5.0000   4.0000   7.0000   1.0000   0   0   0   0

0   5.0000   11.0000   5.6960   4.9286   7.2500   7.7500

    fval =

    89. 8835

目标函数最优值为 89. 883 5，比原有结果 136. 227 5 有较大改进。

由于此问题为非线性规划问题，所以得到的结果为局部最优解，那么如何得到全局最优解呢？

一个可行的办法就是，改变初值来改变局部最优解，通过定步长搜索初值的取值的方法逼近最优解。由于决策变量是 16 维，不可能对其全部搜索，我们只搜索后 4 个变量：料场位置坐标。

MATLAB 求解代码 c06. m 如下：

```
tic
```

$d = [3, 5, 4, 7, 6, 11]$；$e = [20, 20]$；

$A = [1\,1\,1\,1\,1\,1\,0\,0\,0\,0\,0\,0\,0\,0\,0\,0;\,0\,0\,0\,0\,0\,0\,1\,1\,1\,1\,1\,1\,0\,0\,0\,0];b=e;$

$Aeq = [1\,0\,0\,0\,0\,0\,1\,0\,0\,0\,0\,0\,0\,0\,0$

$\quad\quad 0\,1\,0\,0\,0\,0\,0\,1\,0\,0\,0\,0\,0\,0\,0$

$\quad\quad 0\,0\,1\,0\,0\,0\,0\,0\,1\,0\,0\,0\,0\,0\,0$

$\quad\quad 0\,0\,0\,1\,0\,0\,0\,0\,0\,1\,0\,0\,0\,0\,0$

$\quad\quad 0\,0\,0\,0\,1\,0\,0\,0\,0\,0\,1\,0\,0\,0\,0$

$\quad\quad 0\,0\,0\,0\,0\,1\,0\,0\,0\,0\,0\,1\,0\,0\,0\,0];$

beq $=d;$

lb $=$ zeros$(1,16);$

$m = 100;$

for $i1 = 1:2:8$

$\quad$ for $j1 = 1:2:8$

$\quad\quad$ for $i2 = 1:2:8$

$\quad\quad\quad$ for $j2 = 1:2:8$

$\quad\quad\quad\quad x0 = [3\,5\,0\,7\,0\,1\,0\,0\,4\,0\,6\,10,i1\,j1,i2\,j2];$

$\quad\quad\quad\quad [x,\text{fval}] = \text{fmincon}(@\,\text{fun5},x0,A,b,Aeq,\text{beq},\text{lb});$

$\quad\quad\quad\quad$ if fval$<m$

$\quad\quad\quad\quad\quad m = \text{fval};$

$\quad\quad\quad\quad\quad xx = x;$

$\quad\quad\quad\quad$ end

$\quad\quad\quad$ end

$\quad\quad$ end

$\quad$ end

end

xx,m

toc

其中：tic、toc 记录程序运行时间。

运行结果如下：

$xx =$

$\quad$ 0　5.0000　0　0　0　11.0000　3.0000　0　4.0000

7.0000　6.0000　0　7.2500　7.7500　3.2552　5.6519

$\quad m =$

$\quad$ 85.2660

Elapsed time is 14.565186 seconds.

目标函数最优值为 85.266 0，比上一结果 89.883 5 有较大改进。

第三节　资产组合的有效前沿

资产组合的有效前沿的理论基础是哈里马科维茨（H.Markowitz）于 1952 年创立的资产组合理论，这个模型奠定了现代金融学的基础，因此 1992 年哈里马科维茨获得诺贝尔经济学奖。

一、问题

对于所有理性的投资者而言，他们都是厌恶风险而偏好收益的。对于相同的风险水平，他们会选择能提供最大收益率的组合；对于相同的预期收益率，他们会选择风险最小的组合。能同时满足上述条件的一个投资组合称为有效组合，所有的有效组合或有效组合的集合，称为有效前沿（efficient frontier）。

[例 7-6]　现有 3 种资产的投资组合，未来可实现的收益是不确定的，预测的资产未来可实现的收益率，称为"预期收益率"，其值为 $r = (0.1, 0.15, 0.12)$。未来投资收益的不确定性投资风险称为"投资风险"，可以用预期收益率的标准差来表示，称为"预期标准差"，

其值为 $s = (0.2, 0.25, 0.18)$，相关系数为 $\rho = \begin{pmatrix} 1 & 0.8 & 0.4 \\ 0.8 & 1 & 0.3 \\ 0.4 & 0.3 & 1 \end{pmatrix}$。

问题：

（1）当资产组合收益率为 0.12 时，求解最优组合。

（2）有效前沿是什么？

二、模型

令：资产投资比例为 $x = (x_1, x_2 \ldots x_n)^T$

则资产组合预期收益率为

$$E(\hat{r}) = xE(r) = \sum_i x_i E(r_i)$$

资产组合预期方差为

$$\sigma^2 = \sum_i \sum_j x_i x_j \sigma_{ij} = x^T V x$$

其中：$V = (\sigma_{ij})_n$ 为资产收益的协方差矩阵。

于是得到投资决策的规划模型：

$$\max E(\hat{r}) = xE(r) = \sum_i x_i E(r_i)$$

$$\min \sigma^2 = \sum_i \sum_j x_i x_j \sigma_{ij} = x^T V x$$

$$\text{st} : \sum_i x_i = 1$$

这个模型被称为"均值—方差（M-V）模型"。

三、模型求解

1. 感受资产组合

我们可以通过图形来感受资产组合预期收益率、预期标准差的分布状况。

例7-6（1）中，预期收益率 $r = (0.1, 0.15, 0.12)$，预期标准差 $s = (0.2, 0.25, 0.18)$，相关系数为 $\rho = \begin{pmatrix} 1 & 0.8 & 0.4 \\ 0.8 & 1 & 0.3 \\ 0.4 & 0.3 & 1 \end{pmatrix}$。

令：资产权重 $x = (x_1, x_2, x_3)^T$

随机选取 x 的取值，观察收益与风险的关系。算法如下：

步骤1，随机生成 n 组三维向量，并将向量归一，作为资产权重。

步骤2，计算每一个资产权重下的组合资产预期收益率、预期标准差。

步骤3，以预期标准差为横轴、预期收益率为纵轴，绘图。

使用 MATLAB 模拟，代码 c07. m 如下：

```
r = [0.1 0.15 0.12];
s = [0.2 0.25 0.18];
c = [1 0.8 0.4; 0.8 1 0.3; 0.4 0.3 1];
s2 = diag(s) * c * diag(s)
x = rand(1 000,3);
total = sum(x,2);
for j = 1:3
    x(:,j) = x(:,j)./total;
end
PortReturn = x * r';
for i = 1:1 000
    PortRisk(i,1) = x(i,:) * s2 * x(i,:)';
end
plot(PortRisk, PortReturn,'.')
```

运行后的图形显示见图7-1，即资产组合预期收益率与标准差的分布状况模拟。

投资组合的有效组合应处在投资点的边缘的位置上，这样才能做到收益一定方差最小，或方差一定收益最大。从图7-1中可以看出，绝大多数投资组合都不处在有效的位置，需要优化才能获得较好的收益和方差。

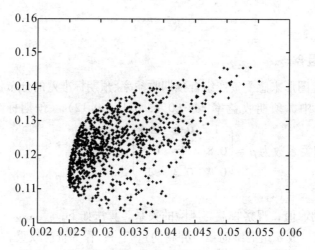

图 7-1　资产组合预期收益率与标准差的分布状况模拟

2. 最优组合

M-V 模型为多目标规划问题，可以通过转化为单目标规划求解，控制收益优化风险得到二次规划。二次规划可以求得全局最优解，即

$$\min \sigma^2 = \sum_i \sum_j x_i x_j \sigma_{ij} = x^T V x$$

$$\text{st:} \begin{cases} E(\hat{r}) = xE(r) = \sum_i x_i E(r_i) \geqslant \mu \\ \sum_i x_i = 1 \end{cases}$$

解　例 7-6(1)

投资决策的规划模型为

$$\min \sigma^2 = x^T V x$$

$$\text{st:} \begin{cases} E(\hat{r}) = xE(r) \geqslant \mu \\ \sum_{i=1}^{3} x_i = 1 \end{cases}$$

其中：$r = (0.1, 0.15, 0.12)$，$\mu = 0.12$

$$V = diag(s) \times \rho \times diag(s)，\rho = \begin{pmatrix} 1 & 0.8 & 0.4 \\ 0.8 & 1 & 0.3 \\ 0.4 & 0.3 & 1 \end{pmatrix}，s = (0.2, 0.25, 0.18)$$

使用 MATLAB 求解，我们先建立目标函数（预期方差）的函数文件，代码 fun8.m 如下：

```
function y = fun8(x)
s2 = [0.0400    0.0400    0.0144
      0.0400    0.0625    0.0135
      0.0144    0.0135    0.0324];
```

$y = x * s2 * x ';$

下面使用 MATLAB 有约束优化指令 fmincon 求解，代码 c08. m 如下：

$r = [0.1\ 0.15\ 0.12];$

$x0 = [1\ 1\ 1]/3$

$A = -r$

$b = -0.12$

Aeq = ones(1,3)

beq = 1

lb = zeros(1,3)

$[x, \text{fval}] = \text{fmincon}(@\text{fun8}, x0, A, b, \text{Aeq}, \text{beq}, \text{lb})$

运行结果如下：

$x =$

  0.2299 0.1533 0.6169

fval =

  0.0254

即当资产组合收益率为 0.12 时，最优投资组合的三种资产的投资比例为：0.229 9 0.153 3   0.616 9，对应的预期方差为 0.025 4。

将这一结果显示在图形上，MATLAB 代码 c08. m 如下：

c07

hold on

plot(fval, $x * r$ ',' ro ',' MarkerFaceColor ',' w ',' MarkerSize ',12,' LineWidth ',2)

运行后的图形显示见图 7-2，即资产组合收益风险分布状态图中最优组合所在位置。

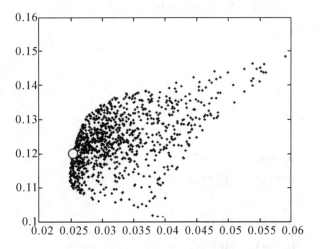

图 7-2　资产组合收益风险分布状态图中最优组合所在位置

其中，"o" 位置为上述结果所在位置，处在有效位置上。

3. 有效前沿

有效前沿就是所有最佳组合的集合，一般无法用函数表达，可采用均匀选取离散点的方式来表达结果。

解 例 7-6(2)

在 $[0.1, 0.15]$ 均匀选取 $n = 1\,000$ 个资产组合收益率期望值，通过求解 M-V 模型，得到投资组合有效前沿的 $1\,000$ 个点，将相同的点合并，即有效前沿的离散解。

使用 MATLAB 求解，代码 c09.m 如下：

```
n = 1000;
r = [0.1 0.15 0.12];
x0 = [1 1 1]/3;
A = -r;
Aeq = ones(1,3);
beq = 1;
lb = zeros(1,3);
k = 0;
[x1,fval] = fmincon(@fun8,x0,A,0,Aeq,beq,lb);
for i = 0.1:0.05/n:0.15
    b = -i;
    [x,fval] = fmincon(@fun8,x0,A,b,Aeq,beq,lb);
    k = k+1;
    Pr(k) = x*r';Ps2(k) = fval;
    if sum(x-x1(size(x1,1),:)>0.0001) == 1
        x1 = [x1;x];
    end
end
x1
```

运行结果（部分）如下：

```
x1 =
    0.3887    0.0234    0.5879
         0    0.4133    0.5867
         …
         0    0.9933    0.0067
         0    0.9983    0.0017
```

我们通过绘图，可以显示有效前沿对应的预期收益率、预期标准差所在位置。使用 MATLAB 绘图，代码 c09.m 如下：

```
c07
hold on
```

axis([0.0200　　0.0650　　0.1000　　0.1520])

plot(Ps2,Pr,'k','linewidth',2)

有效前沿模拟如图 7-3 所示。

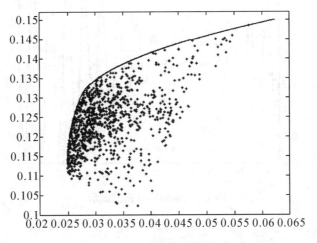

图 7-3　有效前沿模拟

其中，曲线代表资产有效前沿所在位置，处在资产组合收益风险的前段位置上，所以称为"有效前沿"。

第四节　MATLAB 求解的进一步讨论

非线性规划的算法均具有一定局限性，我们通过两个实例来讨论。

[例 7-7]　给出测试函数：

$f(x) = x\sin(10\pi x) + 2, x \in [-1,2]$

测试一元无约束优化函数指令的效果。

解　使用 MATLAB，代码为 c10.m。

我们先绘制函数图像：

$f = 'x*\sin(10*\mathrm{pi}*x)+2'$;

fplot(f,[-1,2])

MATLAB 图形显示如图 7-4 所示。

从图 7-4 中可以看出：函数在区间 [-1，2] 内的最小值为 $f_{\min} \approx 0$，最小值点为 $x_{\min} \approx 1.95$。

使用 fminbnd 求解：

[x,fval] = fminbnd('x*\sin(10*\mathrm{pi}*x)+2',-1,2)

结果如下：

$x =$

0. 1564

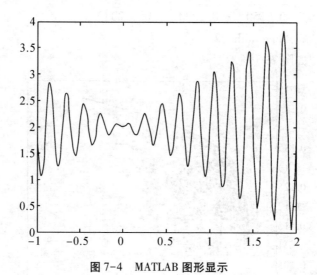

图 7-4　MATLAB 图形显示

fval =

　　1.8468

显然，这一结果不是最小值，测试效果不理想。

我们可以采用缩小优化区间的方法，克服算法中的一些不足。

$x0 = x$; fval0 = fval;

$n = 100$;

for $i = 1 : n$

　　$[x, \text{fval}] = \text{fminbnd}('x * \sin(10 * \text{pi} * x) + 2', -1 + 3 * (i-1)/n, -1 + 3 * i/n)$;

　　if fval < fval0

　　　　$x0 = x$; fval0 = fval;

　　end

end

$x0$, fval0

结果如下：

$x0 =$

　　1.9505

fval0 =

　　0.0497

得到函数在区间 $[-1, 2]$ 内的最小值为 $f_{\min} = 0.0497$，最小值点为 $x_{\min} = 1.9505$。

[例 7-8]　给出测试函数 rastrigin：

$$f(x) = 20 + x_1{}^2 + x_2{}^2 - 10(\cos 2\pi x_1 + \cos 2\pi x_2)$$

测试多元无约束优化函数指令的效果。

解　使用 MATLAB，代码为 c11.m。

我们先绘制函数图像：

$[x, y] = \text{meshgrid}(-2 : 0.1 : 2)$;

$z = 20 + x.\,\hat{}2 + y.\,\hat{}2 - 10 * (cos\ (2 * pi * \text{x}) + cos\ (2 * \text{pi} * y)\ );$

$surf\ (\text{x},\ y,\ z)$

通过改变绘图范围得到两个图形(见图 7-5)。

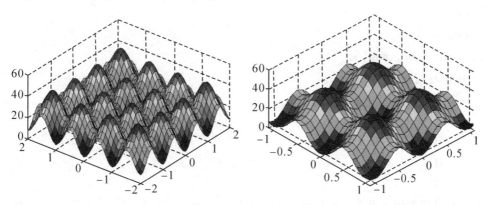

图 7-5　MATLAB 图形显示

Rastrigin 是一个著名的测试函数。从图 7-5 中可以看出：很难看出最小值点所在位置，[1，1] 点附近的极小值点大约就在 [1，1] 点的位置上。

使用 fminsearch 、fminunc 求解：

$z =' 20 + x(1)\hat{}2 + x(2)\hat{}2 - 10 * (cos(2 * pi * x(1)) + cos(2 * pi * x(2)))';$

$[xx1,zm1] = \text{fminsearch}(z,[1,1])$

$[xx2,zm2] = \text{fminunc}(z,[1,1])$

结果如下：

$x1 =$

　　0.9950　　0.9950

$zval1 =$

　　1.9899

$x2 =$

　　0　　0

$zval2 =$

　　0

两个指令结果不相同，显然 fminsearch 指令在此问题上更合理。fminunc 指令在此问题上求解的结果仍是极小值，但不是最近的极小值。

我们在区域 $x \in [-2, 2]$，$y \in [-2, 2]$ 内通过定步长搜索极值点来获取区域内的最小值点：

$k = 0; n = 10;$

for $i = 1:n+1$

　　for $j = 1:n+1$

　　　　$k = k+1;$

　　　　$\text{zmin}(1:2,k) = 4 * [i-1;j-1]/n-2;$

$$[\text{zmin}(3:4,k),\text{zmin}(5,k)]=\text{fminsearch}(z,\text{zmin}(1:2,k));$$
$$[\text{zmin}(6:7,k),\text{zmin}(8,k)]=\text{fminunc}(z,\text{zmin}(1:2,k));$$

    end

  end

  zmin

  $[zz,m]=\min(\text{zmin}(5,:));$

  $\text{zmin}(3:5,m)$

  结果如下：

  ans =

    0

    0

    0

  由此可以看出：此函数在区域 $x \in [-2,2]$，$y \in [-2,2]$ 内的最小值点为 $[0, 0]$ 点，最小值为 0。

习题七

  1. 使用 MATLAB 求解。

  (1) $y = \ln(x^2 + 1)$，$x \in [-1,2]$ 最大值与最小值。

  (2) $z = x^2 + 2y^2 + 2xy - x$ 在 $(-1,2)$ 附近的最小值。

  (3) $\min(2x^2 + 3y^2 + 5z^2)$

$$\begin{cases} 2x - y + 2z = 30 \\ x^2 + y^2 + z^2 \leqslant 100 \quad \text{在}\,(1,2,3)\,\text{附近} \\ x,y,z \geqslant 0 \end{cases}$$

  2. 某工厂向用户提供发动机，按合同规定，其交货数量和日期是：第一季度末交 40 台，第二季度末交 60 台，第三季度末交 80 台。工厂的最大生产能力为每季度 100 台，每季度的生产费用是 $f(x) = 50x + 0.2x^2$（元）。此处 x 为该季生产发动机的台数。若工厂某季度生产得多，多余的发动机可移到下季度向用户交货。这样，工厂就需支付存贮费，每台发动机每季度的存贮费为 4 元。问：该厂每季度应生产多少台发动机，才能既满足交货合同，又使工厂所花费的费用最少（假定第一季度开始时发动机无存货）？

  3. 飞行管理问题

  在约 10 000 米高空的某边长 160 千米的正方形区域内，经常有若干架飞机做水平飞行。该区域内每架飞机的位置和速度向量均由计算机记录其数据，以便进行飞行管理。当一架欲进入该区域的飞机到达区域边缘时，记录其数据后，要立即计算并判断是否会与区域内的飞机发生碰撞。如果飞机会发生碰撞，则应计算如何调整各架（包括新进入的）飞机飞行的方向角，以避免发生碰撞。现假定条件如下：

  (1) 不碰撞的标准为任意两架飞机的距离大于 8 千米；

（2）飞机飞行方向角调整的幅度不应超过 30 度；

（3）所有飞机飞行速度均为每小时 800 千米；

（4）进入该区域的飞机在到达区域边缘时，与区域内飞机的距离应在 60 千米以上；

（5）最多考虑 6 架飞机；

（6）不必考虑飞机离开此区域后的状况。

请你对这个避免碰撞的飞行管理问题建立数学模型，列出计算步骤，对以下数据进行计算（方向角误差不超过 0.01 度），要求飞机飞行方向角调整的幅度尽量小。

设该区域 4 个顶点的坐标为（0，0），（160，0），（160，160），（0，160）。飞机管理问题数据见表 7-2。

表 7-2　飞机管理问题数据

飞机编号	横坐标 x	纵坐标 y	方向角/度
1	150	140	243
2	85	85	236
3	150	155	220.5
4	145	50	159
5	130	150	230
新进入	0	0	52

注：方向角是指飞行方向与 x 轴正向的夹角。

试根据实际应用背景对你的模型进行评价与推广。

第八章   概率模型

概率论是研究随机现象并揭示其统计规律性的一门数学学科。使用概率论知识如随机变量与概率分布等概念和理论建立的数学模型就称为"概率模型"。由于自然界随机现象存在的广泛性，使得概率模型不仅应用到几乎一切自然科学、技术科学和经济管理各领域中去，也逐渐渗入我们的日常生活之中。

第一节   MATLAB 概率计算

本节介绍 MATLAB 在概率统计计算中的若干命令和使用格式。

一、概率计算函数

MATLAB 概率计算函数的函数名由"概率分布名"与"概率函数名"两部分通过字符串拼接而成。例如：

normcdf(3,1,2)

代表：计算均值为 1、标准差为 2 的正态分布在 3 点分布函数的值。其执行结果为

ans =

　　0. 8413

此函数也可写成

cdf('norm',3,1,2)

常见概率分布见表 8-1。

表 8-1　　　　　　　　　　　　　常见概率分布

概率分布	英文函数名	缩写	参数
离散均匀分布	Discrete Uniform	unid	N
二项分布	Binomial	bino	n, p
泊松分布	Poisson	poiss	λ
几何分布	Geometric	geo	p
超几何分布	Hypergeometric	hyge	M, K, N
均匀分布	Uniform	unif	a, b
指数分布	Exponential	exp	λ

表8-1(续)

概率分布	英文函数名	缩写	参数
正态分布	Normal	norm	μ, σ
对数正态分布	Lognormal	logn	μ, σ
χ^2 分布	Chisquare	chi2	ν
F 分布	F	f	$\nu1$, $\nu2$, δ
T 分布	T	t	ν

MATLAB 概率函数见表8-2。

表 8-2　　　　　　　　　　　　　　MATLAB 概率函数

函数	功能	说明
pdf(x,A,B,C)	概率密度	x 为分位点,A,B,C 为分布参数
cdf(x,A,B,C)	分布函数	x 为分位点,A,B,C 为分布参数
inv(p,A,B,C)	逆概率分布	p 为概率,A,B,C 为分布参数
stat(A,B,C)	均值与方差	A,B,C 为分布参数
rnd(A,B,C,m,n)	随机数生成	A,B,C 为分布参数, m,n 为矩阵的行、列数

值得注意的是，我们利用 MATLAB 进行正态分布计算时，参数 A, B 代表均值 μ 和标准差 σ。

[例8-1]　二项分布 $b(k;n,p)=C_n^k p^k (1-p)^{n-k}$, $n=10,p=0.3$。

(1)计算 $x=0{:}10$ 点的二项分布概率、分布函数的值；

(2)求二项分布 $p=0.5$ 的分位点；

(3)求二项分布均值、方差；

(4)生成2行5列的二项分布随机数。

解　使用 MATLAB 求解，代码 c01.m 如下：

```
x=0:10
binopdf(x,10,0.3)
binocdf(x,10,0.3)
binoinv(0.5,10,0.3)
[m,s2]=binostat(10,0.3)
binornd(10,0.3,2,5)
```

运行后的结果显示如下：

```
x =
0    1    2    3    4    5    6    7    8    9    10
ans =
   0.0282   0.1211   0.2335   0.2668   0.2001   0.1029   0.0368
```

0.0090   0.0014   0.0001   0.0000

ans =

    0.0282   0.1493   0.3828   0.6496   0.8497   0.9527   0.9894

0.9984   0.9999   1.0000   1.0000

ans =

    3

m =

    3

$s2$ =

    2.1000

ans =

    3   2   3   2   2

    5   3   4   2   4

[例8-2]　正态分布 $N(\mu, \sigma^2) : F(x) = \dfrac{1}{\sqrt{2\pi}\,\sigma} \displaystyle\int_{-\infty}^{x} e^{-\frac{(t-\mu)^2}{2\sigma^2}} dt, \mu = 1, \sigma^2 = 4$

(1)计算 $x = 0:10$ 点的二项分布概率、分布函数的值;

(2)求二项分布 $p = 0.5$ 的分位点;

(3)求二项分布均值、方差;

(4)生成 2 行 5 列的二项分布随机数。

解　使用 MATLAB 求解,代码 c01.m 如下:

$x = 0:10$;

normpdf$(x, 1, 2)$

normcdf$(x, 1, 2)$

norminv$(0.5, 1, 2)$

$[m, s2]$ = normstat$(1, 2)$

normrnd$(1, 2, 2, 5)$

运行后的结果显示如下:

ans =

    0.1760   0.1995   0.1760   0.1210   0.0648   0.0270   0.0088

0.0022   0.0004   0.0001   0.0000

ans =

    0.3085   0.5000   0.6915   0.8413   0.9332   0.9772   0.9938

0.9987   0.9998   1.0000   1.0000

ans =

    1

m =

    1

$s2 =$

　　4

ans =

| 1.8988 | 2.6521 | 2.7958 | 0.7056 | -3.2473 |
| 1.2013 | 2.0723 | 0.7361 | 3.0155 | -0.0092 |

二、描述统计分析

通过 MATLAB 函数可以计算描述样本的集中趋势、离散趋势、分布特征等的统计量的值。MATLAB 描述统计函数见表 8-3。

表 8-3　MATLAB 描述统计函数

函数	功能	函数	功能
mean(x)	均值	median(x)	中位数
var(x)	方差	std(x)	标准差
max(x)	最大值	min(x)	最小值
range(x)	极差	—	—
kurtosis(x)	峰度	skewness(x)	偏度
corrcoef(x)	相关系数	cov(x)	协方差矩阵

其中，若 x 为向量，函数的计算结果为一个常数。若 x 为矩阵，函数对矩阵 x 的每一列进行计算，结果为一行向量。

[例 8-3]　生成一个正态分布随机阵，计算每列数据的均值、中位数、方差、标准差、相关系数。

解　使用 MATLAB 求解，代码 c02.m 如下：

x = normrnd(0,10,5,5);
mean(x),median(x)
var(x),std(x)
corrcoef(x),cov(x)

运行后的结果显示如下：

ans =

| -2.3874 | 0.1517 | -5.4452 | -6.9359 | -0.2749 |

ans =

| -3.8258 | 1.3702 | -6.2909 | -5.6066 | 4.4133 |

ans =

| 90.2128 | 14.3939 | 141.6752 | 36.6050 | 360.4762 |

ans =

| 9.4980 | 3.7939 | 11.9027 | 6.0502 | 18.9862 |

```
ans =
    1.0000    0.1514    0.1770    0.1844   -0.4258
    0.1514    1.0000    0.6486    0.8401   -0.1961
    0.1770    0.6486    1.0000    0.9203    0.4876
    0.1844    0.8401    0.9203    1.0000    0.2907
   -0.4258   -0.1961    0.4876    0.2907    1.0000
```

第二节　报童的诀窍

一、问题

报童每天清晨从报社购进报纸零售，晚上将没有卖掉的报纸退回。报童每天如果购进的报纸太少，供不应求，会少赚钱；如果购进的报纸太多，供过于求，将要赔钱。请你为报童设计销售策略，确定每天购进报纸的数量，以获得最大的收入。

二、模型的建立与求解

已知：报纸每份的购进价为 b ，零售价为 a ，退回价为 c ，显然 $a > b > c$ 。则售出一份报纸赚 $a - b$ ，退回一份赔 $b - c$ 。

设：在报童的销售范围内每天报纸需求量为 r ，则 r 为随机变量，设其概率分布是 $p(r)$ 。

设：每天购进量为 n , n 为本问题的决策变量。

则购进 n 份报纸的销售收入 $G(n)$ 有全部售出、部分售出两种可能。

$$G(n) = \begin{cases} (a - b)n & r \geq n \\ (a - b)r - (b - c)(n - r) & r < n \end{cases}$$

由于需求量 r 是随机的，所以随机变量的函数 $G(n)$ 也是随机的，则此模型的目标函数不能是销售收入，而应该是长期收入的平均值。从概率论的观点来看，即销售收入的数学期望。

$$E(G(n)) = \sum_{r=0}^{n} \left[(a - b)r - (b - c)(n - r) \right] p(r) + \sum_{r=n+1}^{\infty} (a - b)np(r)$$

通常，需求量 r 和购进量 n 都相当大，因此可以将 r 视为连续变量。于是，概率分布 $p(r)$ 就变成概率密度 $f(r)$ ，则上式变为

$$E(G(n)) = \int_0^n \left[(a - b)r - (b - c)(n - r) \right] f(r) \mathrm{d}r + \int_n^\infty (a - b)nf(r) \mathrm{d}r$$

$$= (a - c) \int_0^n rf(r) \mathrm{d}r - (b - c)n \int_0^n f(r) \mathrm{d}r + (a - b)n \int_n^\infty f(r) \mathrm{d}r$$

目标函数为

$$\max EG = (a - c) \int_0^n rf(r) \mathrm{d}r - (b - c)n \int_0^n f(r) \mathrm{d}r + (a - b)n \int_n^\infty f(r) \mathrm{d}r$$

模型求解：连续函数求驻点，于是对 $E(G(n))$ 求导得

$$\frac{dEG}{dn} = (a - c)nf(n) - (b - c)\int_0^n f(r)dr - (b - c)nf(n) + (a - b)\int_n^\infty f(r)dr - (a - b)nf(n)$$

$$= -(b - c)\int_0^n f(r)dr + (a - b)\int_n^\infty f(r)dr$$

令 $\dfrac{dEG}{dn} = 0$，得：

$$\frac{\int_0^n f(r)dr}{\int_n^\infty f(r)dr} = \frac{(a - b)}{(b - c)}$$

因为 $\int_0^\infty f(r)dr = 1$，所以上式可表示为

$$\int_0^n f(r)dr = \frac{a - b}{a - c}$$

此表达式为销售量的分布函数，满足此式中的 n，即报童最佳销售策略时的报纸购进量。

三、模型应用

[例 8-4] 　报童每天清晨从报社购进报纸零售，若购进价为 $b = 0.3$，零售价为 $a = 1$，退回价为 $c = 0.1$。收集 50 天的销售数据如下：

459,624, 509, 433, 815, 612, 434, 640, 565, 593, 926, 164, 734, 428, 593, 527, 513, 474, 824, 862, 775, 755, 697, 628, 771, 402, 885, 292, 473, 358, 699, 555, 84, 606, 484, 447, 564, 280, 687, 790, 621, 531, 577, 468, 544, 764, 378, 666, 217, 310

确定报童销售策略。

解　使用 MATLAB 软件进行分析，现将数据输入 MATLAB 变量 x 中，代码为 c03.m。

我们需要先考察数据的分布状况，也就是将销售数据与服从具有相同均值与标准差的正态分布的随机变量取值在图形中一起显示来考察数据的状况。

```
n = length(x)
m = mean(x)
s = std(x)
plot(sort(x),'*')
hold on
plot(linspace(0,n,300),norminv(linspace(0,1,300),m,s),'k')
```

MATLAB 图形显示见图 8-1。

由此可以看出，数据点"*"与正态分布曲线非常接近，可以判断数据服从正态分布。使用 K-S 检验判断：

```
[h,p] = kstest(x,[x,normcdf(x,m,s)])
```

运行后的结果显示如下：

h =

    0

p =

    0. 9888

可以以 $p = 0.9888$ 高概率接收数据服从正态分布。

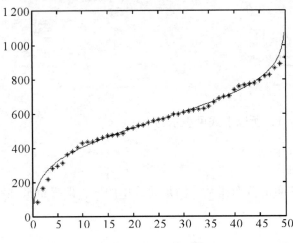

图 8-1　MATLAB 图形显示

于是,我们可以使用公式 $\int_0^n f(r)\,\mathrm{d}r = \dfrac{a-b}{a-c}$ 求购进量 n。

使用公式 $\mathrm{EG} = (a-c)\int_0^n rf(r)\,\mathrm{d}r - (b-c)n\int_0^n f(r)\,\mathrm{d}r + (a-b)n\int_n^\infty f(r)\,\mathrm{d}r$ 求最佳期望收益 EG。

$a = 0.5, b = 0.3, c = 0.05$

$n = \mathrm{norminv}((a-b)/(a-c), m, s)$

$n = \mathrm{fix}(n)$

syms r

$\mathrm{EG} = (a-c) * \mathrm{int}(r*1/(\mathrm{sqrt}(2*\mathrm{pi})*s)*\exp(-(r-m)\char`^2/(2*s\char`^2)), 0, n) - (b-c)*n*\mathrm{normcdf}(n, m, s) + (a-b)*n*(1-\mathrm{normcdf}(n, m, s))$

vpa(EG, 6)

运行后的结果显示如下:

$n =$

    534

ans =

    78. 7587

即报童最佳销售策略时的报纸购进量为 534,最大期望收益为 78. 758 7 元。

第三节　轧钢中的浪费

一、问题

在轧钢厂内，把粗大的钢坯变成合格的钢材通常要经过两道工序：第一道是粗轧（热轧），形成钢材的雏形；第二道是精轧（冷轧），得到规定长度的成品材。粗轧时由于设备、环境等方面的众多因素的影响，得到的钢材的长度是随机的，大体上呈正态分布，其均值可以在轧制过程中由轧机调整设置，而均方差则由设备的精度决定，不能随意改变。如果粗轧后的钢材长度大于规定的长度，精轧时把多出的部分切掉，就会造成浪费；如果粗轧后的钢材比规定长度短，则整根报废，也会造成浪费。

问题：如何设置粗轧的均值，使精轧的浪费最小。

二、模型建立与求解

已知：成品钢材的规定长度为 l，即精轧后钢材的规定长度。粗轧后钢材长度的方差为 σ^2，σ^2 由轧钢厂的工艺水平决定，在不改变工艺设备的条件下，σ^2 不可以改变，但可以测量出来。

设：粗轧时可以调整的均值为 m，为决策变量。记粗轧得到的钢材长度为 x，则 x 为正态随机变量，即 $x \sim N(m, \sigma^2)$。

轧制过程中产生的浪费由两部分组成：若 $x \geq l$，则会切掉多余部分 $x - l$，其对应概率 $P = P(x \geq l)$；若 $x < l$，整根报废，浪费长度为 x，对应概率 $P' = P(x < l)$。

于是，一根粗轧钢材平均浪费长度为

$$W = \int_l^\infty (x - l)f(x)\,\mathrm{d}x + \int_{-\infty}^l xf(x)\,\mathrm{d}x$$

$$= \int_{-\infty}^\infty xf(x)\,\mathrm{d}x - \int_l^\infty lf(x)\,\mathrm{d}x$$

其中：钢材长度的概率密度函数 $f(x)$，是均值为 m、方差为 σ^2 的正态分布的分布密度。

因为 $\int_{-\infty}^\infty xf(x)\,\mathrm{d}x = m, \int_l^\infty f(x)\,\mathrm{d}x = P$

所以 $W = \int_{-\infty}^\infty xf(x)\,\mathrm{d}x - l\int_l^\infty f(x)\,\mathrm{d}x = m - lP$

本问题是一个最优化问题，决策变量为可设置的粗轧均值 m，接下来是建立合适的目标函数。问题是以一根粗轧钢材平均浪费长度 W 是一个合适的目标函数吗？

由于粗轧钢材的长度由设置的粗轧均值 m 决定，m 的改变必然导致 W 的改变，无法进行统一比较，所以 W 不是一个合适的目标函数。由于成品钢材的规定长度 l 是一个确定的值，以一根成品钢材的平均浪费长度作为评判浪费的标准更具有科学性。于是，得到的目标函数为一根成品钢材的平均浪费长度最小。

因为，N 根粗轧钢材平均浪费长度为

$$NW = mN - lPN$$

N 根粗轧钢材平均生产成品钢材的根数为

$$NP$$

所以,一根成品钢材的平均浪费长度为

$$\frac{mN - lPN}{PN} = \frac{m}{P} - l$$

由于成品钢材的规定长度 l 是一个确定的值,不影响最优化决策,所以取目标函数为第一项。

建立优化模型:

$$\min J(m) = \frac{m}{P(m)}$$

其中: $P(m) = \int_l^\infty f(x)\,\mathrm{d}x, f(x) = \frac{1}{\sqrt{2\pi}\sigma} e^{-\frac{(x-m)^2}{2\sigma^2}}$ 。

显然, $J(m)$ 过于复杂,使用分析方法求解难度较大,一般采用计算机搜索的方法。

三、模型应用

[例 8-5]   在轧钢中,设成品钢材的规定长度 l 为 2 米,粗轧后钢材长度的根方差 σ 为 20 厘米,求粗轧时设定均值 m 的值,使浪费最小。

解   使用 MATLAB 计算

建立目标函数的 MATLAB 函数文件,代码 jm.n 如下:

```
function f = jm(1,m,sigma)
f = m/(1-normcdf(1,m,sigma)+eps);
```

绘制目标函数图形,考察函数的变化形态,代码 c04.m 如下:

```
l = 2, sigma = 0.20,
for i = 1:100
    m = 1.8+i*0.01;%1.5-3.5
    m1(i) = m;
    f(i) = jm(1,m,sigma);
end
plot(m1,f,'r')
```

MATLAB 图形显示见图 8-2。

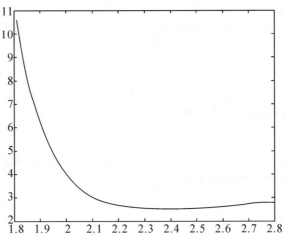

图 8-2　MATLAB 图形显示

函数具有最小值，采用定步长搜索最优解：

m0 = 1;

$m1 = \mathrm{jm}(1, m0, \mathrm{sigma})$;

for $m = 1 : 0.000\ 1 : 4$

　　if $m1 > \mathrm{jm}(1, m, \mathrm{sigma})$

　　　　$m1 = \mathrm{jm}(1, m, \mathrm{sigma})$;

　　　　$m0 = m$;

　　end

end

$m0$

运行结果如下：

m0 =

　　2.3562

即粗轧时设定均值的值为 2.356 2 米，浪费最小。

四、进一步讨论

如果认为使用概率论的方法很复杂，我们也可以选择计算机模拟来避开复杂的概率分析。算法如下：

构建两重循环，外循环为定步长搜索，内循环为模拟初轧长度。

步骤 1，设定粗轧长度均值的搜索区间、步长，构造循环，执行 Step2～Step4，搜索、记录平均浪费长度最小值及其对应的粗轧长度均值；

步骤 2，设定模拟循环次数，构建循环，进入 Step3；

步骤 3，循环体内随机生成正态随机数作为粗轧时的长度，计算浪费的成品钢个数；

步骤 4，在步骤 2 和步骤 3 循环结束后，计算一根成品钢材的平均浪费长度；

步骤 5，最终得到最佳粗轧时设定均值，结束。

以例 8-5 为例，MATLAB 代码为 c05.m。

```
L=2,sigma=0.20
N=1000;%100
minj=inf;
for m=2.2:0.0001:2.5 %2:0.001:3
    y=0;z=0;
    for i=1:N
        x=normrnd(m,sigma);
        z=z+x;
        if x>=L
            y=y+1;
        end
    end
    if (z-y*L)/y<minj
        minj=(z-y*L)/y;
        m0=m;
    end
end
m0
```

运行结果如下：

```
m0 =
    2.3559
```

多次模拟，结果会略有差别，与概率计算结果具有较小差别。

习题八

1. 使用 MATLAB 概率计算，即：

(1) 设 $X \sim N(350,350^2)$，求概率 $P(X > 250)$；

(2) 设 $X \sim P(4)$ 柏松分布，求 X_0 为何值时，$P(X \leqslant X_0)$ 达到 0.5。

2. 某人定点投篮投中率为 0.3，求：

(1) 投篮 10 次，命中 5 次的概率；

(2) 投篮几次，命中达到或超过 5 次的概率达到 0.5。

3. 模拟，即在篮球比赛中，某人罚球投中率为 0.3，若罚球均为 1+1 罚球，此人投罚球 10 次。求：

(1) 此人投罚球投中 5 分及以上的概率；

(2) 此人投罚球得多少分的概率最大。

4. 模型分析，即若在轧钢中，粗轧后钢材长度的根方差为 $\sigma = 20$（厘米），粗轧后根据需要进行精轧，设成品钢材的规定长度 $l = 2$（米），若不足 l 且可切割 $l_0 = 1.5$（米）则可降级使用，若不足 l_0 则整根报废，长度 l、l_0 的钢材获利分别为 5 元、3 元，报废的钢材成本为 1 元/米，求粗轧时设定均值 m 的值，使获利最大。

5. 2004 高教社杯全国大学生数学建模竞赛题目 A 中，在北京奥运场馆某次比赛中收集到观众的调查数据，数据意义如下：

性别（男 1、女 2）、年龄（20 周岁以下 1、20~30 周岁 2、31~50 周岁 3、50 周岁以上 4）、坐公交出行（南北方向）、坐公交出行（东西方向）、坐出租出行、开私车出行、坐地铁出行（东向）、坐地铁出行（西向）、中餐馆午餐、西餐馆午餐、商场内餐饮午餐、非餐饮消费额。

请将数据存储为 MATLAB 的 m 文件，并求：

（1）男女各为多少人。

（2）非餐饮消费额的最高、最低、平均、标准差。

（3）分男女的非餐饮消费额平均值各为多少。

第九章　统计模型

数理统计学是以概率论为基础，对随机数据进行搜集、整理、分析和推断的一门学科。数理统计学内容庞杂，分支学科很多，包括描述统计分析、参数估计、非参数检验、假设检验、方差分析、相关分析、回归分析、聚类分析、因子分析、时间序列分析等。经过数理统计法求得各变量之间的函数关系，称为"统计模型"。在对自然科学、社会科学、国民经济重大问题等的研究中，常常需要有效地运用数据搜集与数据处理、多种模型与技术分析、社会调查与统计分析等，以便对问题进行推断或预测，从而对决策和行动提供依据和建议。于是，统计分析模型就成为应用最广泛的数学模型之一。

第一节　MATLAB 统计工具箱

统计工具箱基于 MATLAB 数值计算环境，支持范围广泛的统计计算任务。它包括 200 多个处理函数，概率计算和描述统计分析在第八章已介绍过。其他主要应用包括参数估计、非参数检验、假设检验、方差分析等。

一、参数估计

已知总体分布，通过样本统计量估计总体参数如均值、方差的方法称为"参数估计"。通过 MATLAB 进行参数估计的函数见表 9-1。

表 9-1　MATLAB 参数估计函数

函数	功能	说明
$[\text{muhat},\text{sigmahat},\text{muci},\text{sigamaci}]=$分布$+\text{fit}$ (x,alpha)	参数估计	总体为正态分布； 输入：数据、显著性水平； 输出：均值点估计、方差点估计、均值置信区间、方差置信区间
$[\text{phat},\text{pci}]=\text{mle}(\text{data},\text{Name},\text{Value})$	最大似然估计	输入：数据、分布、值； 输出：点估计、置信区间

[例 9-1]　某班某课程的期末成绩见 c01.m。

参数估计的 MATLAB 代码 c01.m 如下：

$[\text{muhat},\text{sigmahat},\text{muci},\text{sigamaci}]=\text{normfit}(x,0.05)$

$[\text{muhat}, \text{sigmahat}] = \text{mle}(x, '\text{distribution}', '\text{norm}')$

运行结果如下:

muhat =

  77.4118

sigmahat =

  15.3417

muci =

  73.0968

  81.7267

sigamaci =

  12.8365

  19.0709

phat =

  77.4118　15.1905

pci =

  73.0968　12.8365

  81.7267　19.0709

二、非参数检验

在总体方差未知或知道甚少的情况下,利用样本数据对总体分布形态等进行推断的方法,称为"非参数检验"。通过 MATLAB 进行非参数检验的函数见表 9-2。

表 9-2　MATLAB 非参数检验函数

函数	功能	说明
$[h, p, \text{kstat}, \text{critval}] = \text{lillietest}(x)$	小样本正态检验	输入:数据、显著性水平　输出:结果、相伴概率、检验统计量、分位点
$[h, p, \text{jbstat}, \text{cv}] = \text{jbtest}(x)$	大样本正态检验	
$[h, p, \text{ksstat}, \text{cv}] = \text{kstest}(x)$	标准正态检验	
$[h, p, \text{ksstat}, \text{cv}] = \text{kstest}(x, \text{cdf}, \text{alpha}, \text{tail})$	单样本 K-S 检验	
$[h, p, \text{ks2stat}] = \text{kstest2}(x, y)$	双样本 K-S 检验	
$[p, h, \text{state}] = \text{ranksum}(x, y, \text{alpha})$	U 检验:中位数比较	
$[p, h, \text{state}] = \text{signrank}(x, y)$	相同维数:中位数比较	
$\text{cdfplot}(x)$	分布图	

由于原假设称为"零假设",备择假设称为"一假设",所以 $h = 0$ 代表接受原假设, $h = 1$ 则代表拒绝原假设。

[例 9-2]　利用 MATLAB 自带数据:石油价格 gas.mat,检验两组数据是否为正态

分布，两组数据分布是否相同？

非参数检验的 MATLAB 代码 c02. m 如下：

```
load gas
[h,p,s]=lillietest(price1)
[h,p,s]=kstest2(price1,price2)
```

运行结果如下：

h =

   0

p =

   0. 5000

s =

   0. 0940

h =

   0

p =

   0. 0591

s =

   0. 4000

三、假设检验

根据假设条件由样本推断总体的一种方法称为"假设检验"。通过 MATLAB 进行假设检验的函数见表 9-3。

表 9-3　MATLAB 假设检验函数

函数	功能	说明
$[h,\text{sig},\text{ci},\text{zval}]=\text{ztest}(x,m,\text{sigma},\text{alpha},\text{tail})$	z 检验	方差已知 输入：数据、均值、方差、显著性水平、选项 输出：结果、相伴概率、区间估计、统计量
$[h,\text{sig},\text{ci},\text{stats}]=\text{ttest}(x,m,\text{alpha},\text{tail})$	t 检验	方差未知
$[h,\text{sig},\text{ci},\text{stats}]=\text{ttest2}(x,m,\text{alpha},\text{tail})$	双样本 t 检验	方差未知

[例 9-3]　某班某课程的期末成绩见 c03. m。

假设检验的 MATLAB 代码 c03. m 如下：

```
[h,sig,ci,stats]=ttest(x,80)
[h,sig,ci,stats]=ttest2(x,y)
```

运行结果如下：

h =

  0

sig =

  0.2498

ci =

  71.8252

  82.1748

stats =

tstat：-1.1644

df：50

sd：18.3989

h =

  0

sig =

  0.9026

ci =

  -7.0670

  6.2435

stats =

tstat：-0.1227

df：100

sd：16.9394

四、方差分析

方差分析（analysis of variance，ANOVA）又称"变异数分析"，是指用于两个及两个以上样本均数差别的显著性检验。通过 MATLAB 进行方差分析的函数见表 9-4。

表 9-4　MATLAB 方差分析函数表

函数	功能	说明
$[p, anovatab, stats] = anova1(x, group, displayopt)$	单因素方差分析	输入：数据、分组、显示选项；输出：概率、方差分析表、结构
$[c, m] = multcompare(stats)$	多重均值比较	相伴指令
$[p, table, stats] = anova2(x, reps, displayopt)$	多因素方差分析	—

[例 9-4]　利用 MATLAB 自带数据：乳杆菌 hogg.mat，检验五组数据是否有显著性差异？

方差分析的 MATLAB 代码 c04.m 如下：

```
load hogg
```

$[p, \text{anovatab}, \text{stats}] = \text{anova1}(\text{hogg})$

$[c, m] = \text{multcompare}(\text{stats})$

部分运行结果如下：

$p =$

  1.1971e-004

stats =

gnames：$[5\text{x}1\ \text{char}]$

n：$[6\ 6\ 6\ 6\ 6]$

source：'anova1'

means：$[23.8333\ 13.3333\ 11.6667\ 9.1667\ 17.8333]$

df：25

s：4.720 9

方差分析见图9-1；箱形见图9-2；多重比较见图9-3。

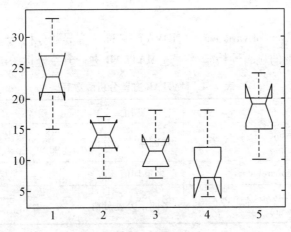

ANOVA Table

Source	SS	df	MS	F	Prob>F
Columns	803	4	200.75	9.01	0.0001
Error	557.17	25	22.287		
Total	1360.17	29			

图9-1　方差分析

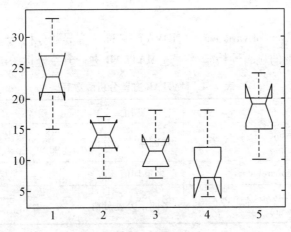

图9-2　箱形

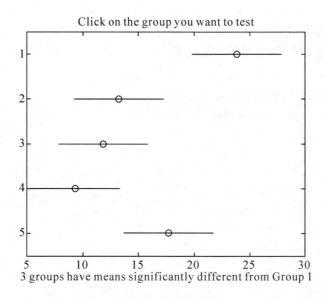

图 9-3　多重比较

另两个方差分析例子的 MATLAB 代码 c05.m、c06.m，请读者自行分析。

五、回归分析

确定两种或两种以上变量间相互依赖的定量关系的统计分析方法称为"回归分析"。回归分析分为一元回归、多元回归以及线性回归和非线性回归等。通过 MATLAB 进行回归分析的函数见表 9-5。

表 9-5　MATLAB 回归分析函数表

函数	功能	说明
$[b, \text{bint}, r, \text{rint}, \text{stats}] = \text{regress}$ (y, x, alpha)	线性回归	输入：被解释变量列、解释变量矩阵、显著性水平 输出：系数估计值、置信区间、残差估计值、置信区间、拟合优度检验值 $(R^2,\ F,\ p,\ s^2)$
$\text{rcoplot}(r, \text{rint})$	残差分析图	相伴指令
$\text{rstool}(x, y)$	回归交互窗口	线性
$\text{stepwise}(x, y)$	逐步回归交互窗口	线性
$[\text{beta}, R, J, \text{CooB}, \text{MSE},$ $\text{ErrorModelInfo}]$ $= \text{nlinfit}(x, y, '\text{model}', \text{beta0})$	非线性回归	输入：解释变量、被解释变量、模型函数、参数初值 输出：参数估计值、残差、预测误差的 Jacobi 矩阵、回归系数的协方差、均方误差、错误信息
$\text{betaci} = \text{nlparci}(\text{beta}, R, J)$	置信区间	相伴指令
$\text{nlintool}(x, y, '\text{model}', \text{beta})$	回归交互窗口	非线性

[例9-5]　样本数据 A 见 c07.m。

回归分析的 MATLAB 代码 c07.m 如下：

$y = A(:,5)$

$x = [\text{ones}(\text{size}(y)), A(:,4)]$

$[b, \text{bint}, r, \text{rint}, \text{stats}] = \text{regress}(y, x)$

部分运行结果如下：

$b =$

    7.8141

    2.6652

bint =

    7.6505   7.9777

    2.1357   3.1947

stats =

    0.7915   106.3028   0.0000   0.1002

注：检验统计量：R^2, F, P, S^2

六、主成分分析和因子分析

主成分分析和因子分析均为把多个存在较强的相关性的变量综合成少数几个不相关的综合变量来研究总体各方面信息的多元统计方法。主成分分析是将主成分表示为原观测变量的线性组合，因子分析则是将原观测变量分解成公共因子和特殊因子两部分。通过 MATLAB 进行主成分分析和因子分析的函数见表9-6。

表9-6　MATLAB 主成分分析和因子分析的函数

函数	功能	说明
$X = \text{zscore}(x)$	标准化	——
$[\text{coeff}, \text{score}, \text{latent}, \text{tsquared}] = \text{princomp}(x)$	主成分分析	输入：样本数据需标准化 输出：特征向量矩阵、主成分得分、特征值、奇异点判别统计量
$[\text{coeff}, \text{latent}, \text{explained}] = \text{pcacov}(v)$	主成分分析	输入：协方差矩阵 输出：特征向量矩阵、特征值、方差贡献率
$[\text{lambda}, \text{psi}, T, \text{stats}, F] = \text{factoran}(X, m)$	因子分析	输入：观测数据、因子个数 输出：载荷矩阵,方差最大似然估计,旋转矩阵,统计量(loglike 对数似然函数最大值、dfe 误差自由度、chisq 近视卡方检验统计量、p 相伴概率),因子得分默认:因子旋转——方差最大法

[例9-6]　利用 MATLAB 自带数据：城市生活质量 cities.mat，将指标(climate, housing, health, crime, transportation, education, arts, recreation, economics)进行缩减。

主成分分析的 MATLAB 代码 c08.m 如下：

load cities

$X = \text{zscore}(\text{ratings})$;

$[\text{coeff}, \text{score}, \text{latent}, \text{tsquared}] = \text{princomp}(X)$

部分运行结果如下：

coeff =

0.2064	0.2178	−0.6900	0.1373	0.3691	−0.3746	0.0847
−0.3623	0.0014					
0.3565	0.2506	−0.2082	0.5118	−0.2335	0.1416	0.2306
0.6139	0.0136					
0.4602	−0.2995	−0.0073	0.0147	0.1032	0.3738	−0.0139
−0.1857	−0.7164					
0.2813	0.3553	0.1851	−0.5391	0.5239	−0.0809	−0.0186
0.4300	−0.0586					
0.3512	−0.1796	0.1464	−0.3029	−0.4043	−0.4676	0.5834
−0.0936	0.0036					
0.2753	−0.4834	0.2297	0.3354	0.2088	−0.5022	−0.4262
0.1887	0.1108					
0.4631	−0.1948	−0.0265	−0.1011	0.1051	0.4619	0.0215
−0.2040	0.6858					
0.3279	0.3845	−0.0509	−0.1898	−0.5295	−0.0899	−0.6279
−0.1506	−0.0255					
0.1354	0.4713	0.6073	0.4218	0.1596	−0.0326	0.1497
−0.4048	0.0004					

latent =

3.4083

1.2140

1.1415

0.9209

0.7533

0.6306

0.4930

0.3180

0.1204

七、聚类分析

聚类分析是对样品或指标进行分类的一种多元统计分析。在 MATLAB 中，聚类分析是通过多个函数完成的(见表 9-7)。

表 9-7　MATLAB 聚类分析函数

函数	功能	说明
$X = \text{zscore}(x)$	标准化	—
$Y = \text{pdist}(X,'\text{metric}')$	距离	默认欧式平方距离
$Y = \text{squareform}(y)$	距离矩阵	—
$Z = \text{linkage}(y,\text{method})$	组间距离	'single'，'complete'，'average'，'weighted'，'centroid'，'median'，'ward'
$\text{dendrogram}(Z)$	聚类树	—
$T = \text{cluster}(Z,'\text{maxclust}',n)$	类成员	—

[**例 9-7**]　我国某年份省(自治区、直辖市)的生活质量数据见 c09. m，利用此数据将各省份归类。

聚类分析的 MATLAB 代码 c09. m 如下：

$X = \text{zscore}(\text{data})$；

$y = \text{pdist}(X)$

$Y = \text{squareform}(y)$

$Z = \text{linkage}(y)$

$\text{dendrogram}(Z)$

$\text{plot}(Z(:,3),'*')$

$T = \text{cluster}(Z,'\text{maxclust}',3)'$

部分运行结果如下：

$Z =$

26. 0000	28. 0000	0. 4533
1. 0000	2. 0000	0. 5490
12. 0000	18. 0000	0. 6079
24. 0000	25. 0000	0. 6178
13. 0000	34. 0000	0. 6703
27. 0000	35. 0000	0. 6950
19. 0000	21. 0000	0. 7205
30. 0000	32. 0000	0. 7225
17. 0000	36. 0000	0. 7286
38. 0000	39. 0000	0. 8043
20. 0000	41. 0000	0. 8257
10. 0000	11. 0000	0. 8459
15. 0000	40. 0000	0. 8484
37. 0000	42. 0000	0. 8831
4. 0000	5. 0000	0. 9433
29. 0000	45. 0000	1. 0041

14. 0000	44. 0000	1. 0049
47. 0000	48. 0000	1. 1031
9. 0000	43. 0000	1. 1631
22. 0000	49. 0000	1. 2214
50. 0000	51. 0000	1. 2389
23. 0000	52. 0000	1. 2440
6. 0000	7. 0000	1. 2443
3. 0000	33. 0000	1. 2660
53. 0000	54. 0000	1. 2820
8. 0000	46. 0000	1. 3359
16. 0000	56. 0000	1. 4762
31. 0000	58. 0000	1. 5585
55. 0000	57. 0000	1. 6637
59. 0000	60. 0000	1. 7642

树形图与碎石图 MATLAB 图形显示见图 9-4 和图 9-5。

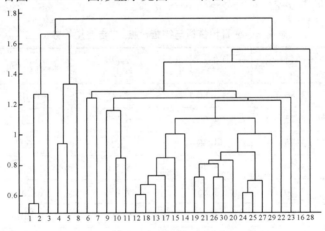

图 9-4 树形图 MATLAB 图形显示

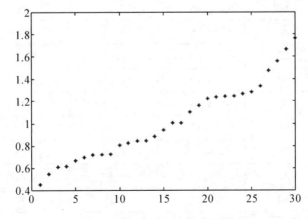

图 9-5 碎石图 MATLAB 图形显示

$T =$

1	1	1	2	2	3	3	2	3	3	3	3
3	3	3	3	3	3	3	3	3	3	3	3
3	3	3	3	3							

第二节　牙膏销售量

一、问题提出

某大型牙膏制造企业为了更好地拓展产品市场、有效地管理库存，公司董事会要求销售部门根据市场调查，找出公司生产的牙膏销售量价格、广告投入等之间的关系，从而预测出在不同价格和广告费用下的销售量。为此，销售部的研究人员搜集了过去 30 个销售周期（每个销售周期为 4 周）公司生产的牙膏销量、销售价格、投入的广告费用，以及同期其他厂家生产的同类牙膏的平均销售价格。牙膏销售量与销售价格、广告费用等数据见表 9-8。

表 9-8　牙膏销售量与销售价格、广告费用等数据

销售周期	公司销售价格/元	其他厂家平均价格/元	广告费用/百万元	价格差/元	销售量/百万支
1	3.85	3.80	5.50	−0.05	7.38
2	3.75	4.00	6.75	0.25	8.51
3	3.75	4.30	7.25	0.60	9.52
4	3.70	3.70	5.50	0	7.50
5	3.70	3.85	7.00	0.25	9.33
6	3.60	3.80	6.50	0.20	8.28
7	3.60	3.75	6.75	0.15	8.75
8	3.60	3.85	5.25	0.05	7.87
9	3.80	3.65	5.25	−0.15	7.10
10	3.85	4.00	6.00	0.15	8.00
11	3.90	4.10	6.50	0.20	7.89
12	3.90	4.00	6.25	0.10	8.15
13	3.70	4.10	7.00	0.40	9.10
14	3.75	4.20	6.90	0.45	8.86
15	3.75	4.10	6.80	0.35	8.90
16	3.80	4.10	6.80	0.30	8.87
17	3.70	4.20	7.10	0.50	9.26

表9-8(续)

销售周期	公司销售价格/元	其他厂家平均价格/元	广告费用/百万元	价格差/元	销售量/百万支
18	3.80	4.30	7.00	0.50	9.00
19	3.70	4.10	6.80	0.40	8.75
20	3.80	3.75	6.50	-0.05	7.95
21	3.80	3.75	6.25	-0.05	7.65
22	3.75	3.65	6.00	-0.10	7.27
23	3.70	3.90	6.50	0.20	8.00
24	3.55	3.65	7.00	0.10	8.50
25	3.60	4.10	6.80	0.50	8.75
26	3.65	4.25	6.80	0.60	9.21
27	3.70	3.65	6.50	-0.05	8.27
28	3.75	3.75	5.75	0	7.67
29	3.80	3.85	5.80	0.05	7.93
30	3.70	4.25	6.80	0.55	9.26

注：价格差是指其他厂家平均价格与公司销售价格之差。

试根据这些数据建立一个数学模型，分析牙膏销售量与其他因素的关系，为制定价格策略和广告投入策略提供数据依据。

二、模型建立与求解

在寻找变量间依赖关系时，我们有时无法用机理分析方法导出其模型，于是可使用数理统计法分析观测数据得到变量之间的函数关系，用于预测、控制等问题。在经济研究中这种特点尤其显著，比如牙膏销售量就是此类问题。

这里我们的分析不涉及统计分析的数学原理，而是通过建立统计模型，应用数学软件求解分析，来学习统计模型解决实际问题的基本方法。

由于牙膏是生活必需品，对大多数顾客来说，在购买同类产品的牙膏时更多地会在意不同品牌之间的价格差异，而不是它们的价格本身。因此，在研究各个因素对销售量的影响时，我们用价格差代替公司销售价格和其他厂家的平均价格更为合适。

记牙膏销售量为 y，公司投入的广告费用为 x_2，其他厂家的平均价格与公司销售价格分别为 x_3 和 x_4，其他厂家的平均价格与公司销售价格之差（价格差）为 $x_1 = x_3 - x_4$。基于上面的分析，我们利用 x_1 和 x_2 来建立 y 的预测模型。

1. 模型建立

我们利用图形观察数据关系，使用 MATLAB 进行分析，先将数据保存在 c10.m 中，使用绘图指令绘制 y 对 x_1 与 x_2 的散点图，代码 c11.m，结果见图9-6和图9-7。

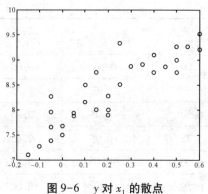

图 9-6 y 对 x_1 的散点　　　　图 9-7 y 对 x_2 的散点

从图 9-6、图 9-7 中可以看出，x_1，x_2 与 y 明显具有关系，是线性关系吗？再看图 9-8 和图 9-9。

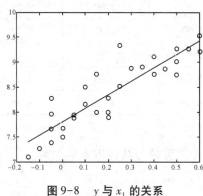
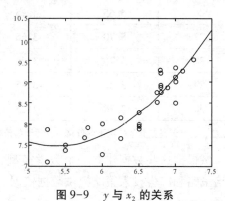

图 9-8 y 与 x_1 的关系　　　　图 9-9 y 与 x_2 的关系

从这两个图中更容易看出，x_1 与 y 具有线性关系：

$$y = \beta_0 + \beta_1 x_1 + \varepsilon$$

x_2 与 y 具有二次函数关系：

$$y = \beta_0 + \beta_1 x_2 + \beta_2 x_2^2 + \varepsilon$$

其中：ε 是随机误差。

综上分析，我们建立如下回归模型：

$$y = \beta_0 + \beta_1 x_1 + \beta_2 x_2 + \beta_3 x_2^2 + \varepsilon$$

其中：回归系数 β_0，β_1，β_2，β_3 为待估参数，随机误差 ε 服从均值为 0 的正态分布。

2. 模型求解

我们利用 MATLAB 回归函数求解，求解代码 c12.m 如下：

```
clo
x = [ones(size(x1)),x1,x2,x2.^2];
[b,bint,r,rint,stats] = regress(y,x)
```

部分运行结果如下：

b =

    17.3244

     1.3070

   −3.6956

     0.3486

bint =

    5.7282   28.9206

    0.6829   1.9311

  −7.4989   0.1077

    0.0379   0.6594

stats =

    0.9054   82.9409   0.0000   0.0490

其中，b 表示回归系数估计值，bint 表示回归系数区间估计，stats 表示拟合优度检验 R^2，F，p，s^2 值。

于是，我们得到模型的回归系数的估计值及其置信区间（置信水平 $\alpha = 0.05$）、检验统计量 R^2，F，p，s^2 的结果，见表 9-9。

表 9-9　模型的计算结果

参数	参数估计	参数置信区间
β_0	17.3244	$[5.7282, 28.9206]$
β_1	1.3070	$[0.6829, 1.9311]$
β_2	−3.6956	$[-7.4989, 0.1077]$
β_3	0.3486	$[0.0379, 0.6594]$
$R^2 = 0.9054$　　$F = 82.9409$　　$p = 0.0000$　　$s^2 = 0.0490$		

结果显示，$R^2 = 0.9054$ 是指因变量 y 的 90.54% 可由模型确定，F 值远远超过 F 检验的临界值，p 远远小于 α，因此回归模型整体显著。

在回归系数中，β_2 的置信区间包含零点（但区间右端点距零点很近），表明回归变量 x_2（对因变量 y 的影响）不太显著，须对模型表达式进行改进。但由于 x_2^2 是显著的，我们仍需将变量 x_2 保留在模型中。

3. 模型应用

把回归系数的估计值代入模型，即可预测公司未来某个销售周期牙膏的销售量 y，将预测值记为 $\hat{y}$，得到模型的预测方程：

$$\hat{y} = \hat{\beta}_0 + \hat{\beta}_1 x_1 + \hat{\beta}_2 x_2 + \hat{\beta}_3 x_2^2$$

其中：$\hat{\beta}_0 = 17.3244$，$\hat{\beta}_1 = 1.3070$，$\hat{\beta}_2 = -3.6956$，$\hat{\beta}_3 = 0.3486$。

只需知道该销售周期的价格差 x_1 和投入的广告费用 x_2，就可以计算预测值 $\hat{y}$。其中，$x_1 = x_3 - x_4$，公司无法直接确定价格差 x_1，因为其他厂家的价格不是公司所能控制的。但是其他厂家的平均价格一般可以根据市场情况及原材料的价格变化等估计，只要调整公司的牙膏销售价格便可设定回归变量价格差 x_1 的值。

设控制价格差 $x_1 = 0.2$ 元，投入广告费 $x_2 = 650$ 万元，得

$$\hat{y} = \hat{\beta}_0 + \hat{\beta}_1 x_1 + \hat{\beta}_2 x_2 + \hat{\beta}_3 x_2^2 = 8.293\ 3 \text{（百万支）}$$

代入公式计算还可得到在 95% 的置信度下销售量的预测区间为 $[7.823\ 9, 8.763\ 6]$，其中上限用作库存管理的目标值。

若估计 $x_3 = 3.9$，而设定 $x_4 = 3.7$，可以有 95% 的把握知道销售额在 $7.832\ 0 \times 3.7 \approx 29$（百万元）以上，以此可作为财政预算的参考数据。

三、模型改进

1. 改进模型

$$y = \beta_0 + \beta_1 x_1 + \beta_2 x_2 + \beta_3 x_2^2 + \varepsilon$$

在回归系数中，因为回归变量 x_2 系数 β_2 的估计值不太显著，所以需要改进。

上述模型中，回归变量 x_1，x_2 对因变量 y 的影响是相互独立的，即牙膏销售量 y 的均值和广告费用 x_2 的二次关系由回归系数 β_2，β_3 确定，而不依赖于价格差 x_1；同样，y 的均值与 x_1 的线性关系由回归系数 β_1 确定，而不依赖于 x_2。现在我们来考察 x_1 和 x_2 之间的交互作用会对 y 有何影响。我们可以简单地用 x_1，x_2 的乘积代表它们的交互作用，将模型增加一项：

$$y = \beta_0 + \beta_1 x_1 + \beta_2 x_2 + \beta_3 x_2^2 + \beta_4 x_1 x_2 + \varepsilon$$

2. 模型求解

我们利用 MATLAB 回归函数求解，求解代码 c13.m 如下：

```
clc,clear
c10
x = [ones(size(x1)),x1,x2,x2.^2,x1.*x2];
[b,bint,r,rint,stats] = regress(y,x)
```

模型的计算结果见表 9-10。

表 9-10   模型的计算结果

参数	参数估计	参数置信区间
β_0	29.1133	$[13.7013, 44.5252]$
β_1	11.1342	$[1.9778, 20.2906]$
β_2	-7.6080	$[-12.6932, -2.5228]$
β_3	0.6712	$[0.2538, 1.0887]$

表9-10(续)

参数	参数估计	参数置信区间
β_4	-1.4777	$[-2.8518, -0.1037]$
$R^2 = 0.9209 \quad F = 72.7771 \quad p = 0.0000 \quad s^2 = 0.0426$		

从 R^2，F，p，s^2 可以看出，模型整体显著，并且参数置信区间不再跨越零点。与表9-9的模型结果相比，R^2 有所提高，说明模型有所改进，更符合实际。

使用新模型对该公司的牙膏销售量做预测，仍设在某个销售周期中，维持产品的价格差 $x_1 = 0.2$ 元，并投入 $x_2 = 6.5$ 百万元的广告费用，则该周期牙膏销售量 y 的估计值为 $\hat{y} = 8.3253$ 百万支，置信度为95%的预测区间为 $[7.8953, 8.7592]$，与上一模型的结果相比，$\hat{y}$ 略有增加，而预测区间长度缩短，表示预测精度提高。

3. 模型应用

为了解 x_1 和 x_2 之间的相互作用，我们考察模型的预测方程：

$$\hat{y} = 29.1133 + 11.1342x_1 - 7.6080x_2 + 0.6712x_2^2 - 1.4777x_1x_2$$

如果取价格差 $x_1 = 0.1$ 元，代入可得

$$\hat{y}\big|_{x_1 = 0.1} = 30.2267 - 7.7558x_2 + 0.6721x_2^2$$

再取 $x_1 = 0.3$ 元，代入可得

$$\hat{y}\big|_{x_1 = 0.3} = 32.4536 - 8.0513x_2 + 0.6721x_2^2$$

它们均为 x_2 的二次函数，使用 MATLAB 绘图，代码为 c14.m，运行后显示的图形（销售量对比）见图9-10。

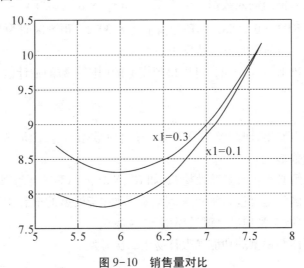

图9-10　销售量对比

由此可以看出，当 $x_2 < 7.5360$ 时，总有 $\hat{y}\big|_{x_1 = 0.3} > \hat{y}\big|_{x_1 = 0.1}$，即若广告费用不超过7.5百万元，价格优势会使销售量增加。

当 $x_2 \geqslant 7.5360$ 时，两条曲线几乎重叠在一起，说明广告投入达到一定数量，价格

已经不太重要!

4. 其他

MATLAB 有一个特殊的线性回归工具:响应面分析,函数名及使用格式为

rstool($X, Y,$ model)

其中:X 为解释变量取值矩阵,Y 为被解释变量取值向量。

例如,牙膏销售量问题使用 rstool 求解,输入:

rstool($[$x1 x2$]$,y)

执行后会跳出一个交互页面(见图9-11)。

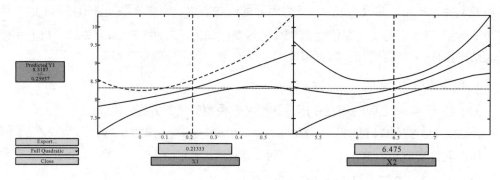

图 9-11　响应面分析

在图的左下方可选择模型的类型,如选择 Full Quadratic 选项,则使用的模型为完全二次多项式模型:

$$y = \beta_0 + \beta_1 x_1 + \beta_2 x_2 + \beta_3 x_1 x_2 + \beta_4 x_1^2 + \beta_5 x_2^2 + \varepsilon$$

在图下方的输入框内输入数据,可改变 x_1 和 x_2 的数值。当 $x_1 = 0.2$、$x_2 = 6.5$ 时,左边的窗口显示 8.3092 ± 0.2558,即预测值 $\hat{y} = 8.3092$,预测区间为 $8.3092 \pm 0.2558 = [8.0471, 8.5587]$,与前面的模型结果相差不大。

点击左下方输出 Export 按钮,可以得到模型的回归系数的估计值。

三、评注

从以上分析可以看出,回归模型的建立可通过对数据本身、图形特征、实际经验来确定回归变量以及函数形式。

回归模型的求解必须包含显著性检验,如 R^2、F 值、p 值等统计量,每个回归系数可通过回归系数的置信区间是否包含零点来判断显著性,若模型的解释力度不够,还可以通过对模型添加二次项、交叉项等来改进模型。

MATLAB 求解回归模型的功能强大且易于二次开发。

第三节　软件开发人员的薪金

一、问题提出

一家高科技公司人事部门为研究软件开发人员的薪金与他们的资历、管理责任、教育程度等之间的关系，计划建立一个模型，以便分析公司人事策略的合理性，并作为新聘用人员薪金的参考。他们认为，目前公司人员的薪金总体上是合理的，可以作为建模的依据，于是调查了 46 名软件开发人员的档案资料（见表 9-11）。其中："资历"列指从事专业工作的年数；"管理"列中的"1"表示管理人员、"0"表示非管理人员；"受教育"列中的"1"表示中学程度；"2"表示大学程度、"3"表示更高程度（研究生）。

表 9-11　软件开发人员的薪金与他们的资历、管理责任、受教育程度之间的关系

编号	薪金/元	资历/年	管理	受教育	编号	薪金/元	资历/年	管理	受教育
1	13 876	1	1	1	24	22 884	6	1	2
2	11 608	1	0	3	25	16 978	7	1	1
3	18 701	1	1	3	26	14 803	8	0	2
4	11 283	1	0	2	27	17 404	8	1	1
5	11 767	1	0	3	28	22 184	8	1	3
6	20 872	2	1	2	29	13 548	8	0	1
7	11 772	2	0	2	30	14 467	10	0	1
8	10 535	2	0	1	31	15 942	10	0	2
9	12 195	2	0	3	32	23 174	10	1	3
10	12 313	3	0	2	33	23 780	10	1	2
11	14 975	3	1	1	34	25 410	11	1	2
12	21 371	3	1	2	35	14 861	11	0	1
13	19 800	3	1	3	36	16 882	12	0	2
14	11 417	4	0	1	37	24 170	12	1	3
15	20 263	4	1	3	38	15 990	13	0	1
16	13 231	4	0	3	39	26 330	13	1	2
17	12 884	4	0	2	40	17 949	14	0	2
18	13 245	5	0	2	41	25 685	15	1	3
19	13 677	5	0	3	42	27 837	16	1	2

表9-11(续)

编号	薪金/元	资历/年	管理	受教育	编号	薪金/元	资历/年	管理	受教育
20	15 965	5	1	1	43	18 838	16	0	2
21	12 366	6	0	1	44	17 483	16	0	1
22	21 351	6	1	3	45	19 207	17	0	2
23	13 839	6	0	2	46	19 346	20	0	1

二、模型的建立与求解

1. 模型建立

本问题涉及的变量有

薪金 y（单位:元），为被解释变量。

资历 x_1（单位:年），按照经验，薪金自然随着资历的增长而增加。

是否为管理人员 x_2，$x_2 = \begin{cases} 1, 管理人员 \\ 0, 非管理人员 \end{cases}$，管理人员的薪金应高于非管理人员。

一般来说，受教育程度越高，薪金也越高。在软件行业并非一定是学历越高薪金就越高，并且高低不呈线性关系。因此，我们将受教育程度分解成两个变量:

$x_3 = \begin{cases} 1, 中学 \\ 0, 其他 \end{cases}$，$x_4 = \begin{cases} 1, 大学 \\ 0, 其他 \end{cases}$

假设:资历、管理水平、受教育程度分别对薪金的影响是线性的，管理责任、受教育程度、资历诸因素之间没有交互作用。

建立薪金与资历 x_1，管理责任 x_2，受教育程度 x_3、x_4 之间的多元线性回归方程为

$$y = a_0 + a_1x_1 + a_2x_2 + a_3x_3 + a_4x_4 + \varepsilon$$

其中:a_0, a_1, a_2, a_3, a_4 为回归系数，ε 为随机误差。

2. 模型求解

利用 MATLAB 回归函数求解，现将数据存入 c15. m 中。模型求解代码 c16. m 如下:

```
M = dlmread('c15. m');
x1 = M(:,3);
x2 = M(:,4);
x3 = M(:,6);
x4 = M(:,7);
y = M(:,2);
x = [ones(size(x1)) x1 x2 x3 x4];
[b,bi,r,ri,s] = regress(y,x);
b,bi,s
```

模型的计算结果见表 9-12。

表 9-12　模型的计算结果

参数	参数估计值	参数置信区间
a_0	11032	$[10258,11807]$
a_1	546	$[484,608]$
a_2	6883	$[6248,7517]$
a_3	-2994	$[-3826,-2162]$
a_4	148	$[-636,931]$
$R^2=0.95669$　$F=226.43$　$p=2.311\times10^{-27}$　$s^2=1.057\times10^6$		

3. 结果分析

从表 9-12 可知 $R^2=0.957$，即因变量（薪金）的 95.7% 可由模型确定，F 值远远超过 F 的检验的临界值，p 远远小于 0，因此模型从整体来看是可用的。例如，利用模型可以估计（或预测）一个大学毕业、有两年资历的管理人员的薪金为 $\hat{y}=12\ 272$（元）。

模型中各个回归系数的含义可初步解释如下：x_1 的系数为 546，说明资历每增加 1 年，薪金就增长 546 元；x_2 的系数为 6 883，说明管理人员薪金比非管理人员薪金多 6 883元；x_3 的系数为 -2 994，说明中学文化程度的薪金比更高学历人员的薪金少 2 994 元；x_4 的系数为 148，说明大学文化程度的薪金比其他人员的薪金多 148 元。

需要指出，以上解释是就平均值来说的，而且，一个因素改变引起的因变量的变化量都是在其他因素不变的条件下成立的。

由于 a_4 的置信区间包含零点，说明这个系数的解释不可靠，模型存在缺点。为了寻找改进的方向，我们常使用残差分析方法。残差指薪金的实际值 y 与用模型估计的薪金 $\hat{y}$ 之差，是模型中随机误差 ε 的估计值，仍使用符号 ε 表示。

我们将影响因素分成资历与管理—受教育组合两类，管理—受教育组合的定义见表9-13。

表 9-13　管理—受教育组合

组合	1	2	3	4	5	6
管理	0	1	0	1	0	1
教育	1	1	2	2	3	3

为了对残差进行分析，使用 MATLAB 绘制 ε 与 x_1 的关系，ε 与 x_2—x_3，x_4 组合间的关系。代码 c17.m 如下：

```
figure(1)
plot(x1,r,'+')
figure(2)
xx=M(:,8);
```

plot$(xx,r,'+')$

运行结果显示见图 9-12、图 9-13。

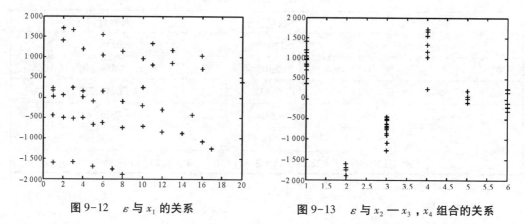

图 9-12　ε 与 x_1 的关系　　　　　图 9-13　ε 与 x_2—x_3，x_4 组合的关系

从图 9-12 中可以看出，残差大概分成 3 个水平，这是因为 6 种管理—受教育组合混合在一起，在模型中未被正确反映的结果；从图 9-13 中可以看出，对于前 4 种管理—受教育组合，残差或者全为正，或者全为负，也表明管理—受教育组合在模型中处理不当。

在模型中管理责任和受教育程度是分别起作用的。事实上，两者可能起着交互作用。

以上分析提醒我们，应在模型中增加管理 x_2 与教育 x_3，x_4 的交互项，建立新的回归模型。

三、模型改进

1. 模型建立

通过以上分析，我们在上述模型中增加管理 x_2 与受教育 x_3、x_4 的交互项，建立新的回归模型。模型记作：

$$y = a_0 + a_1 x_1 + a_2 x_2 + a_3 x_3 + a_4 x_4 + a_5 x_2 x_3 + a_6 x_2 x_4 + \varepsilon$$

其中：$a_0, a_1, a_2, a_3, a_4, a_5, a_6$ 为回归系数，ε 为随机误差。

2. 模型求解

利用 MATLAB 回归函数求解，代码 c18. m 如下：

```
M = dlmread('c15. m');
x1 = M(:,3); x2 = M(:,4); x3 = M(:,6); x4 = M(:,7);
y = M(:,2);
x5 = x2. * x3; x6 = x2. * x4;
x = [ones(size(x1)) x1 x2 x3 x4 x5 x6];
[b,bi,r,ri,s] = regress(y,x);
b,bi,s
```

模型计算结果见表 9-14。

表 9-14　模型计算结果

参数	参数估计值	参数置信区间
a_0	11204	$[11044, 11363]$
a_1	497	$[486, 508]$
a_2	7048	$[6841, 7255]$
a_3	-1727	$[-1939, 7255]$
a_4	-348	$[-545, -152]$
a_5	-3071	$[-3372, -2769]$
a_6	1836	$[1571, 2101]$
$R^2 = 0.9988$　　$F = 5545$　　$p = 1.5077 \times 10^{-55}$　　$s^2 = 30047$		

3. 结果分析

由表 9-14 可知，新模型的 R^2 和 F 的值都比原模型有所改进，并且所有回归系数的置信区间都不含零点，表明新模型是完全可用的。

与原模型类似，绘制新模型的两个残差分析图（见图 9-14 和图 9-15），可以看出，已经消除原有图形的不正常现象，这也说明了新模型的适用性。

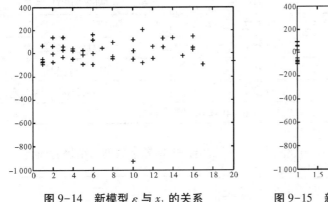
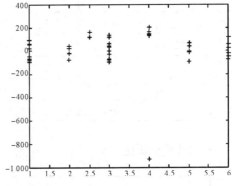

图 9-14　新模型 ε 与 x_1 的关系　　　图 9-15　新模型 ε 与 $x_2 - x_3$，x_4 组合的关系

从图 9-14 和图 9-15 还可以发现一个异常点：个人的实际薪金明显低于模型的估计值，也明显低于同个人有类似经历的其他人的薪金。此类数据在统计学中称为"异常数据"，应予剔除。

现在我们使用 MATLAB 残差分析图指令 rcoplot 寻找异常数据所在位置，代码 c17.m 如下：

```
rcoplot(r,ri)
```

残差分析的运行结果见图 9-16。

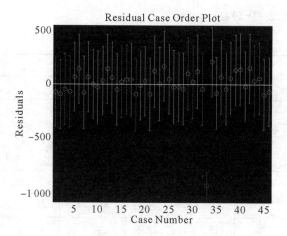

图 9-16　残差分析的运行结果

由此可以看出,异常为 33 号数据,剔除此数据,并对模型重新计算,代码 c19. m。得到的模型计算结果见表 9-15。

表 9-15　模型计算结果

参数	参数估计值	参数置信区间
a_0	11200	$[11139, 11261]$
a_1	498	$[494, 503]$
a_2	7041	$[6962, 7120]$
a_3	-1737	$[-1818, -1656]$
a_4	-356	$[-431, -281]$
a_5	-3056	$[-3171, -2942]$
a_6	1997	$[1894, 2100]$
$R^2 = 0.9998$ $F = 36701$ $p = 6.6484 \times 10^{-70}$ $s^2 = 4347.4$		

相关残差分析见图 9-17 和图 9-18。由此可以看出,去掉异常数据后结果有改善。

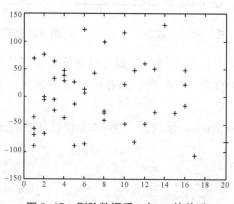

图 9-17　剔除数据后 ε 与 x_1 的关系

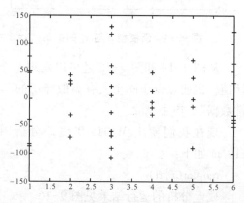

图 9-18　剔除数据后 ε 与 $x_2 - x_3$, x_4 组合的关系

去掉异常数据(33号)后重新进行回归分析,得到的结果更加合理。作为这个模型的应用之一,不妨用它来"制定"6种管理—受教育组合人员的"基础"薪金(资历为零的薪金,当然这也是平均意义上的)。6种管理—受教育组合人员的"基础"薪金见表9-16。

表9-16　6种管理—受教育组合人员的"基础"薪金

组合	管理	受教育	系数	"基础"薪金/元
1	0	1	a_0+a_3	9 463
2	1	1	$a_0+a_2+a_3+a_5$	13 448
3	0	2	a_0+a_4	10 844
4	1	2	$a_0+a_2+a_4+a_6$	19 882
5	0	3	a_0	11 200
6	1	3	a_0+a_2	18 241

从表9-16可以看出,大学文化程度的管理人员的薪金比研究生文化程度的管理人员的薪金高,而大学文化程度的非管理人员的薪金比研究生文化程度的非管理人员的薪金略低。当然,这是根据这家公司实际数据建立的模型得到的结果,并不具有普遍性。

四、评注

从以上分析中可以看出:

定性变量,如管理、受教育,在回归分析中可以引入0~1变量来处理,0~1变量的个数可比定性因素的水平少1(如受教育程度有3个水平,需引入2个0~1变量)。

残差分析方法可以发现许多信息,如发现模型的缺陷,引入交互作用项使模型更加完善和具有可行性。

异常数据处理,存在异常数据时,应予以剔除,有助于结果的合理性。

第四节　酶促反应

一、问题的提出

酶,是指具有生物催化功能的高分子物质。在酶的催化反应体系中,反应物分子被称为底物,底物通过酶的催化转化为另一种分子。几乎所有的细胞活动进程都需要酶的参与,以提高效率。与其他非生物催化剂相似,酶通过降低化学反应的活化能来加快反应速率,大多数酶可以将其催化的反应之速率提高上百万倍。酶作为催化剂,本身在反应过程中不被消耗,也不影响反应的化学平衡。

某生物化学系学生为了研究嘌呤霉素在某项酶促反应中对反应速度和底物浓度之间的关系的影响,设计了两个实验:一个实验中使用的酶是经过嘌呤霉素处理的;另一个实验中使用的酶是未经过嘌呤霉素处理的。嘌呤霉素实验反应速度与底物浓度数据见表 9-17。

表 9-17　嘌呤霉素实验反应速度与底物浓度数据

底物浓度/ppm		0.02		0.06		0.11		0.22		0.56		1.10	
反应速度	处理	76	47	97	107	123	139	159	152	191	201	207	200
	未处理	67	51	84	86	98	115	131	124	144	158	160	—

试建立数学模型，反映该酶促反应的速度与底物浓度以及经嘌呤霉素处理与否之间的关系。

二、模型建立

酶催化的反应称为"酶促反应"，研究酶促反应的学科称为"酶促反应动力学"，简称"酶动力学"。它主要研究酶促反应的速度和底物浓度以及与其他因素的关系。

根据酶动力学，酶促反应有两个基本性质：底物浓度较小时，反应速度大致与浓度成正比（一级反应）；底物浓度很大且渐进饱和时，反应速度趋于固定值（零级反应）。

利用 MATLAB 绘制实验数据图形，数据保存在 c20.m 中。绘图代码 c21.m 如下：

```
c20;
figure(1)
plot(x1,y1,'or',x2,y2,'*')
figure(2)
x=0:0.01:1.2;
y=195.8027*x./(0.04841+x);
plot(x,y)
```

相关图形显示见图 9-19 和图 9-20。

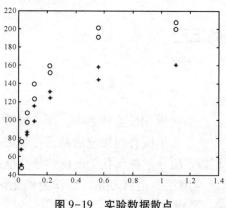

图 9-19　实验数据散点

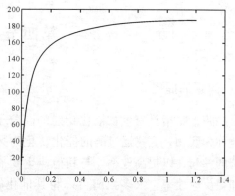

图 9-20　米氏方程函数曲线

图 9-19 中'o'点为经过嘌呤霉素处理的实验数据、'*'点为未经嘌呤霉素处理的实验数据。从图中可以看出经过嘌呤霉素处理后，酶的反应速度明显增加，酶促反应的两个基本性质"一级反应、零级反应"亦非常明显。反映这两个性质的函数模型有很多，基本模型为米氏方程（Michaelis-Menten equation）。

$$y = f(x, \beta) = \frac{\beta_1 x}{\beta_2 + x}$$

其中：x 为底物浓度（ppm），y 为酶促反应速度（ppm/h），$\beta = (\beta_1, \beta_2)$ 为参数。函数曲线见图 9-20，可以看出米氏方程很好地反映了酶促反应速度的变化规律。

三、模型求解

由于线性回归模型具有较好的理论支持，所以我们先采用线性化模型。

1. 线性化模型

Michaelis-Menten 方程的参数为非线性方程，通过变换可化为线性模型：

$$\frac{1}{y} = \frac{1}{\beta_1} + \frac{\beta_2}{\beta_1} \frac{1}{x} = \theta_1 + \theta_2 \frac{1}{x}$$

于是，因变量 $\frac{1}{y}$ 对新参数 $\theta = (\theta_1, \theta_2)$ 是线性的。

利用 MATLAB 线性回归函数求解参数，对经过嘌呤霉素处理的实验数据求解，代码 c22.m 如下：

```
c20;
x = [ones(size(x20)), 1./x1];
y = 1./y1;
[b, bint, r, rint, stats] = regress(y, x)
b1 = 1/b(1), b2 = b(2)/b(1)
```

部分运行结果如下：

```
stats =
    0.8557    59.2975    0.0000    0.0000
b1 =
  195.8027
b2 =
    0.0484
```

拟合优度检验值 stats 为 $R^2 = 0.8557$，$F = 59.2975$，$p = 0.0000$。由此可以看出：线性拟合程度高。得到的方程为

$$y = f(x, \beta) = \frac{195.8027x}{0.0484 + x}$$

利用 MATLAB 绘制拟合方程与实验数据图形，代码 c23.m 如下：

```
C20;
```

$x13 = 0:0.01:1.2;$

$y13 = 195.8027 * x13./(0.04841 + x13);$

$\mathrm{plot}(x1,y1,'o',x13,y13,'b')$

图形显示见图 9-21，即实验数据与拟合曲线。

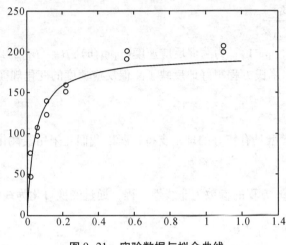

图 9-21　实验数据与拟合曲线

从图 9-21 中可以看出，x 较大时，y 有较大偏差，说明线性化对参数估计的准确性有影响。但其结果仍具有价值，可作为非线性回归的初值。

对未经过嘌呤霉素处理的实验数据求解，得到参数的初值为 143.4281、0.0308。

2. 非线性模型

同时，我们也可以使用非线性回归方法直接对参数进行估计。

使用 MATLAB 非线性回归函数求解参数，分别对经过、未经过嘌呤霉素处理的实验数据求解，代码 c24.m 如下：

```
C20;
beta0 = [195.8027  0.04841];
[beta,R,J] = nlinfit(x1,y1,'f1',beta0)
betaci = nlparci(beta,R,J);
beta, betaci
beta0 = [143.4281  0.0308];
[beta,R,J] = nlinfit(x2,y2,'f1',beta0)
betaci = nlparci(beta,R,J);
beta, betaci
```

其中模型表达式的代码 f1.m 如下：

```
function  y = f1(beta, x)
y = beta(1) * x./(beta(2) + x);
```

部分运行结果为

```
beta =
```

212. 6837　　0. 0641

betaci =

197. 2045　228. 1629

0. 0457　　0. 0826

beta =

160. 2800　　0. 0477

betaci =

145. 6207　174. 9393

0. 0301　　0. 0653

利用 MATLAB 绘制拟合方程与实验数据图形，代码 c25. m 如下：

$C20$；

$x = 0:0.01:1.2$；

$y3 = 212.6837 * x./(0.0641+x)$；

$y4 = 160.2800 * x./(0.0477+x)$；

$plot(x1,y1,'*',x2,y2,'bo',x,y3,'b',x,y4,'b')$

图形显示见图 9-22，即实验数据与拟合曲线。

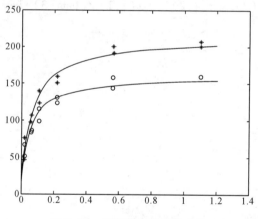

图 9-22　实验数据与拟合曲线

从图 9-22 中可以看出，拟合效果已经达到要求。可以得到结论，此次实验酶促反应速度的方程为

$$y = f(x,\beta) = \frac{212.6837x}{0.0641 + x}$$

于是可以得到最终反应速度为 $\hat{\beta}_1 = 212.683\ 7$，反应的"半速度点"（达到最终反应速度一半时的底物浓度）为 $\hat{\beta}_2 = 0.064\ 1$。

3. 混合反应模型

为了在同一模型中考察嘌呤霉素处理的影响，我们采用对参数附加增量的方法对原模型进行改进，考察混合反应模型：

$$y = f(x, \beta) = \frac{(\beta_1 + \gamma_1 t) x}{(\beta_2 + \gamma_2 t) + x}$$

其中：β_1 表示未经处理的最终反应速度，β_2 表示未经处理的反应的半速度点，γ_1 表示经处理后最终反应速度增长值，γ_2 表示经处理后反应的半速度点增长值，x 表示底物浓度，y 表示反应速度，t 为示性变量，取 1 表示经过处理，取 0 表示未经处理。

使用 MATLAB 非线性回归函数求解，代码 c26. m 如下：

$C20;$

$x = [x1 \ \text{ones}(\text{size}(x1))$

$x2 \ \text{zeros}(\text{size}(x2))];$

$y = [y1; y2];$

$\text{beta0} = [160.2829 \quad 52.4 \ 0.0477 \quad 0.01]';$

$[\text{beta}, R, J] = \text{nlinfit}(x, y, 'f2', \text{beta0});$

$\text{betaci} = \text{nlparci}(\text{beta}, R, J);$

$\text{beta}, \text{betaci}$

其中模型表达式的代码 f2. m 如下：

```
function   y = f2(beta, x)
y = (beta(1) + beta(2). * x(:, 2)). * x(:, 1)./(beta(3) + beta(4). * x(:, 2) + x(:, 1)));
```

部分运行结果为

beta =

    160. 2801

    52. 4036

     0. 0477

     0. 0164

betaci =

145. 8465   174. 7137

 32. 4131   72. 3941

  0. 0304   0. 0650

−0. 0075   0. 0403

由于参数 γ_2 的区间估计包含零点，表明参数 γ_2 对被解释变量的影响不明显，这一结果与酶动力学的相关理论一致，即嘌呤霉素的作用不影响半速度参数。于是模型简化为

$$y = f(x, \beta) = \frac{(\beta_1 + \gamma_1 t) x}{\beta_2 + x}$$

类似地，使用 MATLAB 非线性回归函数求解，代码 c27. m 如下：

$C20;$

$x = [x1 \ \text{ones}(\text{size}(x1))$

$x2 \ \text{zeros}(\text{size}(x2))];$

$$y = [y1;y2];$$

$$\text{beta0} = [160.2829 \quad 52.4 \quad 0.0477]';$$

$$[\text{beta}, R, J] = \text{nlinfit}(x, y, 'f3', \text{beta0});$$

$$\text{betaci} = \text{nlparci}(\text{beta}, R, J);$$

$$\text{beta}, \text{betaci}$$

其中模型表达式的代码 f3.m 如下：

```
function  y=f3(beta,x)
```

$$y = (\text{beta}(1) + \text{beta}(2).*x(:,2)).*x(:,1)./(\text{beta}(3) + x(:,1));$$

部分运行结果为

```
beta =

    166.6041

     42.0260

      0.0580

betaci =

  154.4900   178.7181

   28.9425    55.1094

    0.0456     0.0703
```

参数置信区间不含零点，故可以使用，此次实验酶促反应速度的方程为

$$y = \frac{(166.6041 + 42.0260t)x}{0.0580 + x}$$

四、评注

通过样本数据讨论变量之间的关系时，我们可以研究相关理论，通过机理分析函数关系式。求解非线性回归模型时，我们可以先转化为求解线性模型，发现问题，并可得到参数初值。在一些特殊讨论中，如判断嘌呤霉素处理对反应速度与底物浓度关系的影响时，我们可以引入 0-1 变量，形成混合模型。

在模型求解时，检查参数置信区间是否包含 0 点是参数显著性检验的方法。

非线性模型拟合优度检验的方法无法直接利用线性模型的方法，但 R^2 与剩余方差 s^2 仍然可以作为非线性模型拟合优度的度量指标。

习题九

1. 在北京奥运场馆某次比赛中搜集到的观众的调查数据为 data.m：矩阵 A。各列数据的意义包括性别（男性为 1、女性为 2）、年龄（20 周岁以下为 1、20~30 周岁为 2、31~50 周岁为 3、50 周岁以上为 4）、坐公交车出行（南北方向）、坐公交车出行（东西方向）、坐出租车出行、开私家车出行、坐地铁出行（东向）、坐地铁出行（西向）、中餐馆午餐、西餐馆午餐、商场内餐饮午餐、非餐饮消费额。

求：

（1）男性、女性各为多少人？

（2）非餐饮消费额的最高、最低、平均、标准差。

（3）4 个年龄组中每个年龄组的非餐饮消费额的平均值各为多少？

（4）男性、女性开私家车出行各为多少人？

2. 某地区 12 个气象观测站近 8 年来各观测站测得的周降水量为 data.m：矩阵 B——行为周数据、列为 12 个观测站数据。

求：

（1）哪一年第几周哪个气象站的降水量最大、最小？

（2）哪个气象站的数据用其他气象观测站数据得到的效果最好？若将此气象站撤销，这个气象站的数据如何通过其他气象观测站的数据得到？

3. 测定某塑料大棚内空气最高温度 y ℃ 与棚外空气最高温度 x ℃，结果见表 9-18。

表 9-18　某塑料大棚内外最高温度数据

x℃	3.4	7.2	16.9	11.8	18.5	17.0	19.3	20.4	22.3	24.1	25.4	27.2
y℃	4.5	13.8	25.7	23.0	30.1	25.8	31.7	32.5	34.2	35.3	36.1	36.8

试进行曲线拟合，并求当棚外空气最高温度达到 0℃、30℃时的大棚内空气的最高温度。

第十章　图论模型

　　图是用于描述现实世界中离散客体之间关系的有用工具。自从 1736 年欧拉（L.Euler）利用图论的思想解决了哥尼斯堡（Konigsberg）七桥问题以来，图论经历了漫长的发展道路。在很长一段时期内，图论被当成数学家的智力游戏，被用来解决一些著名的难题，如迷宫问题、匿门博弈问题、棋盘上马的路线问题、四色问题和哈密顿环球旅行问题等，曾经吸引了众多的学者。图论中许多的概论和定理的建立都与解决这些问题有关。图论算法在计算机科学中扮演着很重要的角色，从计算机的设计到系统之间信息的传输、软件的设计、信息结构的分析研究、信息的储存和检索等，都要在一定程度上用到图。图论已成为数学的一个重要分支。

第一节　图的一般理论

一、图的概念

1. 引例：哥尼斯堡七桥问题

　　哥尼斯堡 18 世纪属东普鲁士，位于普雷格尔河畔，河中有两个岛，通过七座桥彼此相连（见图 10-1）。

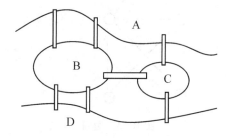

图 10-1　哥尼斯堡七桥问题示意

　　问题：是否存在从某点出发通过每座桥且每座桥只通过一次回到起点的路线？

　　1736 年 29 岁的欧拉仔细研究了这个问题，将上述四块陆地与七座桥的关系用一个抽象图形来描述（见图 10-2），其中陆地用点表示、陆地之间的桥梁连接用两点间的弧边表示。于是问题就变成：从图中任一点出发，通过每条边一次而返回原点的回路是否存在？

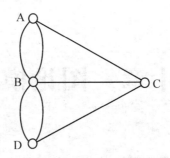

图 10-2　哥尼斯堡七桥问题抽象图

欧拉向圣彼得堡科学院递交了名为《哥尼斯堡的七座桥》的论文，在解答问题的同时开创了数学的一个新的分支——图论与几何拓扑。

2. 图的基本概念

图 G 由两个集合 V、E 组成,其中 $V = \{v_1, v_2, \cdots, v_n\}$ 是一个非空有限集合,称为"点集", $E = \{e_1, e_2, \cdots, e_m\}$ 是由集合 V 中元素组成的序偶的集合,称为"边集",即 $e_k = v_i v_j$ ($v_i, v_j \in V$),记 $G = \langle V, E \rangle$。

当边 $e_k = v_i v_j$ 时, 称 v_i, v_j 为边 e_k 的端点, 称 v_i 与 v_j 邻接, 称边 e_k 与顶点 v_i, v_j 关联。与顶点 v_i 关联的边的个数称为顶点 v_i 的度数, 简称"度"。

若减少图 $G = \langle V, E \rangle$ 中的点和边得到的集合 V'、E' 仍构成图 $G' = \langle V', E' \rangle$,则称 G' 为 G 的子图。

图可以用图形来表示, 顶点也称"结点", 或简称"点", 在图形中用一圆点表示。边在图形中用线段或曲线段表示, 因此也可称为"弧"。有时我们为了叙述方便, 不区分图与其图形两个概念。

[**例 10-1**]　将图 10-3 显示的图形用图的定义方法表示。

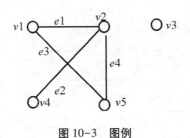

图 10-3　图例

解　图形(见图 10-3)用图的方法表示,则为

$$G = \langle V, E \rangle$$

其中: $V = \{v_1, v_2, v_3, v_4, v_5\}$, $E = \{e_1, e_2, e_3, e_4\} = \{v_1 v_2, v_2 v_4, v_1 v_5, v_2 v_5\}$。

须注意, 一个图的图形表示法可能不是唯一的。表示结点的圆点和表示边的线, 它们的相对位置是没有实际意义的。因此, 对于同一个图, 我们可能会画出很多表面不一致的图形来。例如, 此例 $G = \langle V, E \rangle$ 的图形(见图 10-3)还可以用图 10-4 来表示。

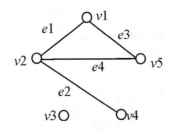

图 10-4　图 G 的图形显示

将此概念推广，很多表面上看来似乎不同的图却可以用极为相似图形来表示，这些图之间的差别仅在于结点和边的名称的差异。从邻接关系的意义上看，它们本质上都是一样的，可以把它们看成同一个图的不同表现形式，我们称这两个图同构。

二、图的矩阵表示

图形表示是图的一种表示方法，它的优点是形象直观。但有时为了便于代数研究，特别是通过计算机研究图时，人们也常用矩阵来表示图，通常使用两种矩阵：邻接矩阵、关联矩阵。

端点重合为一点的边称为"自回路"。一个图如果没有自回路、两点间最多一条边，就称此图为"简单图"。简单图的邻接矩阵、关联矩阵如下：

邻接矩阵：$A = (a_{ij})_n$

$$a_{ij} = \begin{cases} 1, & (v_i, v_j) \in E \\ 0, & (v_i, v_j) \notin E \end{cases}$$

关联矩阵：$R = (r_{ij})_{n \times m}$

$$r_{ij} = \begin{cases} 1, & i \text{ 点为 } j \text{ 边端点} \\ 0, & \text{否则} \end{cases}$$

例 10-1 中图 10-3 的邻接矩阵、关联矩阵为

$$A = \begin{pmatrix} 0 & 1 & 0 & 0 & 1 \\ 1 & 0 & 0 & 1 & 1 \\ 0 & 0 & 0 & 0 & 0 \\ 0 & 1 & 0 & 0 & 0 \\ 1 & 1 & 0 & 0 & 0 \end{pmatrix}$$

$$R = \begin{pmatrix} 1 & 0 & 1 & 0 \\ 1 & 1 & 0 & 1 \\ 0 & 0 & 0 & 0 \\ 0 & 1 & 0 & 0 \\ 0 & 0 & 1 & 1 \end{pmatrix}$$

三、图的连通性

在图 $G = \langle V, E \rangle$ 中，沿点和边连续地移动而到达另一确定的点的连接方式称为"通

路",简称"路"。若图 G 中点 u 和 v 之间存在一条路,则称 u 和 v 在 G 中是连通的。若图 G 中任何两点都是连通的,则称图 G 为"连通图"。

设 A 是图 $G = \langle V, E \rangle$ 的邻接矩阵。记

$$B = A^2 = (b_{ij})_n$$

由矩阵的乘法得

$$b_{ij} = \sum_{k=1}^{n} a_{ik} a_{kj}$$

其中:a_{ik}, a_{kj} 代表点 v_i 与 v_k、点 v_k 与 v_j 是否有边。

$a_{ik} a_{kj} = 1$ 当且仅当 $a_{ik} = a_{kj} = 1$,从而 $a_{ik} a_{kj} = 1$ 当且仅当存在一条对应的长度为 2 的有向道路 $P = v_i v_k v_j$。于是 b_{ij} 之值表示了从 v_i 到 v_j 的长度为 2 的通路的个数,即 A^2 代表两点间长度为 2 的通路个数的矩阵。

同理可得 A^3 代表两点间长度为 3 的通路个数的矩阵,等等。

两点若是联通的,则这两点之间至少存在一条通路,将此条通路中的回路去掉仍为此两点的通路,而不含回路的通路长度最长为 $n-1$,因此,两点若是联通的,则这两点之间至少存在一条长度小于或等于 $n-1$ 的通路。

记:$C^{(k)} = A + A^2 + \cdots + A^k = (c_{ij}^{(k)})_n, k \geq 1$,则 $C^{(k)}$ 代表两点间长度小于或等于 k 的通路个数的矩阵。于是,从矩阵 C_{n-1} 中便可看出一个图是不是联通的,记录这种连通性的矩阵称为"可达性矩阵":$P = (p_{ij})_n$,

$$p_{ij} = \begin{cases} 1, & c_{ij}^{(k)} \geq 1 \\ 0, & c_{ij}^{(k)} = 0 \end{cases}$$

例 10-1 中图 10-3 的可达性矩阵使用 MATLAB 计算,代码 c01.m 如下:

```
A = [ 0 1 0 0 1
      1 0 0 1 1
      0 0 0 0 0
      0 1 0 0 0
      1 1 0 0 0]
P = (A+A^2+A^3+A^4) >0
```

运行结果如下:

```
P =
    1    1    0    1    1
    1    1    0    1    1
    0    0    0    0    0
    1    1    0    1    1
    1    1    0    1    1
```

即图 10-3 不是连通图。

四、图论算法

图论是一个十分有趣而且与相关学科竞赛联系紧密的数学分支,图论中有许多著

名的算法。随着图论问题的日渐增多，一些经典图论模型与它们的相关算法已成为竞赛中不可或缺的知识。与此同时，题目也越来越注重模型的转换与算法的优化。

著名的图论问题及算法：

（1）最短路问题（shortest path problem）

出租车司机要从城市甲地到乙地，在纵横交错的路中如何选择一条最短的路线？

算法：Dijkstra 算法、Floyd 算法。

（2）最小生成树问题（minimum-weight spanning tree problem）

为了给小山村的居民送电，每户立了一根电杆，怎样连接可使连线最短？

算法：Prim 算法、Kruskal 算法。

（3）中国邮递员问题（chinese postman problem）

一名邮递员负责投递某个街区的邮件，如何为他设计一条最短的投递路线？

算法：Fleury 算法。

（4）二分图的最优匹配问题（optimum matching）

在赋权二分图中找一个权最大（最小）的匹配。

算法：匈牙利算法。

（5）旅行推销员问题（traveling salesman problem，TSP）

一名推销员准备前往若干城市推销产品，如何为他设计一条最短的旅行路线？

算法：改良圈算法。

（6）网络流问题（network flow problem）

如何在一个有发点和收点的网络中确定具有最大容量的流？

算法：Ford-Fulkerson 算法。

在全国大学生数学建模竞赛中曾多次出现图论问题，如 1998 年的 B 题"灾情巡视路线"、2007 年的 B 题"公交线路"、2011 年的 B 题"交巡警调度"等。

第二节　最短路径问题

一、问题的提出

最短路径问题是图论研究中的一个经典算法问题，它是许多更深层算法的基础。该问题有着大量的生产实际的背景，不少问题从表面上看与最短路问题没有什么关系，却也可以归结为最短路问题。

[例 10-2]　赋权图 G 如图 10-5 所示。

每条边上的数字为这条边的权。

求：

（1）从点 v_1 到其余结点的最短路，即权和最小的通路。

（2）所有点间的最短路。

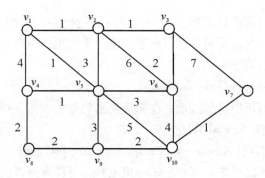

图 10-5　赋权图 G

注：赋权图 G 的矩阵为

带权邻接矩阵，即 $w = (w_{ij})_n$

$$w_{ij} = \begin{cases} 0, & i = j \\ d_{ij}, & i \neq j \text{ and } (v_i, v_j) \in E \\ \infty, & i \neq j \text{ and } (v_i, v_j) \notin E \end{cases}$$

二、Dijkstra 算法

求一点到其余点的最短路问题称为"单源最短路径问题"，Dijkstra 算法是求解单源最短路径问题的著名算法。

1. 算法

Dijkstra 算法的基本思想为以起始点为中心，向外层扩展，按路径长度递增顺序求最短路径，即把图中顶点集合 V 分成两组：已查明 S 为已求得最短路的顶点集、未查明 $V - S$ 为未确定最短路的顶点集，初始时 S 中只有一个源点，每一步求源点通过 S 中点到 $V - S$ 点的最短路径，并将路径终点从 $V - S$ 移到 S，直至达到所有点。

赋权图 G 的权用赋权邻接矩阵为 $w = (w_{ij})_n$。在求最短路时，为避免重复，我们需保留每一步的计算信息，需要记录信息的有两个：一个是已计算的最短路长，记为 $d = (d_i)_{1 \times n}$；另一个是最短路径，记录最短路径的终点的前一点即可，记为 $p = (p_i)_{1 \times n}$。

算法步骤如下：

步骤 1，赋权矩阵 w，已查明 $S = \{v_0\}$，未查明 $V - S$，最短路长 d 全为 0，最短路径前点均为 v_0，设置考察点 $u = v_0$。

步骤 2，更新 d, p。若 $d_i > d_u + w_{ui}$，则 $d_i = d_u + w_{ui}$，$p_i = u$。

步骤 3，寻找 v。设 $V - S$ 中使 d_i 最小的点为 v，则 $S \rightarrow S \cup \{v\}$，$u = v$。

步骤 4，若 $V - S \neq \phi$，重复步骤 2；否则，结束。

我们在手工实施算法时可采用标号法记录每一步的计算信息。

解　例 10-2(1)

使用 Dijkstra 算法记录的结果见图 10-6。

图 10-6 显示，从点 v_1 到其余结点的最短路，加宽线代表最短路径，虚线框内部记录的是最短路径路长。

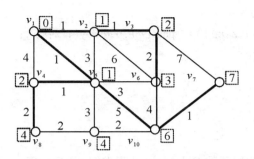

图 10-6　Dijkstra 算法记录的结果

2. MATLAB 程序

建立 MATLAB 函数文件，编写代码实现 Dijkstra 算法，代码 dijkstra. m 如下：

function $[\,distance,path,pathway\,]=dijkstra(\,v0,w)$

$n=size(\,w,1)\,;$

$s=v0\,;$

$distance=w(\,v0,:\,)\,;$

$path=v0*ones(\,1,n)\,;$

$u=s(\,1)\,;$

for $j=1:(\,n-1)$

　　$v\underline{s}=1:n;v\underline{s}(\,s)=[\,\,]\,;$

　　for $i=v\underline{s}$

　　　　if $distance(\,i)>distance(\,u)+w(\,u,i)$

　　　　　　$distance(\,i)=distance(\,u)+w(\,u,i)\,;$

　　　　　　$path(\,i)=u\,;$

　　　　end

　　end

　　$d=distance\,;$

　　$d(\,s)=\inf\,;$

　　$[\,v,u\,]=\min(\,d)\,;$

　　$s=[\,s\ u\,]\,;$

end

函数文件的输入参数为源点序号 v0、带权邻接矩阵 w。

输出参数为最短路径的长度 distance、前一点 path、最短路径 pathway。

由于得到最短路径的前一点 path 仍需考察才能得到最短路径，于是我们编写了一段代码加入函数中，输出最短路径 pathway。代码如下：

$pathway=[\,v0*ones(\,n,1)\,,(\,1:n)\,'\,]\,;$

for $i=1:n$

　　$q=i;k=2\,;$

```
    while path(q) ~ =v0
        pathway(i,2:k+1)=[path(q),pathway(i,2:k)];
        q=path(q);
        k=k+1;
    end
end
```

解 例 10-2(2)

使用 MATLAB，调用函数 Dijkstra 并编程求解。代码 c02. m 如下：

$w=[$ 0 1 inf 4 1 inf inf inf inf inf

1 0 1inf 3 6 inf inf inf inf

inf 1 0 inf inf 2 7 inf inf inf

4inf inf 0 1 inf inf 2 inf inf

1 3inf 1 0 3 inf inf 3 5

inf 6 2 inf 3 0 inf inf inf 4

inf inf 7 inf inf inf 0 inf inf 1

inf inf inf 2 inf inf inf 0 2 inf

inf inf inf inf 3 inf inf 2 0 2

inf inf inf inf 5 4 1 inf 2 0$]$;

$v0=1$;

$[d,p]=$dijkstra$(v0,w)$

运行结果如下：

distance =

0	1	2	2	1	4	7	4	4	6

path =

1	1	2	5	1	5	10	4	5	5

pathway =

1	1	0	0
1	2	0	0
1	2	3	0
1	5	4	0
1	5	0	0
1	5	6	0
1	5	10	7
1	5	4	8
1	5	9	0
1	5	10	0

三、Floyd 算法

求任意两点的最短路问题的解法有两种：一种是分别以图中的每个顶点为源点共调用 n 次 Dijkstra 算法，这种算法的时间复杂度为 $O(n^3)$；另一种是 Floyed 算法，这种算法的思路简单，时间复杂度仍然为 $O(n^3)$。

1. 算法

Floyd 算法的思想：从带权邻接矩阵出发 $D^{(0)} = w$，构造出一个矩阵序列 $D^{(1)}$，$D^{(2)},\dots,D^{(n)}$，其中 $d_{ij}^{(k)} \in D^{(k)}$ 表示从点 v_i 到点 v_j 的路径上所经过的点序号不大于 k 的最短路径长度，计算时以矩阵 $D^{(k-1)}$ 为基础通过插入 v_k 更新最短路得到矩阵 $D^{(k)}$，最后得到 $D^{(n)}$ 即各点间的最短路长。

更新最短路的迭代公式为

$$D^{(k)} = (d_{ij}^{(k)})_n : d_{ij}^{(k)} = \min\{d_{ij}^{(k-1)}, d_{ik}^{(k-1)} + d_{kj}^{(k-1)}\}$$

其中：$k = 1,2,\cdots,n$ 为迭代次数。当 $k = n$ 时，$D^{(n)}$ 即各点间的最短路长。

除此之外，还需记录最短路径，记录最短路径起点的后一点即可，记为 $p = (p_i)_{1\times n}$。每次迭代进行更新。

2. MATLAB 程序

建立 MATLAB 函数文件，编写代码实现 Floyd 算法。代码 floyd.m 如下：

```
function [D,path] = floyd(w)
n = size(w,1);
D = w;
path = zeros(n);
for i = 1:n
    for j = 1:n
        if D(i,j) ~= inf
            path(i,j) = j;
        end
    end
end
for k = 1:n
    for i = 1:n
        for j = 1:n
            if D(i,k) + D(k,j) < D(i,j)
                D(i,j) = D(i,k) + D(k,j);
                path(i,j) = path(i,k);
            end
        end
    end
```

```
            end
    end
```

函数文件 floyd.m 的输入参数为带权邻接矩阵 w。

输出参数为最短路径的长度矩阵 D、后一点 path。

由于得到最短路径的后一点 path 仍需考察才能得到最短路径，于是我们编写了一个相伴函数文件，输入 v_1 和 v_2 两点，输出此两点最短路径 pathway。代码 road.m 如下：

```
function pathway = road(path, v1, v2)
pathway = v1;
while path(pathway(end), v2) ~= v2
    pathway = [pathway path(pathway(end), v2)];
end
pathway = [pathway v2];
```

解 例 10-2(2)

使用 MATLAB，调用函数 floyd、road 并编程求解。代码 c03.m 如下：

```
w = [0 1 inf 4 1 inf inf inf inf inf
     1 0 1inf 3 6 inf inf inf inf
     inf 1 0 inf inf 2 7 inf inf inf
     4inf inf 0 1 inf inf 2 inf inf
     1 3inf 1 0 3 inf inf 3 5
     inf 6 2 inf 3 0 inf inf inf 4
     inf inf 7 inf inf inf 0 inf inf 1
     inf inf inf 2 inf inf inf 0 2 inf
     inf inf inf inf 3 inf inf 2 0 2
     inf inf inf inf 5 4 1 inf 2 0]
[d, path] = floyd(w)
%road(path, 4, 2)
for i = 1:size(w, 1)
    for j = 1:size(w, 1)
        q = road(path, i, j);
        r(j, 1:length(q), i) = q;
    end
end
r
```

运行结果(部分)如下：

d =

0	1	2	2	1	4	7	4	4	6
1	0	1	3	2	3	8	5	5	7
2	1	0	4	3	2	7	6	6	6
2	3	4	0	1	4	7	2	4	6
1	2	3	1	0	3	6	3	3	5
4	3	2	4	3	0	5	6	6	4
7	8	7	7	6	5	0	5	3	1
4	5	6	2	3	6	5	0	2	4
4	5	6	4	3	6	3	2	0	2
6	7	6	6	5	4	1	4	2	0

path =

1	2	2	5	5	2	5	5	5	5
1	2	3	1	1	3	3	1	1	1
2	2	3	2	2	6	7	2	2	6
5	5	5	4	5	5	5	8	5	5
1	1	1	4	5	6	10	4	9	10
3	3	3	5	5	6	10	5	5	10
10	3	3	10	10	10	7	10	10	10
4	4	4	4	4	4	9	8	9	9
5	5	5	5	5	5	10	8	9	10
5	5	6	5	5	6	7	9	9	10

$r(:,:,1)$ =

1	1	0	0	0	0
1	2	0	0	0	0
1	2	3	0	0	0
1	5	4	0	0	0
1	5	0	0	0	0
1	2	3	6	0	0
1	5	10	7	0	0
1	5	4	8	0	0
1	5	9	0	0	0
1	5	10	0	0	0

...

$r(:,:,10)$ =

10	5	1	0	0	0
10	5	1	2	0	0
10	6	3	0	0	0

10	5	4	0	0	0
10	5	0	0	0	0
10	6	0	0	0	0
10	7	0	0	0	0
10	9	8	0	0	0
10	9	0	0	0	0
10	10	0	0	0	0

在此次求解中，我们使用了三层矩阵来记录以任意一点为起点的最短路径，显然这种表达方式非常清晰。

第三节　最优支撑树问题

树是在实际问题中尤其是计算机科学中被广泛使用的一类图。树具有简单的形式和优良的性质，我们可以从不同的角度去描述它。

一、树

1. 树的概念

无回路的连通图称为"树"。

树中度数为 1 的结点称为"叶"，树中度数大于 1 的结点称为"枝"。有向树只有一个结点是边的起点不是边的终点。

无回路的图称为"森林"。森林的每个分支都是树。

定理　设 n,m 分别为树 T 的点数、边数，则 $m = n - 1$。

证明　使用数学归纳法证明：

当 $n = 2$ 时，显然边数 $m = 1$，原命题成立。

假设 $n = k(\geqslant 2)$ 时，原命题成立。

当 $n = k + 1$ 时，由于 T 连通且无回路，它必有一结点 v 度为 1，设 e 是 T 的一条边，设 $T = \langle V, E \rangle$，则将 T 中点 v、边 e 去掉得到子图 $T' = \langle V - \{v\}, E - \{e\} \rangle$ 仍是树。

由假设可知：T' 的边数为 $(m - 1) = (n - 1) - 1$。

$\therefore m = n - 1$，即当 $n = k + 1$ 时，原命题成立。

故：原命题成立。

2. 生成树

包含 G 中所有点的子图称为"生成子图"。

若 G 的生成子图是树，则称此子图为"生成树"。

在上一节中，我们讨论的单源点到各点的最短路就构成生成树，称为"最短路径生成树"。

例如，图 10-8 为图 10-7 的 v_1 点的最短路径生成树。

在赋权图 G 中，权和最小的生成树,称为"最小生成树"。

例如,图 10-9 为图 10-7 的 v_1 点的最小生成树。

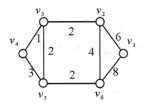

图 10-7　图 G

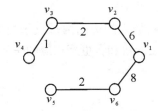

图 10-8　最短路径生成树

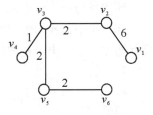

图 10-9　最小生成树

最小生成树有许多应用，如电网铺设电缆、网络铺设网线等。

二、最小生成树 Kruskal 算法

Kruskal 算法是求解最小生成树的著名算法。

1. 算法

Kruskal 算法又称为"避圈法"。

算法:

步骤 1，开始。G 中的边均为白色。

步骤 2，在白色边中挑选一条权最小的边，使其与红色边不形成圈，将该白色边涂红。

步骤 3，重复步骤 2，直到有 $n-1$ 条红色边，这 n-1 条红色边便构成最小生成树 T 的边集合。

2. MATLAB 程序

赋权图 G 的赋权邻接矩阵为 w 。

（1）挑选一条权最小的边

将图中的边按权和大小排序并记录下来。MATLAB 代码如下：

```
n = size(w,1);
b = [];
for i = 1:(n-1)
    for j = (i+1):n
        if w(i,j) ~= inf
            b = [b [i;j;w(i,j)]];
        end
    end
end
b = sortrows(b',3); b = b';
```

其中：b 为点边矩阵，第一、第二行记录端点序号，第三行记录权的值，最终 b 按权从小到大排序。

（2）如何判断加边不形成圈

判断新加入的边不形成圈，即判断新加入的边的两端点是否属于同一子树。

使用技巧：用最小标号点记录子树。

在程序中，我们先判断欲新加入的边的两端点子树标号是否相同，若不相同，则将此边加入子图中，并增加子图的权和，更新相应的子树标号。MATLAB 代码如下：

```
T=[];
c=0;
t=1:n;
for i=1:size(T,2)
    if t(b(1,i))~=t(b(2,i))
        T=[T b(1:2,i)];
        c=c+b(3,i);
        tmin=min(t(b(1,i)),t(b(2,i)));
        tmax=max(t(b(1,i)),t(b(2,i)));
        t(t==tmax)=tmin;
    end
    if size(T,2)==n-1
        break;
    end
end
```

其中：T 记录树，每一列为边的端点；$c=0$ 为树的权和；t 记录每点所在子树的最小标号点，初始状态 $t=1:n$。

（3）建立 MATLAB 函数文件

建立 MATLAB 函数文件，按照以上方法编写代码实现 Kruskal 算法，代码为 kruskal.m。

[例 10-3] 求赋权图 G 如图 10-5 所示的最小生成树。

解 使用 MATLAB，调用函数 kruskal.m，代码 c04.m 如下：

```
w=[0 1 inf 4 1 inf inf inf inf inf
   1 0 1 inf 3 6 inf inf inf inf
   inf 1 0 inf inf 2 7 inf inf inf
   4 inf inf 0 1 inf inf 2 inf inf
   1 3 inf 1 0 3 inf inf 3 5
   inf 6 2 inf 3 0 inf inf inf 4
   inf inf 7 inf inf inf 0 inf inf 1
   inf inf inf 2 inf inf inf 0 2 inf
   inf inf inf inf 3 inf inf 2 0 2
   inf inf inf inf 5 4 1 inf 2 0]
[T,c]=kruskal(w)
```

运行结果（部分）如下：

$T =$

1	1	2	4	7	3	4	8	9
2	5	3	5	10	6	8	9	10

$c =$

13

第四节　MATLAB 图论函数

MATLAB 图论函数（graph theory functions）包含在基本函数工具箱、生物信息工具箱（bioinformatics toolbox）等工具箱之中，有两套图论计算函数。

一、图形可视化

1. 稀疏矩阵

MATLAB 稀疏矩阵运算见表 10-1。

表 10-1　MATLAB 稀疏矩阵运算

格式	说明
$S = \text{sparse}(i,j,v,m,n)$	生成稀疏矩阵：i 行标，j 列标，v 元素值，m 行数，n 列数
$S = \text{sparse}(A)$	全矩阵转换为稀疏形式
$A = \text{full}(S)$	稀疏矩阵转换为全矩阵

sparse 是 MATLAB 数据的特殊属性，可以有效减少稀疏矩阵的存储量。

[例 10-4]　演示 MATLAB 稀疏矩阵运算，代码 c05.m 如下：

$i = [1,1,1,2,2,2,3,3,4,4,5,5,5,6,7,8,9]$;

$j = [2,4,5,3,5,6,6,7,5,8,6,9,10,10,10,9,10]$;

$v = [1,11,8,2,9,3,1,4,1,4,1,1,7,4,1,5,5]$;

$S = \text{sparse}(i,j,v,10,12)$

$A = \text{full}(S)$

$S = \text{sparse}(A)$

运行结果（部分）如下：

$S =$

(1,2)　　　1
(2,3)　　　2
(1,4)　　　11

(1,5)	8
(2,5)	9
(4,5)	1
(2,6)	3
(3,6)	1
(5,6)	1
(3,7)	4
(4,8)	4
(5,9)	1
(8,9)	5
(5,10)	7
(6,10)	4
(7,10)	1
(9,10)	5

$A =$

$$\begin{matrix}
0 & 1 & 0 & 11 & 8 & 0 & 0 & 0 & 0 & 0 & 0 & 0 \\
0 & 0 & 2 & 0 & 9 & 3 & 0 & 0 & 0 & 0 & 0 \\
0 & 0 & 0 & 0 & 1 & 4 & 0 & 0 & 0 & 0 \\
0 & 0 & 0 & 0 & 1 & 0 & 0 & 4 & 0 & 0 & 0 \\
0 & 0 & 0 & 0 & 1 & 0 & 0 & 1 & 7 & 0 & 0 \\
0 & 0 & 0 & 0 & 0 & 0 & 0 & 0 & 4 & 0 & 0 \\
0 & 0 & 0 & 0 & 0 & 0 & 0 & 0 & 1 & 0 & 0 \\
0 & 0 & 0 & 0 & 0 & 0 & 0 & 0 & 5 & 0 & 0 \\
0 & 0 & 0 & 0 & 0 & 0 & 0 & 0 & 0 & 5 & 0 & 0 \\
0 & 0 & 0 & 0 & 0 & 0 & 0 & 0 & 0 & 0 & 0 & 0
\end{matrix}$$

2. 图论图形可视化

MATLAB 图论图形可视化见表 10-2。

表 10-2　MATLAB 图论图形可视化

格式	说明
$G = \text{graph}(s, t, \text{weights}, \text{nodenames})$ $G = \text{graph}(A, \text{node\_names})$	无向图:s, t 为端点序号,weights 边权重(可缺省), nodenames 点符号(可缺省),A 类邻接矩阵
$G = \text{digraph}(s, t, \text{weights}, \text{nodenames})$	有向图:s, t 为起点、终点序号
$\text{plot}(G, \text{Name}, \text{Value})$	显示图形,常用选项(可缺省):' EdgeLabel ', $G.\text{Edges.Weight}$

[例 10-4]　利用 MATLAB 自带稀疏矩阵 bucky,画图论图形,代码 c06. m 如下:

$G = \text{graph}(\text{bucky})$;

plot(G ,'-.dr ',' NodeLabel ', [ ])

运行结果见图 10-10(图论图形显示)：

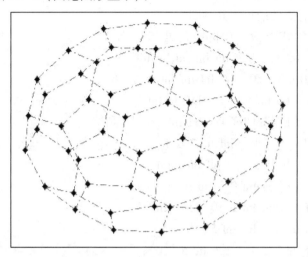

图 10-10 图论图形显示

二、MATLAB 图论函数

1. 最短路问题

MATLAB 图论函数见表 10-3。

表 10-3 MATLAB 图论函数

格式	说明
$[P,d]$ = shortestpath$(G,s,t,$' Method ', algorithm$)$	两结点间的最短路径与最短路长
$[TR,D]$ = shortestpathtree$(G,s,t,$' Name ', Value$)$	最短路树
d = distances$(G,s,t,$' Method ', algorithm$)$	任两点之间的最短路长

注：有两套图论计算函数，如 $[$ dist,path $]$ = graphshortestpath $(G,S,D,$ Name,Value $)$ 。

[例 10-5] 赋权图 G 见图 10-11。

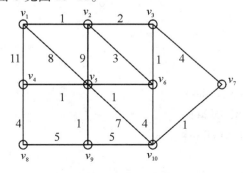

图 10-11 赋权图 G

求：

(1)求点 1 到 8 的最短路。

(2)点 1 到所有点的最短路并画图。

解 使用 MATLAB 运算，(部分)代码 c07m 如下：

$$w = \begin{bmatrix} 0 & 1 & \text{Inf} & 11 & 8 & \text{Inf} & \text{Inf} & \text{Inf} & \text{Inf} & \text{Inf} \\ 1 & 0 & 2 & \text{Inf} & 9 & 3 & \text{Inf} & \text{Inf} & \text{Inf} & \text{Inf} \\ \text{Inf} & 2 & 0 & \text{Inf} & \text{Inf} & 1 & 4 & \text{Inf} & \text{Inf} & \text{Inf} \\ 11 & \text{Inf} & \text{Inf} & 0 & 1 & \text{Inf} & \text{Inf} & 4 & \text{Inf} & \text{Inf} \\ 8 & 9 & \text{Inf} & 1 & 0 & 1 & \text{Inf} & \text{Inf} & 1 & 7 \\ \text{Inf} & 3 & 1 & \text{Inf} & 1 & 0 & \text{Inf} & \text{Inf} & \text{Inf} & 4 \\ \text{Inf} & \text{Inf} & 4 & \text{Inf} & \text{Inf} & \text{Inf} & 0 & \text{Inf} & \text{Inf} & 1 \\ \text{Inf} & \text{Inf} & \text{Inf} & 4 & \text{Inf} & \text{Inf} & \text{Inf} & 0 & 5 & \text{Inf} \\ \text{Inf} & \text{Inf} & \text{Inf} & \text{Inf} & 1 & \text{Inf} & \text{Inf} & 5 & 0 & 5 \\ \text{Inf} & \text{Inf} & \text{Inf} & \text{Inf} & 7 & 4 & 1 & \text{Inf} & 5 & 0 \end{bmatrix};$$

$w(w == \text{inf}) = 0;$

$G = \text{graph}(w)$

$\text{plot}(G, '\text{EdgeLabel}', G.\text{Edges}.\text{Weight}));$

$[\text{path}, d] = \text{shortestpath}(G, 1, 8)$

$[\text{TR}, d, E] = \text{shortestpathtree}(G, 1)$

$\text{highlight}(p, \text{TR})$

$[\text{dist}] = \text{distances}(G)$

运行结果如下：

```
G =
    graph with properties：
        Edges：[17×2 table]
    Nodes：[10×0 table]
path =
    1    2    6    5    4    8
d =
    10
TR =
    digraph with properties：
        Edges：[9×2 table]
        Nodes：[10×0 table]
d =
    0    1    3    6    5    4    7    10    6    8
```

dist =

0	1	3	6	5	4	7	10	6	8
1	0	2	5	4	3	6	9	5	7
3	2	0	3	2	1	4	7	3	5
6	5	3	0	1	2	7	4	2	6
5	4	2	1	0	1	6	5	1	5
4	3	1	2	1	0	5	6	2	4
7	6	4	7	6	5	0	11	6	1
10	9	7	4	5	6	11	0	5	10
6	5	3	2	1	2	6	5	0	5
8	7	5	6	5	4	1	10	5	0

图 G 图形显示见图 10-10。

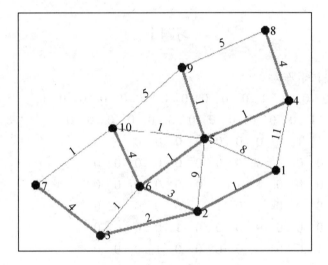

图 10-10　图 G 图形显示

2. 最优支撑树

表 10-1　MATLAB 图论函数

格式	说明
$[\text{Tree},\text{pred}]=\text{graphminspantree}(S,R,'\text{Name}',\text{Value})$	最小支撑树:S 稀疏矩阵,R 根节点

[例 10-6]　使用例 10-5 的图,求最小支撑树

解　使用 MATLAB 运算, (部分)代码 c08m 如下:

$S=\text{sparse}(w)$;

$[\text{Tree},\text{pred}]=\text{graphminspantree}(S)$;

运行结果如下:

Tree =

(2,1)	1
(3,2)	2
(6,3)	1
(7,3)	4
(5,4)	1
(8,4)	4
(6,5)	1
(9,5)	1
(10,7)	1

pred =

    0   1   2   5   6   3   3   4   5   7

习题十

1. 图 G 的关联矩阵为

$$R=\begin{bmatrix} 1 & 1 & 0 & 0 & 0 & 0 & 0 & 0 & 0 & 0 & 0 & 0 & 0 & 0 & 0 & 0 & 0 \\ 0 & 0 & 1 & 1 & 1 & 0 & 0 & 0 & 0 & 0 & 0 & 0 & 0 & 0 & 0 & 0 & 0 \\ 1 & 0 & 1 & 0 & 0 & 1 & 1 & 0 & 0 & 0 & 0 & 0 & 0 & 0 & 0 & 0 & 0 \\ 0 & 0 & 0 & 1 & 0 & 0 & 0 & 1 & 0 & 0 & 0 & 0 & 0 & 0 & 0 & 0 & 0 \\ 0 & 0 & 0 & 0 & 0 & 0 & 0 & 1 & 1 & 0 & 0 & 0 & 0 & 0 & 0 & 0 & 0 \\ 0 & 0 & 0 & 0 & 0 & 0 & 0 & 0 & 0 & 1 & 1 & 0 & 0 & 0 & 0 & 0 & 0 \\ 0 & 0 & 0 & 0 & 0 & 0 & 0 & 0 & 0 & 0 & 0 & 1 & 0 & 0 & 0 & 0 \\ 0 & 0 & 0 & 0 & 1 & 0 & 0 & 0 & 0 & 0 & 0 & 0 & 1 & 0 & 0 & 0 & 0 \\ 0 & 0 & 0 & 0 & 0 & 0 & 0 & 0 & 0 & 0 & 0 & 0 & 0 & 1 & 0 & 0 \\ 0 & 0 & 0 & 0 & 0 & 0 & 0 & 0 & 0 & 0 & 0 & 0 & 0 & 0 & 1 & 0 \\ 0 & 0 & 0 & 0 & 0 & 1 & 0 & 1 & 0 & 0 & 0 & 0 & 0 & 0 & 0 & 0 \\ 0 & 1 & 0 & 0 & 1 & 0 & 0 & 1 & 0 & 0 & 1 & 0 & 0 & 1 & 0 & 0 \\ 0 & 0 & 0 & 0 & 0 & 0 & 0 & 0 & 0 & 1 & 0 & 1 & 0 & 0 & 0 & 1 \\ 0 & 0 & 0 & 0 & 0 & 0 & 0 & 0 & 0 & 0 & 0 & 0 & 1 & 0 & 1 & 0 \\ 0 & 0 & 0 & 0 & 0 & 0 & 0 & 0 & 0 & 0 & 0 & 0 & 0 & 0 & 1 \\ 0 & 0 & 0 & 0 & 0 & 0 & 0 & 0 & 0 & 0 & 0 & 1 & 0 & 0 & 0 \end{bmatrix}$$

利用 MATLAB 编程求解：

(1)求图 G 的邻接矩阵。

(2)判断图 G 是否为连通图。

(3)若图 G 不是连通图，求图 G 的所有极大联通子图。

注：极大联通子图的概念在网上搜索。

2. 图 10-10 为赋权图。

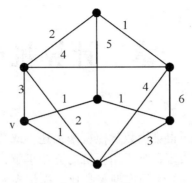

图 10-10　赋权图

使用 MATLAB 求解。

(1)求 v 点到所有点的最短路。

(2)求所有点间的最短路。

(3)求最小生成树。

3. 某城镇街道的街口位置与街道连接数据保存在 data.m 中,其中矩阵 A 记录街口位置,包括编号、坐标 x、坐标 y;矩阵 B 记录街道连接数据,包括街口编号、街道长度。

(1) 求 9 号街口到各街口的最短道路。

(2) 画出街道图（两点之间可近似用线段连接）,并在街道图上画出 9 号街口到各街口的最短道路（最短路程树）。

(3) 由于路口监控的需要,欲在该城镇铺设网线,到达每一个街口。请问网线应通过哪些街道才会最省。

(4) 画出街道图（两点之间可近似用线段连接）,并在街道图上画出网线通过的街道。

第十一章 计算机模拟

在实际问题中，一些问题很难用数学模型来描述，或有些问题虽建立起了数学模型，但由于模型中随机因素很多，难于用解析的方法求解，这时就需要借助于模拟的方法。模拟就是利用物理的、数学的模型来类比、模仿现实系统及其演变过程，以寻求过程规律的一种方法。在一定的假设条件下，运用数学运算模拟系统的运行，称为"数学模拟"。现代的数学模拟都是在计算机上进行的，称为"计算机模拟"，又称为"计算机仿真"，是指用计算机程序来对实际系统进行抽象模拟。

第一节 蒙特卡罗模拟

计算机模拟的发展与计算机的迅速发展是分不开的，它的首次大规模开发是著名的曼哈顿计划中的一个重要部分。曼哈顿计划是指 20 世纪 40 年代美国在第二次世界大战中研制原子弹的计划，为了模拟核爆炸的过程，曼哈顿计划成员乌拉姆和冯·诺伊曼首次提出采用计算机模拟的方法，数学家冯·诺伊曼用驰名世界的赌城——摩纳哥的 Monte Carlo 来命名这种方法，为它蒙上了一层神秘色彩。

蒙特卡罗方法又称为"随机抽样技巧"或"统计试验方法"，是一种以概率统计理论为指导的非常重要的数值计算方法。

在这之前，蒙特卡罗方法就已经存在。1777 年，法国数学家蒲丰（Georges Louis Leclere de Buffon，1707—1788）提出用投针实验的方法求圆周率 π。这被认为是蒙特卡罗方法的起源。

一、蒲丰投针

1. 问题提出

蒲丰提出以下问题：设我们有一个以平行且等距木纹铺成的地板，随意抛一支长度比木纹之间距离小的针，求针和其中一条木纹相交的概率。同时，他以此概率提出了一种计算圆周率的方法——随机投针法。

2. 数学原理

蒲丰投针实验图解见图 11-1。

如图 11-1 所示，设：针长为 $2l$，平行线距离为 $2a$，其中：$l < a$。针多次投到地面上，可得到针与平行线相交的频率，用频率代替概率 p。

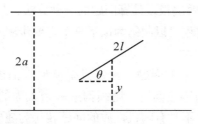

图 11-1　蒲丰投针实验图解

使用几何概型计算相交概率：

设随机变量为 y，θ，投针次数为 n，针与平行线相交次数为 k，针与平行线相交的条件为 $y < l\sin\theta$，相交测度为 $\int_0^\pi \int_0^{l\sin\theta} \mathrm{d}y\mathrm{d}\theta = 2l$ 必然事件的测度为 $\int_0^\pi \int_0^a \mathrm{d}y\mathrm{d}\theta = a\pi$。

于是，相交概率：$p = \dfrac{2l}{a\pi}$。

所以，$\pi = \dfrac{2l}{ap}$，其中概率用频率代替 $\dfrac{k}{n} \to p$。

得到蒲丰投针模拟计算圆周率 π 值的公式为

$$\pi \approx \frac{2l}{a} \cdot \frac{n}{k}$$

这就是古典概率论中著名的蒲丰投针问题。

3. 相关结果

历史上，许多著名科学家进行过蒲丰投针实验，其结果见表 11-1（a 折算为 1）。

表 11-1　蒲丰投针实验结果

实验者	年份	针长 $2l$	投针次数 N	相交次数 n	π 的近似值
沃尔弗（Wolf）	1850	0.8	5 000	2 532	3.159 6
斯密斯（Smith）	1855	0.6	3 204	1 219	3.155 4
德摩根（De.Mogan）	1860	1.0	600	383	3.137 0
福克斯（Fox）	1884	0.75	1 030	489	3.159 5
拉查里尼（Lazzerini）	1901	0.83	3 408	1 801	3.141 6
雷纳（Reina）	1 925	0.54	2 520	859	3.179 5

这是一个颇为奇妙的方法：只要设计一个随机试验，使一个事件的概率与其一个未知数有关，然后通过重复试验，以频率近似概率，即可求得未知数的近似解。

二、蒙特卡罗方法基本原理

蒙特卡罗方法又称"随机抽样技巧"或"统计试验方法""统计模拟方法""蒙特卡罗模拟"。它是 20 世纪 40 年代中期因为科学技术的发展和电子计算机的发明，而被提出的一种以概率统计理论为指导的非常重要的数值计算方法。该方法是基于随机数

（或更常见的伪随机数）来解决很多计算问题的一种算法，与它对应的是确定性算法。

蒙特卡罗方法的建模过程可以归结为以下三个主要步骤：

（1）构建概率模型

对于本身就具有随机性质的问题，构建概率模型来描述和模拟问题的概率过程。对于本来不是随机性质的确定性问题，则须构造一个人为的概率过程，它的某些参量是所要求问题的解，即要将不具有随机性质的问题转化为随机性质的问题。

（2）产生随机数

通过产生随机数实现已知概率的分布抽样。构造了概率模型以后，由于各种概率模型都可以看作由各种各样的概率分布构成的，因此产生已知概率分布的随机变量（或随机向量）就成为实现蒙特卡罗方法模拟实验的基本手段，这也是蒙特卡罗方法被称为随机抽样的原因。

（3）得到所需估计量

通过产生随机数，实现随机抽样，由概率模型得到模拟实验数据结果，通过对实验数据进行统计分析，便可得到问题解的估计量。

蒙特卡罗方法有两种途径：仿真和抽样计算。

蒙特卡罗方法具有结构简单、易于实现的特点。一般来说，蒙特卡罗方法是通过构造符合一定规则的随机数来解决实际的各种模型问题。对于那些由于计算过于复杂而难以得到解析解或者根本没有解析解的问题，蒙特卡罗方法是一种有效的求出数值解的方法。

由于蒙特卡罗方法的随机性，此方法也有结果会产生随机误差的缺点。

三、产生随机数

产生随机数，就是对已知分布进行抽样。一种方法是用物理方法产生随机数，如宇宙射线的频率，但价格昂贵，不能重复，使用不便；另一种方法是用数学递推公式产生随机数，这样产生的序列，与真正的随机数序列不同，所以称为"伪随机数"或"伪随机数序列"。不过，经过多种统计检验表明，它与真正的随机数或随机数序列具有相近的性质，因此我们可以把它作为真正的随机数来使用。

最简单、最基本、最重要的一个概率分布是 $[0, 1]$ 上的均匀分布，也称为"简单随机数"。由简单随机数可计算满足已知分布的随机数，计算原理如下：

设连续型随机变量 X 的分布函数为 $F(x)$，则 $U = F(X)$ 是 $[0, 1]$ 上的均匀分布的随机变量。于是，产生简单随机数 U 后，计算 X 的值的公式便为 $X = F^{-1}(U)$。

可使用 MATLAB 产生随机数，相关函数包括 rand、randn、binornd、normrnd 等，相关内容见第八章第一节。

第二节　模拟模型实例

一、蒲丰投针

使用计算机模拟演示与求解蒲丰投针问题。

1. 投针：仿真

问题：模拟演示蒲丰投针过程。使用 MATLAB 相关指令：moviein（内存预置）、getframe（截取帧片）、movie（回放动画）

算法流程：

步骤 1，参数设定（n、a、l）。

步骤 2，画平行线。

步骤 3，生成随机数，产生参数，画针。

步骤 4，循环执行步骤 3，执行 n 次。

步骤 5，结束。

程序：n 模拟次数，$2a$ 平行线距离，$2l$ 针长，(x, y) 中心坐标，t 倾角。使用 MATLAB 编程，代码 c01. m 如下：

```
n=100;
a=1;l=0.6;
axis([-1,2*a+l,-1,2*a+l]),hold on
plot([-1,2*a+l],[0,0],'r',[-l,2*a+l],[2*a,2*a],'r');
mm=moviein(n);
pause
x=2*a*rand;y=2*a*rand;t=pi*rand;
plot([x-l*cos(t),x+l*cos(t)],[y-l*sin(t),y+l*sin(t)]);
pause
for i=1:n
    x=2*a*rand;y=2*a*rand;t=pi*rand;
plot([x-l*cos(t),x+l*cos(t)],[y-l*sin(t),y+l*sin(t)],'k');
    mm(i)=getframe;
end
movie(mm)
```

运行后会显示模拟投针的动画效果。蒲丰投针仿真模拟的最终效果见图 11-2。

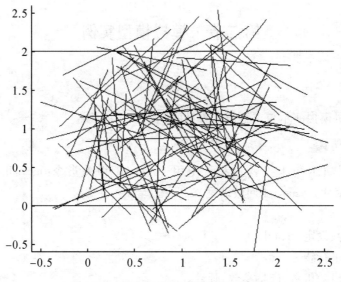

图 11-2 蒲丰投针仿真模拟的最终效果

2. 求 π: 抽样

问题: 模拟计算圆周率 π, 计算公式为

$$\pi \approx \frac{2l}{a} \cdot \frac{n}{k}$$

算法流程:

步骤 1, 参数设定(n、a、l)。

步骤 2, 生成随机数, 产生参数, 如果 $y < \text{lsint}$, 则 $k = k+1$。

步骤 3, 循环执行步骤 2, 执行 n 次。

步骤 4, 计算 π, 结束。

程序: n 模拟次数, $2a$ 平行线距离, $2l$ 针长, y 中心坐标, t 倾角。使用 MATLAB 编程, 代码 c02.m 如下:

```
a=45;l=36;%a=3;l=2.5;
m=0;
for n=[100 1000 3550 5000 10000 100000 1000000]
    k=0;
    for i=1:n
        y=a*rand;t=pi*rand;
        if y<l*sin(t)
        k=k+1;
        end
    end
    m=m+1;
    p=k/n;pai{1,m}=2*l/(a*p);pai{2,m}=n;
```

```
end
pai
```

运行后结果如下：

3.2000	2.9795	3.1486	3.2026	3.1232	3.1404	3.1411
100	1000	3550	5000	10000	100000	1000000

二、布朗运动

布朗运动是指悬浮在液体或气体中的微粒所做的永不停息的无规则运动，又称"随机游走"。它是一种正态分布的独立增量连续随机过程，是随机分析中基本概念之一。布朗运动是现代资本市场理论的核心假设，可以证明，布朗运动是马尔科夫过程、鞅过程、伊藤过程。

问题 1：模拟演示布朗运动。

使用 MATLAB 编程，代码 c03.m 如下：

```
x=zeros(2);
n=100;
clf;
plot(0,0,'r*');
axis([-15,15,-15,15]);
hold on
for i=1:n
    x(1,:)=x(2,:);
    x(2,:)=x(1,:)+randn(1,2);
    plot(x(:,1),x(:,2),x(2,1),x(2,2),'ro');
    axis([-15,15,-15,15]);
    getframe;
end
```

运行后会显示布朗运动的动画效果。仿真模拟的最终效果见图 11-3。

问题 2：模拟演示一般 Wiener 过程。

使用 MATLAB 编程，代码 c04.m 如下：

```
n=100;
x=1:n;x(2,1)=0;y=x;
mu=0.2;sigma=1;
clf;
plot(x(1,:),mu*x(1,:),'g');
axis([0,n,-20,30]);
hold on
for i=2:n
    b=randn;
```

$$x(2,i)=x(2,i-1)+\text{mu}*1+1*b;$$
$$y(2,i)=y(2,i-1)+1*b;$$

$$\text{plot}(x(1,i-1:i),x(2,i-1:i),y(1,i-1:i),y(2,i-1:i),'r');$$

getframe;

end

运行后会显示 Wiener 过程的动画效果。Wiener 过程仿真模拟的最终效果见图 11-4。

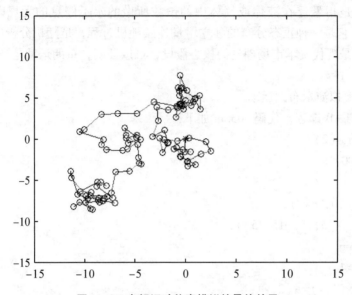

图 11-3　布朗运动仿真模拟的最终效果

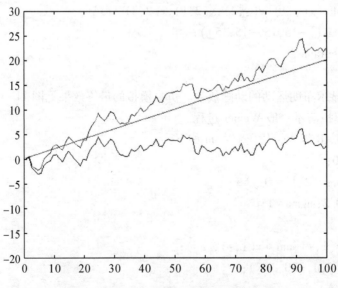

图 11-4　Wiener 过程仿真模拟的最终效果

三、高尔顿钉板试验

高尔顿钉板的设计者为英国生物统计学家高尔顿。

实验用具由钉板、钉子、滚珠组成。钉板上的钉子彼此距离相等，上一层的每一颗钉子的水平位置恰好位于下一层的两颗钉子正中间，滚珠直径略小于两颗钉子之间的距离。

顶板最上层为入口处，放进滚珠，当滚珠向下降落过程中，碰到钉子后皆以 1/2 的概率向左或向右滚下，于是又碰到下一层钉子。如此继续下去，直到滚到底板的一个格子内为止。把滚珠不断从入口处放下，只要滚珠的数目相当大，它们在底板将堆成近似于正态分布密度函数图形。

高尔顿钉板试验是用来研究随机现象的模型。小球落下后形成的中间高、两边低的分布情况叫作"正态分布"。该试验反映了统计学上著名的"中心极限定律"，即大量连续的随机变化会形成正态分布结果。

问题：模拟钉板实验过程。

算法流程：

步骤 1，输入参数。

步骤 2，画坐标。

步骤 3，生成随机数，由随机数确定小球下落路径，画小球下落路径，画小球落下后形成的堆栈。

步骤 4，循环执行步骤 3，执行 n 次。

步骤 5，结束。

使用 MATLAB 编程，代码 c05.m 如下：

```
clear,clf
m=100;n=6;yy=2;          %设置参数。
ballnum=zeros(1,n+1);

p=0.5;q=1-p;

for i=n+1:-1:1              %创建钉子空隙的坐标 x,y
    x(i,1)=0.5*(n-i+1);y(i,1)=(n-i+1)+yy;
    for j=2:i
        x(i,j)=x(i,1)+(j-1)*1;y(i,j)=y(i,1);
    end
end
x0=[x(:,1)-0.5,x+0.5];y0=y(:,[1,1:n+1]);%创建钉子的坐标 x0,y0

mm=moviein(m);              % 动画开始,模拟小球下落路径
```

```
for i = 1:m
    s = rand(1,n);                        %产生 n 个随机数
    xi = x(1,1);yi = y(1,1);k = 1;l = 1;    % 小球遇到第一个钉子

    plot(x0(:),y0(:),'r*',[x0(n+1,1),x0(n+1,n+2)],y0(n+1,[1,n+2])))%
```
画钉子的位置。

```
    axis([-2 n+2 0 yy+n+1]),hold on
    for j = 1:n

        k = k+1;                          %小球下落一格
        if s(j)>p
            l = l+0;                      %小球左移
        else
            l = l+1;                      %小球右移
        end
        xt = x(k,l);yt = y(k,l);           %小球下落点的坐标
    h = plot([xi,xt],[yi,yt],[xi,xt],[yi,yt],'o','markersize',20));axis([-2 n+2 0 yy+
n+1])        %画小球运动轨迹
        xi = xt;yi = yt;
    end

    ballnum(l) = ballnum(l)+1;            %计数
    ballnum1 = 5*ballnum./m;
    bar([0:n],ballnum1),axis([-2 n+2 0 yy+n+1])   %画各格子的频率
    mm(i) = getframe;                     %存储动画数据
    hold off
end
```
运行后会显示钉板实验仿真模拟的最终效果(见图 11-5)。

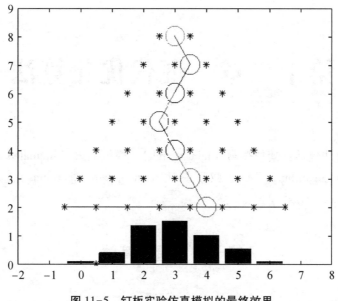

图 11-5 钉板实验仿真模拟的最终效果

习题十一

1. 提出狼与兔子的追逐问题：设有一只兔子和一匹狼，兔子在点 $O(0, 0)$，狼在点 $B(b, 0)$，如果兔子与狼同时发现对方，并开始一场追逐，兔子沿 y 轴向位于 $A(0, a)$ 的巢穴跑，而狼则在其后追赶（狼追赶的方向应始终正对兔子）。假设狼的速度是兔子的两倍，且都匀速奔跑，试讨论 a、b 在满足什么条件下，兔子能安全跑回巢穴？

2. 四人追逐问题：正方形 $ABCD$ 的 4 个顶点各有 1 人。在某一时刻，4 人同时出发以匀速 $v = 10m/s$ 按顺时针方向追逐下一人，如果 4 人始终保持对准目标，则 4 人按螺旋状曲线行进并趋于中心点 O。试求出这种情况下每个人的行进轨迹。假设四个人的初始点坐标为 A（0，100）、B（100，100）、C（100，0）、D（0，0），利用计算模拟的方法，编程模拟四人的追逐曲线。

第十二章　现代优化算法

现代优化算法包括：禁忌搜索（tabu search）、模拟退火（simulated annealing）、遗传算法（genetic algorithm，GA）、蚁群算法（ant colony algorithms）、人工神经网络（artificial neural networks，ANNs）等

第一节　遗传算法

遗传算法是模拟达尔文的遗传选择和自然淘汰的生物进化过程的随机化搜索方法，由美国的 John Holland 教授 1975 年提出，发表在其开创性的著作"Adaptation in Natural and Artificial Systems"中。

一、基本步骤

遗传算法的实现包括参数编码、生成初始种群、适应度计算、遗传操作和终止条件。

[例 12-1]　求解。

$$\max 21.5 + x_1\sin(4\pi x_1) + x_2\sin(20\pi x_2)$$

$$s.t: -3 \leqslant x_1 \leqslant 12.1, 4.1 \leqslant x_2 \leqslant 5.8$$

使用 MATLAB 绘图，代码 c01.m 为

$x1 = -3:0.05:12.1$

$x2 = 4.1:0.01:5.8$

$[x,y] = \text{meshgrid}(x1,x2)$

$f = 21.5 + x.*\sin(4*\text{pi}*x) + y.*\sin(20*\text{pi}*y)$

$\text{surf}(x,y,f)$

shading interp

$\text{ezsurf}('21.5 + x.*\sin(4*\text{pi}*x) + y.*\sin(20*\text{pi}*y)', [-3,12.1], [4.1\ 5.8])$

MATLAB 图形显示见图 12-1。

1. 参数编码

参数的编码即把问题的可行解从其解空间的解数据表示成遗传算法所能处理的数据，即遗传空间的基因型串结构数据。这些串结构数据的不同组合便构成了不同的点"染色体（chromosome）"，称为遗传算法的编码（coding）问题。

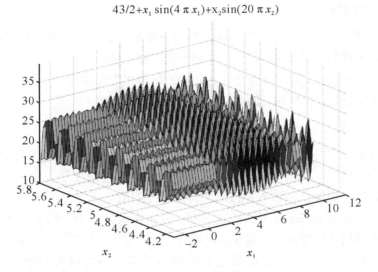

$$43/2 + x_1 \sin(4\pi x_1) + x_2\sin(20\pi x_2)$$

图 12-1　MATLAB 图形显示

编码问题是遗传算法的关键，交叉、变异等操作都受到编码方法的影响，因此编码问题极大地影响了遗传计算的效率。

最简单的编码方式是二进制编码。此外，编码的方式还有整数编码、实数编码、树编码等。

例如，变量 x 的区间是 $[a, b]$，要求的精度是小数点后 4 位，也就意味着每个变量应该被分成 $(b - a) \times 10^4 + 1$ 个部分。对一个变量的二进制串位数 m，用下面的公式计算：

$$2^{m-1} + 1 < (b - a) \times 10^4 + 1 \leqslant 2^m$$
$$m = \mathrm{ceil}(\log_2((b - a) \times 10^4 + 1))$$

$$u = \frac{x - a}{b - a} \times (2^m - 1)$$

在例 12-1 中，保留小数点后 4 位，x_1, x_2 可转化为

$$(12.1 - (-3)) \times 10000 = 151000$$
$$2^{17} < 151000 \leqslant 2^{18}, m_1 = 18$$
$$(5.8 - 4.1) \times 10000 = 17000$$
$$2^{14} < 17000 \leqslant 2^{15}, m_1 = 15$$

这样，一个染色体串是 33 位，如下例：

    000001010100101001　101111011111110

解码：从二进制串返回一个实际的值可用下面的公式来实现：

$$x = a + \mathrm{decimal}(\mathrm{substring}) \times \frac{b - a}{2^m - 1}$$

对此 33 位染色体串，解码可得

$$x_1 = -2.6880$$
$$x_2 = 5.3617$$

2. 生成初始群体

首先，在解的备选空间（初始串结构数据）中选择若干个体组成初始种群，通常产生初始种群采用的是随机法，可以利用计算机随机生成。

在例 12-1 中，可以用下面的代码生成规模为 10 的初始群体：

$$u = binornd(1,0.5,10,33)$$

3. 适应度计算

根据生物进化"适者生存"的原则，需要对每个个体适应环境的能力进行刻画，从而引入适应度函数（fitness）表明个体或解的优劣性。适应度是遗传算法在群体进化过程中用到的唯一的信息，它为字符串如何进行复制给出了定量的描述。适应度函数通过计算个体的适应值来比较个体的适应度。适应度函数分为无约束条件的适应度函数和有约束条件的适应度函数。对于不同的问题，适应性函数的定义方式也不同。

在［例 12-1］中，适应度就是把个体解码后带入目标函数中所计算出来的函数值。

$U1 = 000001010100101001101111011111110$

解码后：$x1 = -2.6880, x2 = 5.3617$

适应度：$y = 19.8051$

4. 遗传操作

（1）选择

种群中的个体在进行交叉之前，要进行选择（selection）。选择的目的是获得较优的个体作为父代，进行下一步的交叉。选择的依据是个体的适应度，适应度值高低决定了个体被选中的可能性：适应度高的个体可能被多次复制；而适应度低的个体可能一次也未被选中。选择实现了达尔文的适者生存原则。选择算子有时也叫"复制算子"。常用的选择方法是适应度比例法，也叫"轮盘赌法"，它的基本原则是按照个体的适应度大小比例进行选择。计算方法如下：

计算各染色体 U_k 的适应度：$eval(U_k) = f(x)$

计算群体的适应度值总和：$F = \sum_{k=1}^{pop\ size} eval(U_k)$

计算对应于每个染色体 U_k 的选择概率：$P_k = \dfrac{eval(U_k)}{F}$

计算每个染色体 U_k 的累计概率：$Q_k = \sum_{j=1}^{k} P_j$

在此基础上，通过多次计算机生成 ［0,1］ 区间上的随机数的方法进行选择。

（2）交叉

交叉（crossover）也称为"交配"，即将两个父代个体的编码串的部分基因进行交换，产生新的个体"后代（offspring）"，新个体组合了其父辈个体的特性。交叉操作是遗传算法中最主要的遗传操作，体现了信息交换的思想。对于二进制编码，具体实施交叉的方法有单点交叉、两点交叉、多点交叉、一致交叉等。对于实数编码，交叉的方法有离散重组、中间重组、线性重组等。

假设两个父辈染色体如下所示(节点随机选择在染色体串的第 18 位基因):

$U_1 = [10011011010010 1101 \quad 000000010111001]$

$U_2 = [00101101010000 1100 \quad 010110011001100]$

交叉后可以生成两个子辈染色体:

$U_1' = [10011011010010 1101 \quad 010110011001100]$

$U_2' = [00101101010000 1100 \quad 000000010111001]$

假设交叉概率为 25%,即在平均水平上有 25% 的染色体进行了交叉。交叉操作的过程如下:

开始
　　$k \leftarrow 0$
　　当 $k \leqslant 10$ 时继续
　　　　$r_k \leftarrow [0,1]$ 之间的随机数;
　　　　如果 $r_k < 0.25$,则
　　　　　　选择 U_k 为交叉的一个父辈
　　　　结束
　　　　$k \leftarrow k + 1$
　　结束
结束

(3)变异

变异(mutation)操作先在群体中随机选择一个个体,对于选中的个体以一定的概率随机地改变串结构数据中某个串的值,即对种群中的每一个个体,以某一概率改变某一个或某一些基因座上的值为其他的基因。同生物界一样,变异为新个体的产生提供了机会,但变异发生的概率很低, 通常取值为 0.001~0.01。

假设染色体 $U1$ 的第 18 位基因被选作变异,即如果该位基因是 1,则变异后就为 0。于是,染色体在变异后为

$U1 = [10011011010010110 \quad 1 \quad 000000010111001]$

$U1' = [10011011010010110 \quad 0 \quad 000000010111001]$

将变异概率设定为 P = 0.01。就是说,希望在平均水平上,种群内所有基因的 1% 要进行变异。

5. 终止条件

终止条件是指在什么情况下认为算法找到了最优解,从而可以终止算法。由于通常使用遗传算法解决具体问题时我们并不知道问题的最优解是什么,也不知道其最优解的目标函数值,因而需要通过算法终止,获得最优解。

二、MATLAB 编程求解

使用 MATLAB 编程实现遗传算法,主程序代码 ga1. m 为

```
clear,clc
tic
cszq
for i=1:2000
    u1=select(u);
    u2=jiaocha(u1);
    u3=bianyi(u2);
    u=u3;
end
u
for i=1:10
    [y(i),x1(i),x2(i)]=syd(u(i,:));
end
[jg,I]=max(y);
jg
x1(I)
x2(I)
toc
```

其中,常用的函数有 5 个。初始群体 MATLAB 函数代码 csqt.m 为

```
u=binornd(1,0.5,10,33);
```

选择 MATLAB 函数代码 select.m 为

```
function u1=select(u)
for i=1:10
    y(i)=syd(u(i,:));
end
F=sum(y);
P=y/F;
s=0;
for i=1:10
    s=s+P(i);
    Q(i)=s;
end
[m,I]=max(y);
u1(9,:)=u(I,:);
u1(10,:)=u(I,:);
r=rand(8,1);
for i=1:8
    if r(i)<Q(1)
```

```
            u1(i,:) = u(1,:);
        elseif    r(i)<Q(2)
            u1(i,:) = u(2,:);
        elseif    r(i)<Q(3)
            u1(i,:) = u(3,:);
        elseif    r(i)<Q(4)
            u1(i,:) = u(4,:);
        elseif r(i)<Q(5)
            u1(i,:) = u(5,:);
        elseif r(i)<Q(6)
            u1(i,:) = u(6,:);
        elseif r(i)<Q(7)
            u1(i,:) = u(7,:);
        elseif r(i)<Q(8)
            u1(i,:) = u(8,:);
        elseif r(i)<Q(9)
            u1(i,:) = u(9,:);
        else
            u1(i,:) = u(10,:);
        end
    end
```

交叉 MATLAB 函数代码 jiaocha.m 为

```
function u1 = jiaocha(u)
r = rand(10,1);
u1 = u;
k = 0;
for i = 1:10
    if r(i)<0.25
        k = k+1;
        a(k) = i;
    end
end
if k>=2
    i = 1;
    while i<=k-1
        m = unidrnd(32);
        x = u1(a(i),:);
        y = u1(a(i+1),:);
```

```
                    for j=m+1:33
                        u1(a(i),j)=y(1,j);
                        u1(a(i+1),j)=x(1,j);
                    end
                    i=i+2;
                end
        end
```

变异 MATLAB 函数代码 biany.m 为

```
function u1=bianyi(u)
u1=u;
r=rand(330);
for i=1:330
    if r(i)<=0.01
        a=ceil(i/33);
        if mod(i,33)~=0
            b=mod(i,33);
        else
            b=33;
        end
        u1(a,b)=~u1(a,b);
    end
end
```

适应度的计算 MATLAB 函数代码 syd..m 为

```
function [y,x1,x2]=syd(u)
a=0;
b=0;
for i=1:18
    a=a+u(i)*2^(18-i);
end
for i=19:33
    b=b+u(i)*2^(33-i);
end
x1=-3+a*15.1/(2^18-1);
x2=4.1+b*1.7/(2^15-1);
y=21.5+x1*sin(4*pi*x1)+x2*sin(20*pi*x2);
```

执行主程序 ga1. m 后,结果显示:

```
jg=38.45
ans=11.625
```

ans ＝5.325

Elapsed time is 1.708901 seconds.

即例 12－1 遗传算法编程计算的结果是最优点为（11.625,5.325），最优值为 38.45。

另：使用 lingo 全局最优解求解器得到的结果是最优点为（11.62554,5.725043），最优值为 38.85029。

三、MATLAB 遗传算法工具箱

遗传算法与直接搜索工具箱为 Genetic Algorithm and Direct SearchToolbox。
工具箱中遗传算法的主函数为

$[x, fval, reason, output, population, scores] =$

$$ga(@fitnessfcn, nvars, A, b, Aeq, beq, LB, UB, nonlcon, IntCon, options)$$

1. 输入参数

@fitnessfun：计算适应度函数的 M 文件的函数句柄；

nvars：   适应度函数中变量个数

$A, b, Aeq, beq, LB, UB, nonlcon$： 约束条件

options：   参数结构体,可缺省

2. 输出参数

x：   返回的最终点

fval：   适应度函数在 x 点的值

reason：   算法停止的原因

output：   算法每一代的性能

population： 最后种群

scores：   最后得分值

使用 MATLAB 遗传算法工具箱函数计算例 12-1,代码为

$f=@(x)21.5+x(1) * \sin(4 * pi * x(1))+x(2) * \sin(20 * pi * x(2))$

$[x, fv]=ga(f, 2, [\ ], [\ ], [\ ], [\ ], [-3 \ 4.1], [12.1 \ 5.8])$

运行结果如下：

$x = 11.876 \qquad 5.4751$

$fv = 4.1497$

结语：

遗传算法具有通用性、智能性、鲁棒性[①]、全局性和并行性的特点,函数数值优化是遗传算法最常应用的领域之一。

由实验结果可以看出，使用 Matlab 遗传算法工具箱求解函数优化问题，函数可以有效地收敛到全局最优点，并且具有收敛速度快和结果直观的特点。

―――――――――
① 鲁棒性亦称"健壮性""稳健性"和"强健性"，是系统的健壮性，它是在异常和危险情况下系统生存的关键，是指系统在一定（结构、大小）的参数摄动下，维持某些性能的特征。

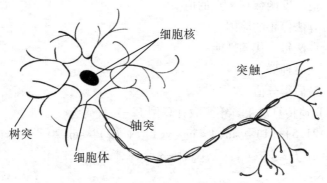

第二节　神经网络

人工神经网络也简称为"神经网络（neural networks，NNs）"或"连接模型（connection model）"，它是一种模仿动物神经网络行为特征进行分布式并行信息处理的算法数学模型。这种网络依靠系统的复杂程度，通过调整内部大量节点之间相互连接的关系，从而达到处理信息的目的。

一、神经网络简介

神经网络是一种模拟人脑生物过程的人工智能技术。

它主要模拟人脑的神经网络行为特征，从信息处理角度对人脑神经元网络进行抽象，由大量的同时也是很简单的处理单元（神经元）广泛互连形成的复杂的非线性系统。它不需要任何先验公式就能从已有数据中自动地归纳规则，获得这些数据的内在规律，具有很强的非线性映射能力，特别适合于因果关系复杂的非确性推理、判断、识别和分类等问题，以期能够实现人工智能的机器学习技术。

1. 生物神经网络

人脑中的神经网络是一个非常复杂的组织，成人的大脑中估计有 1 000 亿个神经元之多。生物神经网络见图 12-2。

图 12-2　生物神经网络

一个神经元通常具有多个树突，主要用来接受传入信息；而轴突只有一条，轴突尾端有许多轴突末梢可以给其他多个神经元传递信息。

2. 人工神经网络

人工神经网络（见图 12-3）是一种运算模型，包含输入、输出和计算功能。输入可以类比为神经元的树突，输出可以类比为神经元的轴突，计算则可以类比为细胞核。

人工神经网络系统由于具有信息的分布存储、并行处理和自学习能力等优点，已经在信息处理、智能控制、模式识别和系统建模等领域得到了越来越广泛的应用。尤其是 BP 神经网络，被广泛地应用于非线性建模、函数逼近和模式分类等方面。

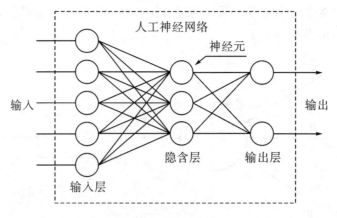

图 12-3　人工神经网络

3. MATLAB 神经网络工具箱

我们在利用神经网络解决实际问题时，必定会涉及大量的数值计算问题。为了解决数值计算与计算机仿真之间的矛盾，Mathworks 公司推出了一套高性能的数值计算和可视化软件包——Matlab 神经网络工具箱。

MATLAB 神经网络工具箱功能强大，此工具箱包含了 80 多个函数，涉及网络创建、网络应用、权、网络输入、传递、初始化、性能分析、学习、自适应、训练、分析、绘图、符号变换、拓扑等方面的函数。在 2021a 中，toolbox \ nnet 文件夹包含了 19 685 个文件、1 414 个文件夹，足见其功能之强大。

二、神经网络原理

1. 网络结构

神经网络是一种运算模型，其网络结构如图 12-3 所示。其中，连接是神经元中最重要的东西：由大量的节点（或称神经元）之间相互连接构成。

每个节点代表一种特定的输出函数，称为"激励函数（activation function）"。

每两个节点间的连接都代表一个对于通过该连接信号的加权值，称为"权重"，这相当于人工神经网络的记忆。

网络的输出则依网络的连接方式、权重值和激励函数的不同而不同。而网络自身通常都是对自然界某种算法或者函数的逼近，也可能是对一种逻辑策略的表达。

2. 神经元

$$y = f(w_1 x_1 + w_2 x_2 + \cdots + w_n x_n)$$

其中：

$x1 \sim xn$ 为 x 输入向量的各个分量。

$w1 \sim wn$ 为神经元各个突触的权值。

f 为传递函数（激励函数），通常为非线性函数。

y 为神经元输出。

人工神经网络模型主要考虑网络连接的拓扑结构、神经元的特征、学习规则等，人工神经元示意见图 12-4。

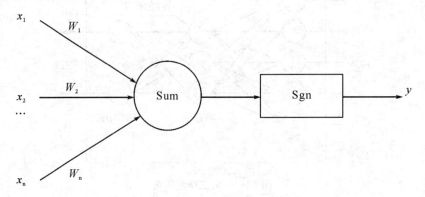

图 12-4　人工神经元示意

3. 训练

一个神经网络训练算法就是让权重的值调整到最佳，以使得整个网络的预测效果最好。其算法见图 12-5，即神经网络训练算法流程。

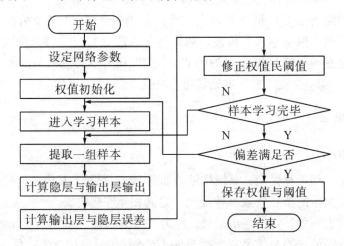

图 12-5　神经网络训练算法流程

4. BP 神经网络

人工神经网络无须事先确定输入输出之间映射关系的数学方程，仅通过自身的训练，学习某种规则，在给定输入值时得到最接近期望输出值的结果。作为一种智能信息处理系统，人工神经网络实现其功能的核心是算法。

BP（back propagation）神经网络是 1986 年由 Rumelhart 和 McClelland 为首的科学家提出的概念，是目前应用最广泛的神经网络。

BP 神经网络是一种按误差反向传播（简称"误差反传"）训练的多层前馈网络，其算法称为"BP 算法"。它的基本思想是梯度下降法，利用梯度搜索技术，以期使网络的实际输出值和期望输出值的误差均方差为最小。

BP 算法由数据流的前向计算（正向传播）和误差信号的反向传播两个过程构成。

正向传播：传播方向为输入层→隐层→输出层，每层神经元的状态只影响下一层神经元。对于输入信号，先向前传播到隐含层节点，经作用函数后，再把隐节点的输出信号传播到输出节点：

$$y = f(w_1 x_1 + w_2 x_2 + \cdots + w_n x_n)$$

激励通常选 S 型：

$$f(x) = \frac{1}{1 + e^{-x/Q}}，Q \text{ 为调整激励函数形式的 Sigmoid 参数。}$$

反向传播：若在输出层得不到期望的输出，则转向误差信号的反向传播流程。误差函数为

$$E = \sum_{m=1}^{p} E_m, E_m = \frac{1}{2} \sum_{i=1}^{N} (t^{(m)}(i) - a_L^{(m)}(i))^2$$

修正权值：

$$w_{ij} = w_{ij} - \mu \frac{\partial E}{\partial w_{ij}}$$

通过这两个过程的交替进行，在权向量空间执行误差函数梯度下降策略，动态迭代搜索一组权向量，使网络误差函数达到最小值，从而完成信息提取和记忆过程。

三、MATLAB 应用

[例 12-2] 已知输入变量 x 和输出变量 y 的一些对应关系（见表 12-1）。

表 12-1　对应关系

x	0	0.5	1	1.5	…	8.5	9	9.5	10
y	0.2	0.45238	0.57215	0.52909	…	0.093695	0.092388	0.04676	0.019668

请根据这些数据估计当 $x=4.7$ 以及 $x=5.8$ 时，y 的值。

说明：例 12-2 的数据由下面的函数产生：

$$y = 0.2e^{-0.2x} + 0.5e^{-0.15x}\sin(1.25x)$$

在 $[0,10]$ 区间上间隔为 0.5 的数据。

让神经网络进行学习，然后推广到 $[0,10]$ 上间隔为 0.1 上各点的函数值，并分别做出图形比较。

调用 MATLAB 神经网络工具箱函数功能如下：

（1）网络初始化函数：创建一个 BP 网络
创建前向网络：

net = feedforwardnet(hiddenSizes, trainFcn)

其中，hiddenSizes 表示隐藏层大小，缺省为 10，trainFcn 表示训练函数，默认'trainlm'。

（2）网络训练函数

net = train(net, X, Y)

其中：X 为 $n*M$ 矩阵，n 为输入变量的个数，M 为样本数，Y 为 $m*M$ 矩阵，m 为输出变量个数，net 为返回后的神经网络对象。

MATLAB 神经网络训练界面见图 12-6，包括神经网络、算法、训练进度、绘图等。

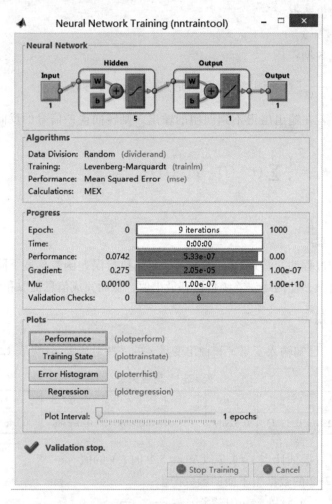

图 12-6　MATLAB 界面神经网络训练界面

（3）网络泛化函数

$$Y2 = \text{sim}(\text{net}, X1)$$

其中：$X1$ 为输入数据矩阵，各列为样本数据。$Y2$ 为对应输出值。

求解例 12-2，使用 MATLAB 编程计算，代码 cx1. m 为

```
clc,clear,clf
x=0:0.5:10
y=0.2*exp(-0.2*x)+0.5*exp(-0.15*x).*sin(1.25*x)
plot(x,y,'bo')
hold on
x0=0:0.01:10;
```

$y0 = 0. 2 * \exp(-0. 2 * x0) + 0. 5 * \exp(-0. 15 * x0). * \sin(1. 25 * x0);$

$\text{plot}(x0, y0)$

$\text{net} = \text{feedforwardnet}(5)$

$\text{net} = \text{train}(\text{net}, x, y)$

$\% \text{view}(\text{net})$

$x1 = 0:0. 1:10$

$z = \text{net}(x1)$

$\% \text{perf} = \text{perform}(\text{net}, z, y)$

$\text{plot}(x1, z, 'r * ')$

$y0 = \text{net}(x)$

$\text{sum}((y - y0).\hat{}2)/(\text{length}(y) - 1)$

MATLAB 图形显示见图 12-7。

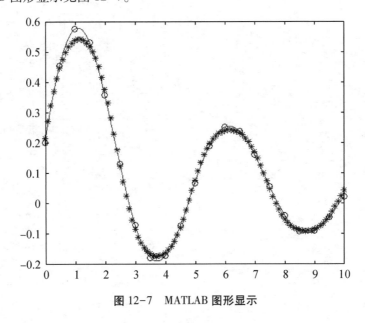

图 12-7　MATLAB 图形显示

从图 12-7 可以看出，计算结果与实际数据拟合程度较好。

结语：

今天的世界早已布满了人工神经网络，如搜索引擎、股票价格预测、机器学习围棋、家庭助手等，从金融到仿生，样样都能运用人工神经网络。

习题十二

蠓虫分类(MCM89A)问题可概括叙述为生物学家试图对两种蠓虫(Af 与 Apf)进行鉴别，依据的资料是触角和翅膀的长度，已经测得了 9 只 Af 和 6 只 Apf 的数据，即

Af：(1.24, 1.72), (1.36, 1.74), (1.38, 1.64), (1.38, 1.82), (1.38, 1.90), (1.40, 1.70), (1.48, 1.82), (1.54, 1.82), (1.56, 2.08).

Apf：(1.14,1.82)，(1.18,1.96)，(1.20,1.86)，(1.26,2.00)，(1.28,2.00)，(1.30, 1.96).

现在的问题是：

(1)根据如上资料，如何制定一种方法，正确地区分两类蠓虫。

(2)对触角和翼长分别为(1.24,1.80)、(1.28,1.84)和(1.40,2.04)三个标本，用所得到的方法加以识别。

第十三章　体育模型

随着经济社会的飞速发展，数学工具尤其是数学模型在许多领域的运用飞速发展，一些传统上与"数学"关系不大的领域也逐渐进入数量化和精确化时代。本章介绍体育中的一些数学模型。

第一节　围棋中的两个问题

一、问题

围棋起源于中国，是一种策略性两人棋类游戏。

围棋棋子分黑白两色，棋盘由纵横的各 19 条平行线组成，交叉点为落子点，对局双方各执一色棋子，黑先白后，交替下子，每次只能下一子。

棋子的气：一个棋子在棋盘上，与它直线紧邻的空点是这个棋子的"气"。棋子直线紧邻的点上，如果有同色棋子存在，则它们便相互连接成一个不可分割的整体。它们的气也应一并计算。棋子直线紧邻的点上，如果有异色棋子存在，这口气就不复存在。如所有的气均为对方所占据，便呈无气状态。无气状态的棋子不能在棋盘上存在，也就是——提子。

提子：把无气之子提出盘外的手段叫"提子"。提子有两种：一是下子后，对方棋子无气，应立即提取。二是下子后，双方棋子都呈无气状态，应立即提取对方无气之子。拔掉对手一颗棋子之后，就是禁着点（也叫禁入点）。棋盘上的任何一子，如某方下子后，该子立即呈无气状态，同时又不能提取对方的棋子，这个点叫作"禁着点"，禁止被提方下子。

最后，在无一方中盘认输的情况下，黑棋和白棋比较，占位多者为胜。因为黑方先行存在一定的优势，所以所有规则都采用了贴目制度。中国大陆采用数子规则，中国台湾地区采用应氏计点规则，日本、韩国采用数目规则。

事实上，在历史上围棋的规则经历了数次变化，如在两千多年前的棋盘才有 11 道，现代出土文物中还有一些是较罕见的 15×15、17×17 路棋盘。

这些引起我们许多思考：

（1）棋盘每边设计多少路才是最佳的？

（2）先手贴后手多少目才是最合理的？

二、棋盘路数

1. 围棋的死活

活棋和死棋是指终局时，经双方确认，没有两只真眼的棋且不在双活状态下的，都是死棋，应被提取；而终局时，经双方确认，有两只真眼或两只真眼以上都是活棋，不能提取。所谓的真眼就是都有子连着，且对方下子不能威胁到自己。

比如，图 11-1 中的一块白棋就是活棋。

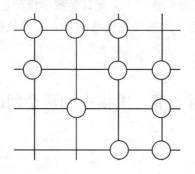

图 11-1　活棋示例

上述一块白棋虽然是活棋，但落子效率较低而不美观，被称为"愚型"。那么如何提高落子效率呢？这就要先考虑哪一线棋子的成活速度最快，更确切地说是用最少的点来走成活棋。

围棋棋盘是由纵横交错的线组成的方形交叉点域，我们把四条边界称为"一线"，与边界相邻的四条线称为"二线"。这样，依次根据与边界的距离，而称各线为"三线""四线"。

一棋块虽不是活型棋块，但当对方进攻此棋块时，总可以通过正确应对而最终成为活棋，则此棋块称为"准活型棋块"。

准活型棋块的概念显然有其实际意义。事实上，对弈开局时棋手们只是把棋走成大致的活型，而并非耗费子力去把棋块走成真正的成活型。

二线、三线、四线棋子最快准活型见图 11-2。

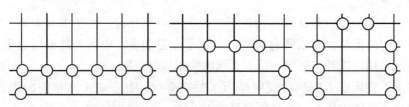

图 11-2　最快准活型模块示例

2. 模型分析

令：n_i、m_i 表示第 i 线形成准活型棋块所用的最少子数、此块棋子所占目数，则

$$n_2 = 8, n_3 = 7, n_4 = 8$$
$$m_2 = 4, m_3 = 6, m_4 = 6$$

定义:目效率=棋子数/所占目数:

$$E = \frac{m}{n}$$

则边线做活的目效率为

$$E_2 = \frac{1}{2}, E_3 = \frac{6}{7}, E_4 = \frac{2}{3}$$

目效率表示单位棋子所占的目数,即表示此棋块平均占有目数的能力,表示用目效率来表示一块成活型棋块的效率。

边线做活的目效率最大值为 E_3。因此,从控制边的能力来说,三线具有最快成活的特点,从而成为围棋盘上最重要的一线。

棋类对决,有攻有守,攻守之间有一种平衡,而且随时可以转换。因此,先手一方即使先进行攻击也未必得胜。围棋之所以可以"公平"对弈,说明先下的一方占的便宜不会太大。

围棋中对抗的两种力量抗争的最终目的是多占地盘。从做活和占地两个角度来看,边部因空间受阻而易受攻击,但可利用边部成目快的特点迅速做活,有根据地后再图发展,中腹则由于四方皆可发展,不容易受到攻击,做活便退居其次,而先去抢占空间。由此可见,边部和中腹将成为围棋中的两种对抗的势力。两种势力所具有的价值应该相同,这样两者才能够真正地抗衡。

3. 模型的建立与求解

由于三线控制边部的优势,控制中腹的重任无疑落到了紧邻的四线上。问题转化为怎样设计方形棋盘(每边选取多少道),才能使三线围成的边部与四线围成的中腹具有相同的地位或最小的差异?

决策变量:棋盘每边有 x 道。

三线边部最少落子数为 $n = 4(x-5)$,所占目数 $m = 8(x-2)$,于是目效率为

$$E_3 = \frac{2(x-2)}{(x-5)}$$

四线中腹最少落子数为 $n = 4(x-7)$,所占目数 $m = (x-8)^2$,于是目效率为

$$E_4 = \frac{(x-8)^2}{4(x-7)}$$

目标:$\min E(x) = |E_4 - E_3|$

$$= \left| \frac{(x-8)^2}{4x-28} - \frac{2(x-2)}{(x-5)} \right|$$

$$= \left| \frac{1}{4} \frac{x^3 - 29x^2 + 216x - 432}{(x-5)(x-7)} \right|$$

利用 MATLAB 的绘图功能绘制函数图形,代码为 c01. m。结果如下:

为了实用的需要,围棋棋盘不宜太大或太小,取 $10 \le x \le 25$。从图 11-3 中可以看

出，当 $10 \leqslant x \leqslant 25$ 时，函数有唯一极小点，由于 x 取整数解，所以有

$$x_{\min} = 19, E_{\min}(x) = 0.0923$$

即围棋棋盘最佳道数选择是 19 道。

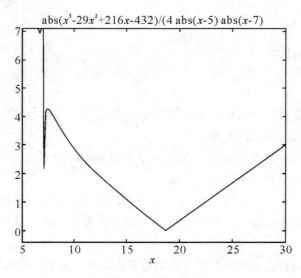

图 11-3　围棋模型函数

三、贴目规则

从上面的结果来看，虽然 19 道的设置是最佳的，然而由于 $E_{\min}(x) = 0.092\,3$，并且 $E_4 - E_3 = 0.092 > 0$，说明对三线边部的棋手仍然是不公平的。于是，围棋规则中又存在一条规则，即贴目。

假设：对三线边部的棋手贴目 y。

则：$E(19) = | E_4 - E_3 |$

$$= \left| \frac{(x-8)^2}{4x-28} - \frac{8(x-2)+y}{4(x-5)} \right| = \left| \frac{121}{48} - \frac{136+y}{56} \right|$$

令 $E(19) = 0$，则有

$$y \approx 5.2$$

即先手需在终局时贴出 5.2 目。

2001 年年底以前，中国贴 2 又 3/4 子，日本贴 5 目半。与我们的计算结果完全一致。

然而近年来随着对布局研究的深入，此规则对执黑先行者仍然有利。截至 2001 年年底，在日本棋院近 5 年来进行的 1.5 万盘正式公开棋赛对局中，（黑贴 5 目半的情况下）黑棋胜率达到了 51.86%。执黑执白的胜率之差尽管不到 4%，但在争夺激烈的围棋世界中，这样的差距足以致命。

在国际棋赛中实力明显占优的韩国率先在大多数棋赛中改用 6 目半制。中国也从 2002 年春天起全部改贴 3 又 3/4 子（相当于 7 目半）。日本棋院对于实行了 50 年的黑棋贴 5 目半的制度也进行了改革，将部分比赛向中韩靠拢，实行 6 目半。日本围棋

2003 年开始全部采用黑棋贴 6 目半规则。

截至 2014 年年底，中国大陆主办的贴 3 又 3/4 子（相当于 7 目半）的世界大赛共有 380 盘对局，其中黑胜 200 局，胜率为 52.6%（前三届春兰杯相当于贴 5 目半，未计入）。而中国台湾地区举办的应氏杯（贴 8 点，也相当于 7 目半）则是黑胜 100 局，白胜 97 局。由此可见，即便是贴 7 目半，黑方似乎还是略占优势。

第二节　循环比赛的名次

一、问题

若干支球队参加单循环比赛，各队两两交锋，假设每场比赛只计胜负，不计比分，且不允许平局。问题：如何根据他们的比赛结果排列名次呢？

表述比赛结果的办法有很多，较直观的一种是用图的顶点表示球队，而用连接两个顶点、以箭头标明方向的边表示两支球队的比赛结果。

[**例** 11-1]　有 6 支球队进行比赛，比赛结果如图 11-4 所示。

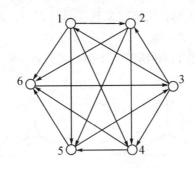

图 11-4　6 支球队比赛结果

图中有向线段表示两支球队的比赛结果，如 1 队战胜了 2 队、4 队、5 队、6 队。

试给 6 支球队按比赛结果排序。

二、模型建立与求解

1. 模型分析

（1）若比赛的胜负可以传递得到，是否可以排出名次？

例 11-1 中，3 队胜 1 队，1 队胜 2 队，即有一条通过所有点的通路 3—1—2—4—5—6。然而，还有其他路径 1—4—5—6—3—1—2 等。因此，用这种方法显然不能决定谁是冠亚军的问题。

（2）计分法

排名次的常用办法是计分法。球队获胜的 1 场记 1 分；否则不计分。

例 11-1 中，1 队胜 4 场，2 队、3 队各胜 3 场，4 队、5 队各胜 2 场，6 队胜 1 场。由此虽可决定 1 队为冠军，但 2 队、3 队之间与 4 队、5 队之间无法决出高低。如果只因为有通路 3—2、4—5，就将 3 队排在 2 队之前、4 队排在 5 队之前，则未考虑它们与其他队的比赛结果，是不恰当的。

于是我们寻找其他的方法来确定比赛名次。

2. 性质

只计胜负、没有平局的循环比赛的结果可用有向图表示，这个有向图称为"比赛图"，问题归结为如何由比赛图排出顶点的名次。

2 个顶点的比赛图排名次不成问题。

3 个顶点的比赛图只有两种形式（不考虑顶点的标号），见图 11-5。

图 11-5　3 个顶点的比赛图的两种形式

图 11-5（1）中，3 个队的名次排序显然应是 {2，1，3}；对于图 11-5（2），则 3 个队名次相同，因为它们各胜一场。

4 个顶点的比赛图共有图 11-6 所示的 4 种形式。

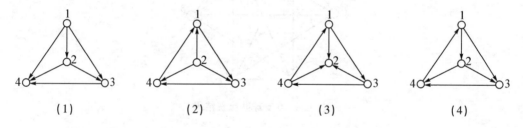

图 11-6　4 个顶点的比赛图的两种形式

图 11-6（1）有唯一的通过全部顶点的有向路径 1—2—3—4，这种路径称为"完全路径"，4 个队得分为 (3,2,1,0)，名次排序无疑应为 {1,2,3,4}。

图 11-6（2）点 2 显然应排在第 1 位，其余 3 点如图 11-5（2）所示形式，名次相同，4 个队得分为 (1,3,1,1)，名次排序记作 {2,(1,3,4)}。

图 11-6（3）点 2 排在最后，其余 3 点名次相同，得分为 (2,0,2,2)，名次排序记作 {(1,3,4),2}。

图 11-6（4）有不只一条完全路径，如 1—2—3—4、3—4—1—2 无法排名次，得分为 (2,2,1,1)、如果得分只能排名为 {(1,2),(3,4)}，将 1—2、3—4 简单地排名为 {1,2,3,4} 是不合适的，这种情形是我们研究的重点。

注意：图 11-6（4）具有（1）（2）（3）所没有的性质：对于任何一对顶点，存在两条有向路径（每条路径由一条或几条边组成），使两顶点可以相互连通，这种有向图称为"双向连通"。

5 个顶点以上的比赛图虽然更加复杂，但基本类型仍如图 11-6 所给出的 3 种：第 1 种类型，即有唯一完全路径的比赛图，如(1)；第 2 种类型，即双向连通比赛图，如(4)；第 3 种类型，即不属于以上类型，如(2)(3)。

于是，我们得到 n 个顶点的比赛图具有以下性质：

(1)比赛图必存在完全路径(可用归纳法证明)。

(2)若存在唯一的完全路径，则由完全路径确定的顶点的顺序，与按得分多少排列的顺序相一致。这里一个顶点的得分是指由它按箭头方向引出的边的数目。

显然，性质(2)给出了第 1 种类型比赛图的排名次方法，第 3 种类型比赛图无法全部排名。下面只讨论第 2 种类型。

3. 双向连通比赛图的名次排序

3 个顶点的双向连通比赛图，如图 11-5(2)，名次排序相同。以下讨论 n (≥ 4)个顶点的双向连通比赛图。

使用图论中邻接矩阵的概念，图 11-6(4)的邻接矩阵为

$$A = \begin{pmatrix} 0 & 1 & 1 & 0 \\ 0 & 0 & 1 & 1 \\ 0 & 0 & 0 & 1 \\ 1 & 0 & 0 & 0 \end{pmatrix}$$

令：顶点的得分向量为

$$s = (s_1, s_2, \ldots, s_n)^T$$

其中，s_i 为点 i 的得分，则有

$$s = AI$$

其中：$I = (1,1,\ldots,1)^T$ 为 1 向量，于是对于图 11-6(4)：$s = (2,2,1,1)^T$。

记：$s^{(1)} = s$ ，称为"1 级得分向量"，即 4 支比赛队的基础得分。

令：$s^{(2)} = As^{(1)}$ ，称为"2 级得分向量"，代表各顶点(比赛队)战胜的其他球队的(1 级)得分之和。与 1 级得分相比，2 级得分也有理由作为排名次的依据。

以此类推，$s^{(k)} = As^{(k-1)}$ ，代表 k 级得分向量。

对于图 11-6(4)计算得到

$$s^{(1)} = (2,2,1,1)^T$$
$$s^{(2)} = (3,2,1,2)^T$$
$$s^{(3)} = (3,3,2,3)^T$$
$$s^{(4)} = (5,5,3,3)^T$$
$$s^{(5)} = (8,6,3,5)^T$$
$$s^{(6)} = (9,8,5,8)^T$$
...

k 越大，用 s 作为排名次的依据越合理，如果 $k \to \infty$ 时，s(归一化)收敛于某个极限得分向量，那么就可以用这个向量作为排名次的依据。

定理(Perron-Frobenius 定理) 存在正整数 r ，使得邻接矩阵 A 满足 $A^r > 0$ ，这样

的 A 称为"素阵"。素阵 A 的最大特征根为正单根 λ，λ 对应正特征向量 s，且有

$$s = \lim_{k \to \infty} \frac{A^k I}{\lambda^k}$$

与 $s^{(k)} = As^{(k-1)}$ 比较，k 级得分向量 $s^{(k)}$，当 $k \to \infty$ 时（归一化）将趋向 A 的对应于最大特征根的特征向量 s。

最终得到比赛图的排名方法：

$$s^{(k)} = As^{(k-1)} \text{ 或 } s = \lim_{k \to \infty} \frac{A^k I}{\lambda^k}$$

图 11-6(4)邻接矩阵 A 的最大特征值及对应特征向量为

$\lambda = 1.3953$，$s = (0.3213 \quad 0.2833 \quad 0.1650 \quad 0.2303)$

从而确定名次排列为 $\{1,2,4,3\}$。

由此可以看出，虽然 3 胜了 4，但由于 4 战胜了最强大的 1，所以 4 排名在 3 之前。

三、模型应用

解 例 11-1 6 支球队进行比赛。邻接矩阵为

$$A = \begin{pmatrix} 0 & 1 & 0 & 1 & 1 & 1 \\ 0 & 0 & 0 & 1 & 1 & 1 \\ 1 & 1 & 0 & 1 & 0 & 0 \\ 0 & 0 & 0 & 0 & 1 & 1 \\ 0 & 0 & 1 & 0 & 0 & 1 \\ 0 & 0 & 1 & 0 & 0 & 0 \end{pmatrix}$$

使用 MATLAB 计算，代码 c02.m。结果如下：

$s = (0.2379 \quad 0.1643 \quad 0.2310 \quad 0.1135 \quad 0.1498 \quad 0.1035)$

排出名次为 $\{1,3,2,5,4,6\}$。

第三节　运动对膝关节的影响

一、问题

膝关节由股骨踝、胫骨平台、腓骨、髌骨、韧带、半月板、关节软骨、肌肉等共同组成，其运动是很复杂的。

在体重负荷下，胫股关节接触力随屈膝角度增大而增加。有资料显示，人体屈膝 30°，膝关节承受压力和体重相等；屈膝 60°，膝关节压力为体重的 4 倍；屈膝 90°，膝关节所承受的压力是体重的 6 倍。

事实上，膝关节所承受的压力不仅与屈膝角度有关，也与身体各部位（躯干、小腿等）的倾斜度有关。试建立数学模型，分析在体重负荷、静止、双脚支撑状况下，胫股关节接触力与屈膝角度、身体各部位倾斜度的关系，确定最大胫股关节接触力及

对应的屈膝角度、小腿等的倾斜度，并说明上段说法是否正确（可在一定误差下）。

二、模型的建立与求解

1. 受力分析

膝关节由股骨踝、胫骨平台、腓骨、髌骨、韧带、半月板、关节软骨、肌肉等共同组成。其构造如图 11-7 所示。

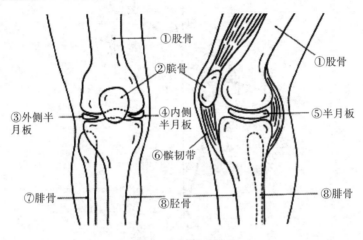

图 11-7　膝关节构造

人体各部位的受力是相当复杂的，围绕膝关节我们将其简化成 4 部分：上肢、股骨、髌骨、胫骨。其受力情况可简化成图 11-8 的形式。

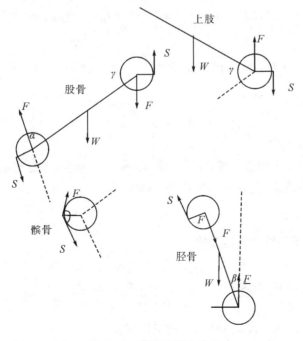

图 11-8　膝关节受力分析

从图 11-8 可以看出，为了得到膝关节承受压力 F，我们可以股骨为刚体进行讨论。

2. 模型建立

我们以"股骨"为研究对象，以交叉韧带(髌骨位置)为支点，其力学结构如图 11-9 所示。

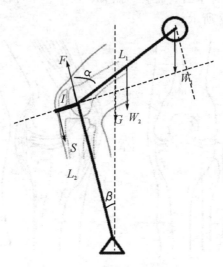

图 11-9　膝关节受力的力学结构

建立力矩平衡方程如下：

考虑：w_1 为上肢作用股骨的合力，大小为上肢体重。

$$F \times r = (w_2 \times (r + 0.5L_1\sin(\alpha)) + w_1 \times (r + L_1\sin(\alpha)))\cos(\beta)$$

得

$$F = (w_2 \times (r + 0.5L_1\sin(\alpha)) + w_1 \times (r + L_1\sin(\alpha)))\cos(\beta) \times \frac{1}{r}$$

满足正弦定理：

$$\frac{kL_1}{\sin(\beta)} = \frac{L_2}{\sin(\alpha - \beta)}，一般：k = \frac{1}{3}, \cdots, 1$$

其中：L_1、L_2、w、w_1、w_2 为股骨长度、胫骨长度、体重、上肢重量、大腿重量，F、r 为膝盖支撑力、髌韧带到膝盖支点距离，α、β 为股骨、胫骨倾斜角。

3. 模型求解

通过查找相关资料可得人体参数：

$L_1 = 0.232h, L_2 = 0.247h$

$r0 = 3.258 \pm 0.484, r0 < r$

$r : L_1 \approx 1 : 7 \sim 12$

使用 MATLAB 计算，代码 c03.m。结果如下：

$L1 = 0.232; L2 = 0.247; w2 = 0.1406; w1 = 1/2 - w2 - 0.0426; r = L1/8;$

```
s = [ ];
for alpha = (0:1:130)/180 * pi
    F0 = 100000000000; F1 = 0;
    for k = 0:0. 1:1
        gap0 = 1000000000; beta0 = 0;
        for beta = (0:0. 1:160)/180 * pi
            gap = abs( k * L1 * sin( alpha-beta) -L2 * sin( beta) );
            if gap0>gap
                gap0 = gap;
                beta0 = beta;
            end
        end
F = ( w2 * ( r+0. 5 * L1 * sin( alpha) ) +w1 * ( r+L1 * sin( alpha) ) ) * cos( beta0)/r;
        if F0>F
            F0 = F;
            k0 = k;
            beta00 = beta0;
        end
        if F1<F
            F1 = F;
            k1 = k;
            beta01 = beta0;
        end
    end
    s = [ s [ F0; alpha * 180/pi; beta00 * 180/pi; k0; 0; F1; k1; beta01 * 180/pi] ];
end
s
```

运行最终结果如下:

ans =

30. 0000	60. 0000	90. 0000
14. 5000	29. 0000	43. 2000
1. 0000	1. 0000	1. 0000
1. 9419	2. 7457	2. 5909
2. 0058	3. 1393	3. 5542
0	0	0
0	0	0

即当股骨倾斜90°、胫骨倾斜角43°时，左右每个膝盖承受压力最大，最大承受压

力为体重的 3.554 2 倍。此外，人体屈膝 30°和 60°时，膝关节承受压力为体重的 2.005 8 倍和 3.139 3 倍。

三、模型应用

上述模型是基于静力运动基础建立的膝关节生物力学模型。在此基础上，我们对膝关节屈曲动作的运动、接触等力学行为进行模型分析，可以获得胫骨关节、髌骨关节等接触面受力大小的变化规律及峰值大小等结果。进而，我们研究膝关节在篮球、羽毛球、跑步、登山等运动中屈曲活动的运动和应力等的动态特征，对膝关节屈曲动作的运动、接触等力学行为进行评估，为寻找适合我国国情、安全可靠的运动方法及组织实施形式提供理论依据。

习题十一

1. 爬楼梯属于负重运动，上下台阶时下肢各关节的运动幅度、关节负荷和肌肉活动等均与在平地上静止、行走有差异，膝关节起主要承重和缓冲作用。

有资料显示，正常人在爬楼梯时膝关节承受的压力会在瞬间增加 3 倍。例如，一位体重为 70 千克的人在爬楼梯时其两侧膝关节所承受的压力则高达 280 千克。同时，爬楼梯速度越快，膝关节承受的压力就越大。

考察台阶：长 90 厘米、宽 28 厘米、高 18 厘米。测试者：170 厘米、70 千克。速度：96 步/分钟。试建立数学模型，分析上下台阶时，胫股关节接触力与上下楼梯时腿部动作、速度等的关系。分析上下楼梯是否有差异，上下楼梯最大膝关节压力各是多少，平均膝关节压力各是多少？并说明上段说法是否正确。

2. 请选取步行（如快步走）、武术（如太极拳）、球类（如篮球）、田径（如跳远）等一个或多个运动项目，对运动对膝关节的影响进行讨论。

第十四章 其他模型

本章介绍几个特殊模型的建立和求解。通过这几个特殊模型，我们来体会数学建模从实际问题到数学模型，再到模型求解及应用的全过程。

第一节 层次分析法

一、问题的提出

1. 多方案选择问题

你会不会有这种感觉：到吃饭时间却不知吃什么，想出去玩却不知去哪里？

人们在日常工作、学习、生活中常常碰到多种方案进行选择的决策问题。比如，选择吃什么，中餐、西餐还是火锅？购买哪件商品，李宁还是鸿星尔克？到哪里去玩，九寨沟、拉萨还是巴厘岛？当然这些选择都不会产生严重后果，不必作为决策问题认真对待。然而有些选择就需要重视，如学生每学期的选课、科研课题的选择等。有些选择甚至意义深远，如高考填报志愿、毕业生工作选择等。

人们在处理上面这些决策问题的时候要考虑的因素有多有少、有大有小，但是一个共同的特点是它们通常都涉及经济、社会、人文等方面的因素。在做比较、判断、评价、决策时，这些因素的重要性、影响力或者优先程度往往难以量化，人的主观选择会起着决定性作用，这就给用一般的数学方法解决问题带来了困难。

我们以一个相对比较轻松的选择为例。

【例 12-1】 旅游地选择。节假日有三个备选旅游点的资料。

$P1$：景色优美，但游客较多，住宿条件较差、费用高。

$P2$：交通方便、住宿条件好、价钱不贵，但景色一般。

$P3$：景色不错，住宿、花费都令人满意，但交通不方便。

选择哪一个方案？

2. 层次分析法

层次分析法是定性与定量相结合的、系统化、层次化的分析方法，为上述问题的决策和排序提供一种新的、简洁而实用的建模方法。

层次分析法（analytic hierarchy process, AHP）是将与决策有关的元素分解成目标、准则、方案等层次，并在此基础之上进行定性和定量分析的决策方法。该方法是美国运筹学家、匹茨堡大学教授萨蒂（Saaty）于 20 世纪 70 年代初，在为美国国防部研究"根据各个工业部门对国家福利的贡献大小而进行电力分配"课题时，应用网络系统理论和多目标综合评价方法提出的一种层次权重决策分析方法。

层次分析法把研究对象作为一个系统，按照分解、比较判断、综合的思维方式进行决策，成为继机理分析、统计分析之后发展起来的系统分析的重要工具。

二、层次分析法的基本原理与步骤

运用层次分析法建模，大体上可按下面四个步骤进行：

（1）建立层次结构；

（2）构造判断矩阵；

（3）计算权向量并进行一致性检验；

（4）计算组合权向量并进行组合一致性检验。

1. 建立层次结构

应用 AHP 分析决策问题时，我们要先把问题条理化、层次化，构造出一个有层次的结构模型。在这个模型下，复杂问题被分解为元素的组成部分。这些元素又按其属性及关系形成若干层次。上一层次的元素作为准则对下一层次有关元素起支配作用。这些层次可以分为三类：

（1）目标层：这一层次处在最高层，只有一个元素，一般它是分析问题的预定目标或理想结果。

（2）准则层：这一层次处在中间层，包含了为实现目标所涉及的中间环节。它可以由若干个层次组成，包括所需考虑的准则、子准则，因此也称为"准则层"。

（3）方案层：这一层次处在最低层，包括为实现目标可供选择的各种措施、决策方案等。

递阶层次结构中的层次数与问题的复杂程度及需要分析的详尽程度有关，一般的层次数不受限制。每一层次中各元素所支配的元素一般不要超过 9 个，这是因为支配的元素过多会给两两比较判断带来困难。

例 12-1 的旅游地选择问题中，根据诸如景色、费用、居住、饮食和旅途条件等一些准则去反复比较 3 个候选地点。我们可以建立如图 12-1 所示的层次结构模型。

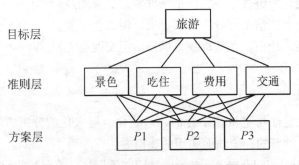

图 12-1　层次结构模型

2. 构造判断矩阵

涉及社会、经济、人文等因素的决策问题的主要困难在于，这些因素通常不易定量地量测，人们凭自己的经验和知识进行判断，当因素较多时给出的结果往往是不全面和不准确的，如果只是定性的结果，不易被别人接受。

萨蒂的做法在于：一是不把所有因素放在一起比较，而是两两相互对比；二是对比时采用相对尺度，以尽可能地减少性质不同的诸因素相互比较的困难，提高准确度。

（1）两两对比矩阵

假设要比较某一层 n 个因子对上层一个因素 O 的影响，则每次取两个因子 x_i 和 x_j，以 a_{ij} 表示 x_i 和 x_j 对 O 的影响大小之比。全部比较结果用矩阵表示为

$$A = (a_{ij})_n，a_{ij} > 0,a_{ji} = \frac{1}{a_{ij}}$$

矩阵 A 称为"两两比较矩阵"，又称为"正互反矩阵"。

（2）比较尺度

在估计事物的区别时，人们常用五种判断表示，即相等、较强、强、很强、绝对强。当需要更高精度时，人们还可以在相邻判断之间做出比较，这样，总共有九个等级。

心理学家认为，人们同时在比较若干个对象时，能够区别差异的心理学极限为 7 ± 2 个对象，这样它们之间的差异正好可以用 9 个数字表示出来。萨蒂还将 1~9 标度方法同另外一种 26 标度方法进行过比较，结果表明 1~9 标度是可行的，并且能够将思维判断数量化。

将 1~9 标度的含义进行描述，即：

$a_{ij}=1$（相同）、3（稍强）、5（强）、7（明显强）、9（绝对强）

2、4、6、8 是上述相邻等级中间值，且 $a_{ji} = \frac{1}{a_{ij}}$。

例 12-1 的旅游地选择问题中，使用成对比较法构建两两比较矩阵如下：

$$A = \begin{pmatrix} 1 & 3 & 2 & 5 \\ 1/3 & 1 & 3 & 2 \\ 1/2 & 1/3 & 1 & 1 \\ 1/5 & 1/2 & 1 & 1 \end{pmatrix}$$

矩阵中，$a_{12} = 3$ 代表在准则比较方面，x1 比 x2 稍强，等等。

另外，$a_{12} = 3$，$a_{24} = 2$，也可以表示成 x1：x2=3，x2：x4=2，于是可推得 x1：x4=6，但是 $a_{14} = 5$，说明什么？

人的大脑判断不可能在多重判断中完全精确，这种现象我们称为不一致性，即 $a_{ij}a_{jk} \neq a_{ik}$。但我们希望差异不要太大，即 $a_{ij}a_{jk} \approx a_{ik}$。也就是说，需要订立一个标准来判断是否能够接受，这个标准称为"一致性指标"，判断过程称为"一致性检验"。

3. 计算权重向量并进行一致性检验

（1）计算权重向量

我们希望进行两两比较得到矩阵 A 的 n 个因子的重要性能统一表达，有效的表达方式就是重要性权重向量，令其为 $w = (w_1, \cdots, w_n)^T$，则两两比较矩阵理论上就为

$$B = \begin{pmatrix} 1 & \dfrac{w_1}{w_2} & \cdots & \dfrac{w_1}{w_n} \\ \dfrac{w_2}{w_1} & 1 & \cdots & \dfrac{w_2}{w_n} \\ \cdots & \cdots & \cdots & \cdots \\ \dfrac{w_n}{w_1} & \dfrac{w_n}{w_2} & \cdots & 1 \end{pmatrix}$$

其中：主对角线元素亦可表示成 $b_{ii} = \dfrac{w_i}{w_i}$。

B 矩阵的特点：

$r(B) = 1$，

$\lambda = n, 0, \ldots, 0$，

$Bw = \lambda w$

即 w 为矩阵 B 最大特征值对应的特征向量。

因为两两比较矩阵 A 与理论值 B 差别不大，所以重要性权重向量 w 的求解方法为两两比较矩阵 A 最大特征值 $\lambda_{\max}$ 对应的特征向量，并归一化。

（2）一致性检验

两两比较矩阵 A 与理论值 B 相同，即满足

$a_{ij}a_{jk} = a_{ik}$，$\forall i, j, k = 1, 2, \cdots, n$

称矩阵 A 为"一致性矩阵"。

然而，人工的判断几乎不可能达到完全一致，即 $A = B + \varepsilon$，ε 为误差矩阵。于是有

$Aw = \lambda_{\max} w$

$\quad = (B + \varepsilon)w = nw + \varepsilon w$

$\therefore \ \varepsilon w = (\lambda_{\max} - n)w$

所以，$\lambda_{\max} - n$ 可以反映两两比较矩阵 A 与理论值 B 的偏差大小。去掉自由度 $n - 1$，于是，定义计算一致性指标：

$$CI = \frac{\lambda_{\max} - n}{n - 1}$$

为了确定 A 的不一致程度的容许范围，我们需要找出衡量 A 的一致性指标的标准。萨蒂引入随机一致性指标 RI 来与 CI 进行比较。

定义：随机一致性指标 RI，为多个正互反矩阵计算 CI 的平均值。这个值趋于一个固定值。

RI 的计算过程是：对于固定的 n，随机地构造正互反阵 A'，然后计算 A' 的一致性

指标 CI。对于不同的 n，萨蒂用 $100\sim500$ 个样本 A' 计算，而后用它们的 CI 的平均值作为随机一致性指标，数值见表 12-1。

表 12-1　随机一致性指标 RI 值

n	3	4	5	6	7	8	9
RI	0.58	0.90	1.12	1.24	1.32	1.41	1.45

对于任意构造的正互反矩阵 A'，A' 一般都是不一致的，而且有许多应是非常不一致的，计算出的 CI 相当大，由这些较大的 CI 计算平均值得到的 RI 与可接受的 CI 比较仍应有差距。于是引入一致性比例的概念。

定义：计算一致性比例 CR。

$$CR = \frac{CI}{RI}$$

当 $CR<0.10$ 时，认为判断矩阵的一致性是可以接受的；否则应对判断矩阵做适当修正。

例 12-1 的旅游地选择问题中，构造的矩阵 A 进行一致性检验。

使用 MATLAB 计算，代码 c01.m。计算结果如下：

$\lambda = 4.2137, w = (0.4969 \quad 0.2513 \quad 0.1386 \quad 0.1132)^T$

$$CR = \frac{CI}{RI} = \frac{4.2137-4}{3\times0.9} = 0.0792$$

通过一致性检验，w 可以使用。

4. 计算组合权重向量并进行组合一致性检验

（1）计算组合权重向量

上面我们得到的是一组元素对其上一层中某元素的权重向量。下面的问题是由各准则对目标的权向量和各方案对每一准则的权向量计算各方案对目标的权向量，称为"组合权向量"。

设单层权重向量：

2 层对 1 层：$W^{(2)} = (w_1^{(2)}, \ldots, w_m^{(2)})^T$

3 层对 2 层：$W_1^{(3)} = \begin{pmatrix} w_{11}^{(3)} \\ w_{21}^{(3)} \\ \vdots \\ w_{n1}^{(3)} \end{pmatrix}, W_2^{(3)} = \begin{pmatrix} w_{12}^{(3)} \\ w_{22}^{(3)} \\ \vdots \\ w_{n2}^{(3)} \end{pmatrix}, \ldots, W_m^{(3)} = \begin{pmatrix} w_{1m}^{(3)} \\ w_{2m}^{(3)} \\ \vdots \\ w_{nm}^{(3)} \end{pmatrix}$

用准则的重要性对在各准则下方案的权重进行加权平均，就可得到方案的总权重，即组合权向量：

令：$X = (W_1^{(3)}, W_2^{(3)}, \ldots, W_m^{(3)}) = \begin{pmatrix} w_{11}^{(3)} & w_{12}^{(3)} & & w_{1m}^{(3)} \\ w_{21}^{(3)} & w_{22}^{(3)} & & w_{2m}^{(3)} \\ \vdots & \vdots & \cdots & \vdots \\ w_{n1}^{(3)} & w_{n2}^{(3)} & & w_{nm}^{(3)} \end{pmatrix}$

则：$W = XW^{(2)}$

（2）组合一致性检验

虽然各层次均已经过层次单排序的一致性检验，各成对比较判断矩阵都已具有较为满意的一致性。但当我们综合考察时，各层次的非一致性仍有可能积累起来，引起最终分析结果的非一致性。

采用将每层一致性检验指标加权平均，各层一致性检验指标相加汇总作为总体的一致性检验，称为组合一致性检验。

设单层一致性检验：

2 层对 1 层：$CR^{(2)} = \dfrac{CI^{(2)}}{RI^{(2)}}$

3 层对 2 层：$CR_1^{(3)} = \dfrac{CI_1^{(3)}}{RI_1^{(3)}}, CR_2^{(3)} = \dfrac{CI_2^{(3)}}{RI_2^{(3)}}, \cdots, CR_m^{(3)} = \dfrac{CI_m^{(3)}}{RI_m^{(3)}}$

$$CR^{(3)} = (CR_1^{(3)}, CR_2^{(3)}, \cdots, CR_m^{(3)}) W^{(2)}$$

则，组合一致性检验为

$$CR = CR^{(2)} + CR^{(3)} < 0.1$$

三、层次分析法的应用

解 例 12-1 的旅游地选择问题。

步骤：

（1）建立层次结构（见图 12-2）

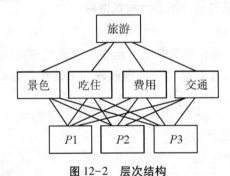

图 12-2　层次结构

（2）构造两两比较矩阵

$$A = (a_{ij})_n, \ a_{ij} > 0, a_{ji} = \frac{1}{a_{ij}}$$

某人用成对比较法构建两两比较矩阵如下：

$$A = \begin{pmatrix} 1 & 3 & 2 & 5 \\ 1/3 & 1 & 3 & 2 \\ 1/2 & 1/3 & 1 & 1 \\ 1/5 & 1/2 & 1 & 1 \end{pmatrix}$$

$$B_1 = \begin{pmatrix} 1 & 7 & 2 \\ 1/7 & 1 & 1/4 \\ 1/2 & 4 & 1 \end{pmatrix}, B_2 = \begin{pmatrix} 1 & 1/7 & 1/6 \\ 7 & 1 & 1/2 \\ 6 & 2 & 1 \end{pmatrix}, B_3 = \begin{pmatrix} 1 & 1/5 & 1/4 \\ 5 & 1 & 1/2 \\ 4 & 2 & 1 \end{pmatrix},$$

$$B_4 = \begin{pmatrix} 1 & 1/3 & 5 \\ 3 & 1 & 7 \\ 1/5 & 1/7 & 1 \end{pmatrix}$$

(3)计算权向量并进行一致性检验

$$CR = \frac{CI}{RI}$$

(4)计算组合权向量并进行组合一致性检验

$$CR = CR^{(2)} + CR^{(3)} = \frac{CI^{(2)}}{RI^{(2)}} + \frac{CI^{(3)} W^{(2)}}{RI^{(3)} W^{(2)}}$$

使用 MATLAB 计算,代码 c02. m 如下:

```
A=[1 3 2 5;1/3 1 3 2;1/2 1/3 1 1;1/5 1/2 1 1];
%A=[1 2 3 4;1/2 1 2 2;1/3 1/2 1 1;1/4 1/2 1 1];
B1=[1 7 2;1/7 1 1/4;1/2 4 1];
B2=[1 1/7 1/6;7 1 1/2;6 2 1];
B3=[1 1/5 1/4;5 1 1/2;4 2 1];
B4=[1 1/3 5;3 1 7;1/5 1/7 1];

[v2,d2]=eig(A),w2=v2(:,1)/sum(v2(:,1)),lambda2=d2(1,1)
CI2=(lambda2-size(A,1))/(size(A,1)-1)
CR2=CI2/0.90

[v31,d31]=eig(B1),w31=v31(:,1)/sum(v31(:,1)),lambda31=d31(1,1)
[v32,d32]=eig(B2),w32=v32(:,1)/sum(v32(:,1)),lambda32=d32(1,1)
[v33,d33]=eig(B3),w33=v33(:,1)/sum(v33(:,1)),lambda33=d33(1,1)
[v34,d34]=eig(B4),w34=v34(:,1)/sum(v34(:,1)),lambda34=d34(1,1)

lambda3=[lambda31 lambda32 lambda33 lambda34]
CI3=(lambda3-size(B1,1))/(size(B1,1)-1)
CR3=CI3/0.58

CR=CR2+CR3*w2

x3=[w31 w32 w33 w34]
w=w3*x2
```

一致性检验部分计算结果如下:

CR2 =

    0.0792

CR3 =

    0.0017   0.0692   0.0810   0.0559

CR =

    0.1150

即单层一致性检验通过，但组合一致性检验 CR = 0.115 > 0.1，未通过一致性检验
重新进行两两比较均值构建，得

$$A = \begin{pmatrix} 1 & 2 & 3 & 4 \\ 1/2 & 1 & 2 & 2 \\ 1/3 & 1/2 & 1 & 1 \\ 1/4 & 1/2 & 1 & 1 \end{pmatrix}$$

重新代入 MATLAB 代码 c02. m 计算，结果如下：

CR2 =

    0.0038

CR3 =

    0.0017   0.0692   0.0810   0.0559

CR =

    0.0407

w =

    0.3553

    0.2677

    0.3770

通过一致性检验，w 可以使用。

$w = (0.3553 \quad 0.2677 \quad 0.3770)^T$

结果是：$P3$ 点为首选，$P1$ 次之，$P2$ 点应予以淘汰。

四、随机一致性指标

现在使用计算机模拟的方式计算随机一致性指标，步骤如下：

步骤 1，随机生成正互反矩阵。

步骤 2，计算一致性指标。

步骤 3，重复步骤 1 和步骤 2 若干次。

步骤 4，计算一致性指标的均值即为随机一致性指标。

使用 MATLAB 编程，代码 c03. m 如下：

```
m = 20
n = 10000;
ri = zeros(1,m);
for k = 2:m
```

```
for r = 1 : n
    a = eye(k) ;
    for i = 1 : k
        for j = i + 1 : k
            if rand > 0.5
                a(i,j) = fix(9 * rand+1) ; a(j,i) = 1/a(i,j) ;
            else
                a(j,i) = fix(9 * rand+1) ; a(i,j) = 1/a(j,i) ;
            end
        end
    end
    la = eig(a) ;
    ri(k) = ri(k) + (max(la) - k)/(k-1) ;
end
end
ri = ri/n
```

运行结果如下：

ri =

  Columns 1 through 16

        0   0   0.5357   0.8824   1.1097   1.2465   1.3443

  1.4048   1.4516   1.4836   1.5127   1.5353   1.5540   1.5703

1.5836   1.5936

  Columns 17 through 20

  1.6065   1.6144   1.6225   1.6271

与萨蒂给出的结果相比略有减少。

第二节 动态规划模型

一、问题提出

1. 多阶段决策问题

在生产和科学实验中，有一类活动的过程，由于它的特殊性，我们可将过程分为若干个互相联系的阶段，在它的每一个阶段都需要做出决策，从而使整个过程达到最好的活动效果。因此，各个阶段决策的选取不是任意确定的，它依赖于当前面临的状态，又影响以后的发展。当各个阶段决策确定后，就组成了一个决策序列，因此也就决定了整个过程的一条活动路线。这种把一个问题可看成一个前后关联具有链状结构的多阶段过程称为"多阶段决策过程"，也称为"序贯决策过程"。这种问题被称为"多阶段决策问题"。

例如，我们要去美国亚拉巴马州，选择路线从成都到北京，而后从北京到底特律，再从底特律到阿拉巴马。那么，我们该如何确定每一段的交通方式和时间？

例如，很多部门或企业都有 5 年计划和总体目标，但具体的工作计划是分年制订的。为了达到 5 年计划，它们该如何分阶段制订年度计划？

甚至一些分阶段制订计划只能在各阶段才能制订出来。如战争，战场瞬息万变，人们必须根据当时的状态进行决策。

这些例子的特点是：决策时，一项任务需要在时间或空间上分为几个阶段完成，每个阶段都有多种选择，即多阶段决策。

2. 动态规划

动态规划是运筹学的一个分支，是求解多阶段决策问题的最优化方法。

动态规划是一种求解多阶段决策问题的系统技术，是考察问题的一种途径，而不是一种特殊算法（如线性规划是一种算法）。因此，它不像线性规划那样有一个标准的数学表达式和明确定义的一组规则，动态规划必须对具体问题进行具体的分析处理，许多动态规划方法具有较高技巧。在多阶段决策问题中，有些问题对阶段的划分具有明显的时序性，动态规划的"动态"二字也由此而得名。

动态规划的主要创始人是美国数学家贝尔曼（Bellman）。20 世纪 40 年代末 50 年代初，当时在兰德公司（Rand Corporation）从事研究工作的贝尔曼先提出了动态规划的概念。1957 年贝尔曼发表了数篇研究论文，并出版了他的第一部著作《动态规划》。该著作成了当时唯一的进一步研究和应用动态规划的理论源泉。1961 年贝尔曼出版了他的第二部著作，并于 1962 年同杜瑞佛思（Dreyfus）合作出版了第三部著作。在贝尔曼及其助手们致力于发展和推广这一技术的同时，其他一些学者也对动态规划的发展做出了重大的贡献，其中最值得一提的是爱尔思（Aris）和梅特顿（Mitten）。爱尔思先后于 1961 年和 1964 年出版了两部关于动态规划的著作，并于 1964 年同尼母霍思尔（Nemhauser）、威尔德（Wild）创建了处理分枝、循环性多阶段决策系统的一般性理论。梅特顿提出了许多对动态规划后来发展有着重要意义的基础性观点，并且对明晰动态规划路径的数学性质做出了巨大的贡献。

动态规划问世以来，在经济管理、生产调度、工程技术和最优控制等方面得到了广泛的应用。例如，最短路线、库存管理、资源分配、设备更新、排序、装载等问题，用动态规划方法比用其他方法求解更为方便。

虽然动态规划主要用于求解以时间划分阶段的动态过程的优化问题，但是一些与时间无关的静态规划（如线性规划、非线性规划），只要人为地引进时间因素，把它视为多阶段决策过程，也可以用动态规划方法方便地求解。

二、动态规划理论

1. 基本概念

一个多阶段决策过程最优化问题的动态规划模型通常包含以下要素：

（1）阶段、阶段变量

阶段是对整个过程的自然划分。人们通常根据时间顺序或空间顺序特征来划分阶段，以便按阶段的次序求解优化问题。描述阶段的变量称为"阶段变量"，常用 k 表示，$k = 1,2,\cdots,n$。

（2）状态、状态变量

状态表示每个阶段开始时过程所处的自然状况或客观条件。它应能描述过程的特征并且无后效性，即当某阶段的状态变量给定时，这个阶段以后过程的演变与该阶段以前各阶段的状态无关。通常，我们还要求状态是直接或间接可以观测的。

描述状态的变量称"状态变量"，用 x_k 表示。变量允许取值的范围称允许状态集合，用 X_k 表示。

这里所说的状态是具体的属于某阶段的，它应具备下面的性质：如果某阶段状态给定后，则在这个阶段以后过程的发展不受这个阶段以前各阶段状态的影响。换句话说，过程的过去只能通过当前的状态去影响它未来的发展，当前的状态是以往历史的总结，这个性质称为"无后效性"，也称为"马尔可夫（Markov）性"。

（3）决策、决策变量

当一个阶段的状态确定后，我们可以做出各种选择从而演变到下一阶段的某个状态，这种选择手段称为"决策"。描述决策的变量称为"决策变量"，简称"决策"，用 $u_k(x_k)$ 表示。决策变量取值范围称为"允许决策集合"，用 U_k 表示。

（4）策略、最优策略

决策组成的序列称为"策略"。由初始状态 x_1 开始的全过程的策略记作 $p_{1n}(x_1)$，即

$$p_{1n}(x_1) = \{u_1(x_1),u_2(x_2),\cdots,u_n(x_n)\}$$

由第 k 阶段的状态 x_k 开始到终止状态的后部子过程的策略记作 $p_{kn}(x_k)$，即

$$p_{kn}(x_k) = \{u_k(x_k),\cdots,u_n(x_n)\},\ k = 1,2,\cdots,n-1$$

2. 最优性原理

动态规划的理论基础叫作动态规划的最优化原理，Bellman 在 1957 年出版的著作"Dynamic programming"中是这样描述的：

"作为整个过程的最优策略具有这样的性质：不管该最优策略上某状态以前的状态和决策如何，对该状态而言，余下的诸决策必构成最优子策略。"

即最优策略的任一子策略都是最优的。

于是，整体寻优从边界条件开始，逐段递推局部寻优。在每一个子问题的求解中，我们均利用了它前面的子问题的最优化结果，依次进行，最后一个子问题所得的最优解，就是整个问题的最优解。

3. 基本方程

（1）状态转移方程

在确定性过程中，一旦某阶段的状态和决策为已知，下一个阶段的状态便完全确定。用状态转移方程表示这种演变规律，记为

$$x_{k+1} = T_k(x_k, u_k), k = 1, 2, \cdots, n$$

（2）阶段指标

阶段效益是衡量系统阶段决策结果的一种数量指标，在第 j 阶段的阶段指标取决于状态 x_j 和决策 u_j，用 $v_j(x_j, u_j)$ 表示。

（3）指标函数

指标函数是衡量过程优劣的数量指标，它是定义在全过程和所有后部子过程上的数量函数，用 $V_{kn}(x_k, u_k, x_{k+1}, \cdots, x_{n+1})$ 表示，$k = 1, 2, \cdots, n$。

指标函数应具有可分离性，即 V_{kn} 可表示为 x_k, u_k, V_{k+1} 的函数，记为

$$V_{kn}(x_k, u_k, x_{k+1}, \cdots, x_{n+1}) = \varphi_k(x_k, u_k, V_{k+1 n}(x_{k+1}, u_{k+1}, x_{k+2} \cdots, x_{n+1}))$$

并且函数 φ_k 对于变量 $V_{k+1\ n}$ 是严格单调的。

指标函数由 $v_j(j = 1, 2, \cdots, n)$ 组成，常见的形式有：阶段指标之和，即

$$V_{kn}(x_k, u_k, x_{k+1}, \cdots, x_{n+1}) = \sum_{j=k}^{n} v_j(x_j, u_j)$$

阶段指标之积，即

$$V_{kn}(x_k, u_k, x_{k+1}, \cdots, x_{n+1}) = \prod_{j=k}^{n} v_j(x_j, u_j)$$

阶段指标之极大（或极小），即

$$V_{kn}(x_k, u_k, x_{k+1}, \cdots, x_{n+1}) = \max_{k \leqslant j \leqslant n}(\min) v_j(x_j, u_j)$$

这些形式下第 k 到第 j 阶段子过程的指标函数为 $V_{kj}(x_k, u_k, x_{k+1} \cdots, x_{j+1})$。

根据状态转移方程、指标函数 V_{kn} 还可以表示为状态 x_k 和策略 p_{kn} 的函数，即 $V_{kn}(x_k, p_{kn})$。

（4）最优值函数

指标函数的最优值，称为"最优值函数"。在 x_k 给定时指标函数 V_{kn} 对 p_{kn} 的最优值函数，记为 $f_k(x_k)$，即

$$f_k(x_k) = \underset{p_{kn} \in P_{kn}(x_k)}{\text{opt}} V_{kn}(x_k, p_{kn})$$

其中：opt 可根据具体情况取 max 或 min。

（5）递推方程

动态规划递归方程是动态规划的最优性原理的基础，即最优策略的子策略，构成最优子策略。递归方程如下：

$$\begin{cases} f_{n+1}(x_{n+1}) = 0 \text{ 或 } 1 \\ f_k(x_k) = \underset{u_k \in U_k(x_k)}{\text{opt}} \{v_k(x_k, u_k) \otimes f_{k+1}(x_{k+1})\}, k = n, \cdots, 1 \end{cases}$$

其中：$f_{n+1}(x_{k+1})$ 为边界条件，当 $\otimes$ 为加法时取 $f_{n+1}(x_{k+1}) = 0$；当 $\otimes$ 为乘法时，取 $f_{n+1}(x_{k+1}) = 1$。

这种递推关系称为"动态规划的基本方程"，这种解法称为"逆序解法"。

三、模型应用

[例 12-2]　最短路问题。

下面是一个线路网(见图 12-3),连线上的数字表示两点之间的距离。试寻求一条由 A 到 F 距离最短的路线。

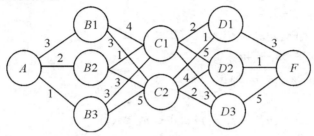

图 12-3　线路网图例

解　此问题可使用穷举法、图论方法等求解,现在我们使用动态规划求解。求解过程分为 4 个阶段。

状态变量:选取每一步所处的位置为状态变量,记为 x_k。

决策变量:取处于状态 x_k 时,下一步所要到达的位置,记为 $u_k(x_k)$。

目标函数:最优值函数 $f(x_k)$ 为 $x_k \to F$ 的最短路长,目标求 $f(A)$。

状态转移方程:
$$\begin{cases} f(x_k) = \min\limits_{u_k(x_k)}(d(x_k,u_k(x_k)) + f(x_{k+1})) \\ f(x_5) = 0 \end{cases}$$

其中: $u_k(x_k) = x_{k+1}$, $d(x_k,u_k(x_k)) = d(x_k,x_{k+1})$

使用逆推方法:利用这个模型可以计算出最优路径为: $AB_1C_1D_2E_1F$ 、$AB_2C_2D_1E_1F$,最短距离为 19。

[例 12-3]　运输问题。

某运输公司拥有 500 辆卡车,计划使用卡车时间 5 年。卡车使用分超负荷运行、低负荷运行两种形式。超负荷运行时卡车年利润为 25 万元/辆,但容易损坏,损坏率为 0.3,低负荷运行时卡车年利润为 16 万元/辆,损坏率为 0.1。每年年初分配卡车。

问:怎样分配卡车(超、低)负荷,使总利润最大。

解　使用动态规划求解。

分 5 个阶段, $k = 1,2,3,4,5$

状态变量 x_k:卡车完好的数量。

决策变量 u_k:超负荷→数量

　　　　　　低负荷: $x_k - u_k$

状态转移方程: $x_{k+1} = (1 - 0.3)u_k + (1 - 0.1)(x_k - u_k) = 0.9x_k - 0.2u_k$

阶段效益: $v_k(x_k,u_k) = 25u_k + 16(x_k - u_k) = 16x_k + 9u_k$

第 k 年度至 5 年年末采用最优策略时产生的最大利润:

$$\begin{cases} f_k(x_k) = \min\limits_{u_k(x_k)}(v(x_k,u_k) + f_{k+1}(x_{k+1})) \\ f_6(x_6) = 0 \end{cases}$$

当 $k = 5$ 时，

$$f_5(x_5) = \max\{v_5(x_5, u_5) + f_6(x_6)\}, (0 \leq u_5 \leq x_5)$$
$$= \max\{16x_5 + 9u_5\}$$

最优决策为 $u_5* = x_5$

最优值函数为 $f_5(x_5) = 25x_5$

当 $k = 4$ 时，

$$f_4(x_4) = \max\{v_4(x_4, u_4) + f_5(x_5)\}, (0 \leq u_4 \leq x_4)$$
$$= \max\{38.5x_4 + 4u_4\}$$

有 $u_4* = x_4, f_4(x_4) = 42.5x_4$

当 $k = 3$ 时，

$$f_3(x_3) = \max\{v_3(x_3, u_3) + f_4(x_4)\}, (0 \leq u_3 \leq x_3)$$
$$= \max\{54.5x_3 + 0.5u_3\}$$

有 $u_3* = x_3, f_3(x_3) = 54.75x_3$

当 $k = 2$ 时，

$$f_2(x_2) = \max\{v_2(x_2, u_2) + f_3(x_3)\}, (0 \leq u_2 \leq x_2)$$
$$= \max\{65.275x_2 - 1.95u_2\}$$

有 $u_2* = 0, f_2(x_2) = 65.275x_2$

当 $k = 1$ 时，

$$f_1(x_1) = \max\{v_1(x_1, u_1) + f_2(x_2)\}, (0 \leq u_1 \leq x_1)$$
$$= \max\{74.7475x_1 - 4.005u_1\}$$

有 $u_1* = 0, f_1(x_1) = 74.7475x_1$

而 $x_1 = 500$

$f_1(x_1) = 37373.75$（万元）≈ 3.74（亿元）

$p_{15}(x_1) = \{u_1*, u_2*, u_3*, u_4*, u_5*\} = \{0, 0, x_3, x_4, x_5\}$

由 $x_{k+1} = 0.9x_k - 0.2u_k$

得

$x_2 = 0.9x_1 - 0.2u_1* = 450$（辆），$u_2* = 0$

$x_3 = 0.9x_2 - 0.2u_2* = 405$（辆），$u_3* = 405$

$x_4 = 0.9x_3 - 0.2u_3* = 283.5$（辆），$u_4* = 283.5$

$x_5 = 0.9x_4 - 0.2u_4* = 198.45$（辆），$u_5* = 198.45$

$x_6 = 0.9x_5 - 0.2u_5* = 138.15$（辆）

于是得到 5 年末尚余好车 138 辆。

[例 12-4]　生产计划问题

工厂生产某种产品，每件的成本为 1000 元，每次开工的固定成本为 3000 元，工厂每季度的最大生产能力为 6000 件。经调查，市场对该产品的需求量第一、第二、第三、第四季度分别为 2000 件、3000 件、2000 件、4000 件。如果工厂在第一、第二季度将全年的需求都生产出来，自然可以降低成本（少付固定成本费），但是对于第三、第四季度才能上市的产品需付存储费，每季度每千件的存储费为 0.5 千元。还规定年初和年末这种产品均无库存。试制订一个生产计划，即安排每个季度的产量，使一年的总费用（生产成本和存储费）最少。

解 阶段按计划时间自然划分，状态定义为每阶段开始时的储存量 x_k，决策为每个阶段的产量 u_k，记每个阶段的需求量（已知量）为 d_k，则状态转移方程为

$$x_{k+1} = x_k + u_k - d_k,\ x_k \geqslant 0, k = 1, 2, \cdots, n$$

设每阶段开工的固定成本费为 a，生产单位数量产品的成本费为 b，每阶段单位数量产品的储存费为 c，阶段指标为阶段的生产成本和储存费之和，即

$$v_k(x_k, u_k) = cx_k + \begin{cases} a + bu_k, & u_k > 0 \\ 0 \end{cases}$$

指标函数 V_{kn} 为 v_k 之和。最优值函数 $f_k(x_k)$ 为从第 k 段的状态 x_k 出发到过程终结的最小费用，满足

$$f_k(x_k) = \min_{u_k \in U_k} \left[v_k(x_k, u_k) + f_{k+1}(x_{k+1}) \right],\ k = n, \cdots, 1.$$

其中，允许决策集合 U_k 由每阶段的最大生产能力决定。若设过程终结时允许存储量为 x_{n+1}^0，则终端条件是：

$$f_{n+1}(x_{n+1}^0) = 0$$

构成该问题的动态规划模型。

具体求解请读者代入变量，递推得到。

习题十二

1. 小李考研填报志愿：使用层次分析法进行决策（见图 12-4）。

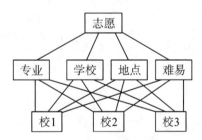

图 12-4 填报志愿的层次结构

小李给出准则的两两比较矩阵为

$$A = \begin{pmatrix} 1 & 2 & 4 & 2 \\ 1/2 & 1 & 3 & 2 \\ 1/4 & 1/3 & 1 & 1/3 \\ 1/2 & 1/2 & 3 & 1 \end{pmatrix}$$

预选的 3 个学校对专业、学校、地点、难易的两两比较矩阵分别为

$$B1 = \begin{pmatrix} 1 & 4 & 6 \\ 1/4 & 1 & 2 \\ 1/6 & 1/2 & 1 \end{pmatrix},\ B2 = \begin{pmatrix} 1 & 2 & 3 \\ 1/2 & 1 & 2 \\ 1/3 & 1/2 & 1 \end{pmatrix},\ B3 = \begin{pmatrix} 1 & 8 & 1 \\ 1/8 & 1 & 1/9 \\ 1 & 9 & 1 \end{pmatrix},$$

$$B4 = \begin{pmatrix} 1 & 2 & 4 \\ 1/2 & 1 & 3 \\ 1/4 & 1/3 & 1 \end{pmatrix}$$

请你为小李决策。

2. 使用 MATLAB 编程的模拟计算随机一致性指标另一个程序代码为 c04.m，运行结果与 c03.m 的运行结果略有差异，试分析原因。

3. 用动态规划解下面问题：

$$\max \ z = 4x_1 + 9x_2 + 2x_3^2 \qquad\qquad \max \ z = 4x_1 + 9x_2 + 2x_3^2$$

（1）$\begin{cases} x_1 + x_2 + x_3 = 10 \\ x_i \geq 0; i = 1,2,3 \end{cases}$ （2）$\begin{cases} x_1 + x_2 + x_3 = 10 \\ x_i \geq 0 \text{ 是整数}; i = 1,2,3 \end{cases}$

4. 资源分配问题

某市电信局有四套设备，准备分给甲、乙、丙三个支局，各支局（甲、乙、丙）的收益情况见表 12-2。

表 12-2　各支局（甲、乙、丙）的收益情况　　　　　　　单位：万元

设备数	0	1	2	3	4
甲	38	41	48	60	66
乙	40	42	50	60	66
丙	48	64	68	78	78

使用动态规划求解：应如何分配，使总收益最大？

参考文献

沈继红，1995. 围棋中的数学模型问题 ［J］. 数学的实践与认识（1）：15-19.

王文波，2006. 数学建模及其基础知识详解 ［M］. 武汉：武汉大学出版社.

张树德，2007. 金融计算教程 ［M］. 北京：清华大学出版社.

金龙，王正林，2009. 精通 MATLAB 金融计算 ［M］. 北京：电子工业出版社.

吉奥丹诺，2014. 数学建模 ［M］. 叶其孝，姜启源，译. 5 版. 北京：机械工业出版社.

司守奎，孙兆亮，2015. 数学建模算法与应用 ［M］. 2 版. 北京：国防工业出版社.

韩中庚，2017. 数学建模方法及其应用 ［M］. 3 版. 北京：高等教育出版社.

姜启源，谢金星，叶俊，2018a. 数学模型 ［M］. 5 版. 北京：高等教育出版社.

姜启源，谢金星，叶俊，2018b. 数学模型（第 5 版）习题参考解答 ［M］. 北京：高等教育出版社.

附录　MATLAB^① 简明手册

一、基础知识

1. 常数符号（见附表 1）

附表 1　常数符号

指令	功能	指令	功能
ans	缺省变量名	pi	圆周率
NaN	不定值	inf	正无穷大
i, j	虚数单位	eps	浮点运算的相对精度
realmax	最大正浮点数	realmin	最小正浮点数
nargout	所用函数的输出变量数目	nargin	所用函数的输入变量数目

2. 运算符及标点（见附表 2）

附表 2　运算符及标点

符号	功能	符号	功能	符号	功能	符号	功能
+-*/	加减乘除	^	乘方	.* ./ .^	点乘点除点幂	\	左除
><	大于小于	>=	大于等于	<=	小于等于	~=	不等于
==	双等于	|	或	&	与	~	非
,	分隔符	;	不显示结果	%	注释	…	续行

3. 常用数学函数（见附表 3）

附表 3　常用数学函数

函数名	功能	函数名	功能	函数名	功能
sin	正弦	asin	反正弦	max	最大值
cos	余弦	acos	反余弦	min	最小值
tan	正切	atan	反正切	sum	总和

---

① MATLAB :MATrix LABoratory——MathWorks。

函数名	功能	函数名	功能	函数名	功能
exp	自然指数	log	自然对数	mean	均值
sign	符号函数	log10	常用对数	abs	绝对值
sqrt	开方	fix round	取整	ceil floor	取整
factorial	阶乘	—	—	—	—

4. 时间（见附表4）

附表4 时间

函数名	功能	函数名	功能
now	年月日时分秒	clock	年月日时分秒
date	年月日	fix	整型显示
datestr	日期型显示	datenum	日期数值显示
显示格式			
DATENUM(Y,M,D,H,MI,S)		数字型	
DATESTR(D,DATEFORM,PIVOTYEAR)		字符型	

日期显示方式 dateform

序号	格式	序号	格式	序号	格式
0	'dd-mmm-yyyy HH:MM:SS'	11	'yy'	22	'mmm.dd,yyyy'
1	'dd-mmm-yyyy'	12	'mmmyy'	23	'mm/dd/yyyy'
2	'mm/dd/yy'	13	'HH:MM:SS'	24	'dd/mm/yyyy'
3	'mmm'	14	'HH:MM:SS PM'	25	'yy/mm/dd'
4	'm'	15	'HH:MM'	26	'yyyy/mm/dd'
5	'mm'	16	'HH:MM PM'	27	'QQ-YYYY'
6	'mm/dd'	17	'QQ-YY'	28	'mmmyyyy'
7	'dd'	18	'QQ'	29(ISO 8601)	'yyyy-mm-dd'
8	'ddd'	19	'dd/mm'	30(ISO 8601)	'yyyymmdd THHMM SS'
9	'd'	20	'dd/mm/yy'	31	'yyyy-mm-dd HH:MM:SS'
10	'yyyy'	21	'mmm.dd,yyyy HH:MM:SS'	—	—

5. 其他(见附表 5)

附表 5　其他

指令	功能	指令	功能
clear	清除变量	clc	清屏
format	数据显示格式	vpa	数值显示

6. 帮助(见附表 6)

附表 6　帮助

指令	功能	指令	功能
help 函数名	显示该函数帮助文档	edit 函数名	源代码
demo	演示	intro	简单演示
doc 指令名	打开该指令的帮助文档	—	—

二、程序语言

1. m 文件(见附表 7)

附表 7　m 文件

名称	功能
脚本文件	命令集
函数文件	格式:function $[y1,\dots,yN] = myfun(x1,\dots,xM)$ 输入参数缺省 [ ]、NaN,输出参数缺省 ~

2. 程序语言(见附表 8)

附表 8　程序语言

条件语句	循环语句
If 语句:if- elseif- else- end switch-case 结构:swith- case- otherwise- end	第一类循环语句:for- end 第二类循环语句:while- end

3. 程序流控制指令(见附表 9)

附表 9　程序流控制指令

指令	功能	指令	功能
break	跳出循环	continue	结束本次循环
pause	暂停按任意键继续	return	终止当前指令
a=input('a=')	输入	disp('…')	显示

4. 管理(见附表 10)

附表 10　管理

指令	功能	指令	功能
etime(clock,t)	时间间隔	tic toc	运行时间
waitbar	进度条	↑↓	历史命令
Ctrl+R	添加注释	Ctrl+T	取消注释
Ctrl+I	自动调整缩进格式	Ctrl+C	中断正在执行的操作
Ctrl+Tab	切换子窗口	鼠标右键	各种快捷键
Tab 键	Tab 补全	F12	设置取消断点
cd	路径	dir	文件
Esc	退出		

三、矩阵运算

1. 建立矩阵(见附表 11)

附表 11　建立矩阵

指令	功能	指令	功能
[　]	矩阵标识	, 或 空格	行
;或 回车	列	load file	载入
save file var	保存	—	—

2. 生成(见附表 12)

附表 12　生成

指令	功能	指令	功能
[ ]	空矩阵	eye(m,n)	单位矩阵
zeros(m,n)	0 矩阵	ones(m,n)	1 矩阵
rand(m,n)	均匀分布随机阵	randn(m,n)	正态分布随机矩阵
fix($m*$rand(n))	整数随机阵	randperm	1 to n 随机排列
magic(n)	幻方阵	—	—

3. 操作(见附表 13)

附表 13　操作

指令	功能	指令	功能
$A(i,j)$	i 行 j 列	$A(i1:i2, j1:j2)$	$i1\sim i2$ 行 $j1\sim j2$ 列
$A(r,:)$	第 r 行	$A(:,r)$	第 r 列
$A(k,l)$	扩充	$A([i,j],:)$	部分行
$A(:,[i,j])$	部分列	$A([i,j],[s,t])$	子块
$A(i1:i2,:)=[\ ]$	删除 $i1\sim i2$ 行	$A(:,j1:j2)=[\ ]$	删除 $j1\sim j2$ 列
$A(:)$	拉伸为列	$[A\quad B]$	拼接矩阵
diag(A)	对角阵	triu(A)	上三角阵
tril(A)	下三角阵	reshape(A,sz)	重构
nchoosek(n,k)	组合数	nchoosek(v,k)	组合

4. 运算(见附表 14)

附表 14　运算

指令	功能	指令	功能
$A \pm B$	加减	$k*A$	乘数
$A*B$	乘积	A'	转置
det(A)	行列式	inv(A)、$A\char`^-1$	逆
$A\backslash B$	左除	B/A	右除
$[V,D]=$eig(A)	特征值与特征向量	$A\backslash b$	$AX=b$ 求解
rank(A)	秩	trace(A)	迹
size(A)	阶数	orth(A)	正交化
poly(A)	特征多项式	rref(A)	行阶梯最简式
length(A)	最大维度	$.*\quad ./\quad .\backslash\quad .\char`^$	对应运算
norm(a)	向量模	dot(a,b) 或 $a*b'$	向量数量积
cross (a,b)	三维向量积	$\&,\ |,\ \sim$	逻辑运算
all(x)	全非负?	any(x)	有非负?
sort(a)	排序	sortrows(a,j)	按某列排序

四、符号运算

1. 数据类型

MATLAB 中有 15 种基本数据类型,包括整型、浮点、逻辑、字符、日期、结构型、数据单元、函数句柄等，相关指令见附表15。

附表 15　相关指令

指令	功能	指令	功能
structure	创建结构型数据	isstruct	判断
struct2cell	转换	table2struct	转换
cell2table	转换	mat2str	转换
int2str	转换	str2num	转换
strcmp(x,y)	字符串比对	isstr,isnan,isinf,isempty	判断

2. 函数(见附表16)

附表 16　函数

指令	功能	指令	功能
syms x y $x = \text{sym}(\,'x'\,, \text{set})$	定义符号变量	$x = 'x'$	定义符号串变量
syms $x, f = \cdots$	符号函数	$f = \text{inline}(\,'\cdots'\,)$	内联函数
$y = @(x)\cdots$	句柄函数	function	m 文件函数
$x = \cdots, \text{eval}(f)$	求函数值	subs $(f, 's', 'x')$	变量替换

3. 初等运算(见附表17)

附表 17　初等运算

指令	功能	指令	功能
$+ - * / \hat{\ }$	四则运算	compose	复合
finverse	逆	funtool	函数计算器
pretty	美化	simplify	简化
factor	分解因式	expand	展开
collect	合并同类项	simple	各种简化(已放弃)

4. 微积分运算(见附表18)

附表 18　微积分运算

函数	功能
limit$(f, \text{var}, a, \text{option})$	极限, var 缺省时为变量 x 或唯一符号变量, a 缺省时为 0, option 为 'right'、'left'
diff (f, x, n)	导数或差分, x, n 可缺省
int (f, v, a, b)	积分
quad (f, a, b)	数值积分

5. 级数(见附表 19)

附表 19　级数

函数	功能
symsum (f,x,m,n)	级数求和
taylor$(f,\ n,x0)$	泰勒展开式,默认 6 项,默认 $x0=0$

8. 方程(见附表 20)

附表 20　方程

函数	功能
$X=A\backslash b$	AX$=b$ 特解
$C=[A\ b],D=\mathrm{rref}(C)$	AX$=b$ 通解
$Z=\mathrm{null}(A,'r')$	AX$=0$ 基
roots(A)	多项式求根
$[sol,fval]=$ solve$(prob,x0)$	代数方程、方程组符号解:prob 符号型,方程组结果:结构型
fsolve $(f,\ x0)$,fzero$(f,\ x0)$	代数方程数值解,f 字符串或句柄函数、x0 初值,fzero 单变量,fsolve 可多变量
$S=$ dsolve$(eqn,cond)$	微分方程符号解,eqn 支持字符串、句柄函数;自变量缺省为 t;微分方程组求解结果为结构型数据;导数记号为 Dy,D2y,Dny,支持 diff 记号,syms $y(x)$,eqn$=$diff(y)…
$[T,Y]=$ solver$(odefun,tspan,y0)$	微分方程数值解,solver :ode23, ode45, ode113, ode15s, ode23s, ode23t, ode23tb。odefun:自由项函数句柄。tspan:区间。y0:初始值。算法:龙格库塔法

9. 拟合插值(见附表 21)

附表 21　拟合插值

函数	功能	函数	功能
$p=$polyfit(x,y,n)	拟合	polyval (p,x)	多项式计算
interp1(X,Y,xi,method)	插值	interp2$(X,Y,Z,Xi,Yi,\mathrm{method})$	二维插值
method	Nearest(最近); linear(线性);spline(三次样条);cubic(三次函数)	—	—

五、绘图

1. 绘图(见附表 22)

附表 22　绘图

类型	函数	功能
平面绘图	$plot(x,y,LineSpec,$ $'PropertyName',PropertyValue)$	曲线数值绘图,$x=$数组,$y=$数组
	$PropertyName$	LineWidth,MarkerEdgeColor,MarkerFaceColor,MarkerSize
	$w=[f;g];plot(x,w)$	叠绘
	$plot(x,y,\ LineSpec,x,z,$ $LineSpec\cdots)$	叠绘
	$fplot(f,[a,b])$	函数绘图,句柄函数,支持线型、参数方程绘图
	$ezplot(f,[a,b])$	函数绘图,$[a,b]$默认$[-2\pi\ 2\pi]$,支持隐函数绘图
空间曲线	$plot3(x(t),y(t),z(t))$	空间曲线
	$ezplot3(x,y,z)$	空间曲线
空间曲面	$surf(z),\ surf(x,y,z)$	空间曲面表面图,$[x,y]=$meshgrid(x,y);$[x,y]=$meshgrid$(a:t:b)$;$z=z(x,y)$
	$mesh(x,y,z)$	空间曲面网格图
	$surfc(x,y,z),\ meshc(x,y,z)$	带等高线
	$meshz(x,y,z)$	带底座
	$ezsurf(f,$ $[xmin,xmax,ymin,ymax])$	函数绘图
	$ezmesh\ (f,$ $[xmin,xmax,ymin,ymax])$	函数绘图
	$ezsurfc(f),ezmeshc(f)$	带等高线

2. 线图选项(见附表 23)

附表 23　线图选项

符号	功能	符号	功能	符号	功能
–	solid 实线	.	point 点	b	blue 蓝色
:	dotted 点线	o	circle 圆圈	g	green 绿色
-.	dashdot 点划线	x	x-mark x 标记	r	red 红色
– –	dashed 虚线	+	plus 加号	c	cyan 青色
——	——	*	star 星号	m	magenta 紫红
——	——	v	triangle (down)	y	yellow 黄色

符号	功能	符号	功能	符号	功能
—	—	^	triangle（up）	k	black 黑色
—	—	<	triangle（left）	w	white 白色
—	—	>	triangle（right）	—	—
—	—	s	square	—	—
—	—	d	diamond	—	—
—	—	p	pentagram	—	—
—	—	h	hexagram	—	—

3. 面图选项（见附表 24）

附表 24　面图选项

函数	说明
surf(x,y,z,t)	t 为颜色控制节点
colormap（CM）	parula jet hot cool spring summer autumn winter hsv gray copper pink bone flag lines colorcube prism ［R G B］:0~1

4. 绘图修饰选项（见附表 25）

附表 25　绘图修饰选项

指令	功能
view（［az,el］） view（［vx,vy,vz］）	视角控制 设置:方位角、仰角 设置:坐标
shading　options	着色,options:interp flat faceted
hidden options	透视,options:on off
axis（［xmin xmax ymin ymax zmin zmax cmin cmax］） axis　options	坐标控制 options：auto manual tight fill ij xy equal image square vis3d normal off on
text	定位标注
legend	线条标注
set	刻度设置
title('f 曲线图') xlabel('x 轴') ylabel('y 轴') zlabel('z 轴')	坐标标注 加图名 坐标轴加标志
plot（G,'XData ',x,'YData ',y)	坐标刻度
gtext（'　'）	加字符串

5. 其他图（见附表 26）

附表 26 其他图

函数	功能	函数	功能
line([x1, x2,⋯], [y1,y2,⋯])	线图	polar(theta,r)	极坐标
pie(X)	饼图	bar(X)	条图
comet(x(t),y(t))	彗星图	comet3(x,y,z)	三维彗星图
contour(X,Y,Z,n)	等高线	contourf(X,Y,Z,n)	等高线
sphere(n)	球面	—	—

6. 其他（见附表 27）

附表 27 其他

指令	功能	指令	功能
grid	网格	hold off	关闭保持图形功能
hold on	保持图形	figure	图形窗口
clf	删除图形	box on	加框
[x,y] = ginput (n)	从图上获取数据	close	关闭图形窗口
subplot(m,n,p)	分块绘图	—	—

六、最优化问题

1. 线性规划（见附表 28）

附表 28 线性规划

函数	说明
[x,fval,exitflag,output,lambda] = linprog (f, A, b, Aeq, beq, lb, ub, x0, options)	输入:目标,不等式约束,等式约束,自变量约束, 初始值,优化参数,缺省[ ] 输出:最优解,最优值,退出条件,优化信息, Lagrange 乘子
[x,fval,exitflag,output] = intlinprog(f,intcon, A,b,Aeq,beq,lb,ub,options)	整数规划

2. 二次规划（见附表 29）

附表 29 二次规划

函数	说明
[x,fval] = quadprog (H, f, A, b, Aeq, beq, lb, ub, x0, options)	目标:$\frac{1}{2}x'Hx + f'x$

3. 非线性规划(见附表 30)

附表 30　非线性规划

函数	说明
$[x,fval]$ = fminbnd$(fun,x1,x2)$	一元最值,fun 字符串
$[x,fval]$ = fminsearch$(fun,x0)$	多元极值,Nelder-Mead 单纯形搜索法,fun 字符串,单变量符号
$[x,fval]$ = fminunc$(fun,x0)$	多元极值,BFGS 拟牛顿法(梯度法),fun 字符串,单变量符号
$[x,fval]$ = fmincon $(fun, x0,$ A, b, Aeq, beq, lb, ub, nonlcon, options$)$	有约束规划,nonlcon 非线性约束使用 m 函数文件 function $[c,ceq]$ = mycon(x) $c = C(x)$;　$ceq = Q(x)$

七、统计分析

1. 概率分布计算(见附表 31)

附表 31　概率分布计算

类型	指令	说明	指令	功能
基本格式	分布名+概率函数 (x,a,b)	字符串拼接	—	—
概率分布	unif	均匀分布 Uniform	unid	均匀分布
	bino	二项分布 Binomial	poiss	帕松分布 Poisson
	norm	正态分布 Normal	exp	指数分布 Exponential
	geo	几何分布 Geometric	hyge	超几何分布 Hypergeometric
	logn	对数正态 Lognormal	t	t 分布
	chi2	χ^2 分布 Chisquare	f	f 分布
	nbin	负二项分布 Negative Binomial	beta	β 分布 Beta
	ev	Extreme Value	gam	伽玛分布 Gamma
	gev	Generalized Extreme Value	gp	Generalized Pareto
	Weib、wbl	威布尔分布 Weibull	ncf	非中心 f 分布 Noncentral f
	ncx2	非中心卡方 Noncentral Chi-square	nct	非中心 t 分布 Noncentral t
	rayl	雷利分布 Rayleig	Discrete Uniform	自定义
概率函数	pdf$(x,mu,sigma)$	概率密度	cdf$(x,mu,sigma)$	概率分布
	inv$(p,mu,sigma)$	逆概率分布	stat	均值与方差
	rnd$(mu,sigma,m,n)$	随机数生成	—	—

附表31(续)

类型	指令	说明	指令	功能
其他	mvnrnd(mu, sigma, cases)	二维正态随机数生成	—	—

2. 描述性统计(见附表32)

附表32 描述性统计

函数	功能	函数	功能
mean(x)	均值	geomean(x)	几何平均
harmmean(x)	调和平均	median(x)	中位数
m = trimmean(x, percent)	剔除极端数据均值	var(x)	方差
std(x)	标准差	range(x)	极差
max(x)	最大	min(x)	最小
cov(x)	协方差矩阵	corrcoef(x)	相关系数
prctile(x,p)	分位数	iqr(x)	四分位差
mad(x)	平均偏差	[N,X] = hist(data, k)	频数分析
skewness(x)	偏度	kurtosis(x)	峰度
[table, chi2, p] = crosstab(col1, col2)	列联表	grpstats	分组统计量
tabulate	频数表	—	—

3. 参数估计(见附表33)

附表33 参数估计

函数	说明
[muhat, sigmahat, muci, sigamaci] = 分布 + fit(x, alpha)	置信度 alpha 下估计:均值、方差、置信区间
[phat, pci] = mle['dist', data, alpha]	极大似然估计:点估计、置信区间,分布、数据、置信度

4. 非参数估计(见附表34)

附表34 非参数估计

函数	说明
lillietest(x)	正态检验:小样本,原假设:不服从
[h,p, jbstat, cv] = jbtest(x, alpha)	正态检验:大样本
h = kstest(x)	标准正态检验
[h,p, ksstat, cv] = kstest(x, cdf, alpha, tail)	检验:cdf 由两列组成——x 概率分布

附表34(续)

函数	说明
$[h,p]=$ kstest2 (x,y)	两分布比较
$[p,h,\text{state}]=$ ranksum (X,Y,ALPHA)	U 检验:两中位数比较
$[p,h,\text{state}]=$ signrank (X,Y)	相同维数:两中位数比较
cdfplot (x)	分布图

5. 假设检验(见附表 35)

附表 35　假设检验

函数	说明
$[h,\text{sig},\text{ci},\text{zval}]=$ ztest (x,m,sigma)	方差已知: z-检验均值:sigma 为方差,alpha 为置信度
$[h,\text{sig},\text{ci}]=$ ztest $(x,m,\text{sigma},\text{alpha})$	tail$=0$,均值等于 m;tail$=1$ 大于;tail$=-1$ 小于
$[h,\text{sig},\text{ci}]=$ ztest $(x,m,\text{sigma},\text{alpha},\text{tail})$	$h=1,0$;sig:概率;ci:置信区间
$[h,\text{sig},\text{ci},\text{stats}]=$ ttest $(x,m,\text{alpha},\text{tail})$	方差未知: t 检验
$[h,\text{sig},\text{ci},\text{stats}]=$ ttest2 $(x,m,\text{alpha},\text{tail})$	

6. 方差分析(见附表 36)

附表 36　方差分析

函数	说明
$p=$ anova1 (x)	均值相同的概率:单因素方差分析判断矩阵列变量
$[p,\text{anovatab},\text{stats}]=$ anova1 $(x,\text{group},\text{displayopt})$	概率、方差分析表、结构:数据、分组、显示两图形 'on '或' off '——分析表、箱形图
$[c,m]=$ multcompare (stats)	进一步:多重均值比较 c:对应组合均值差估计。m:均值方差
$p=$ anova2 (x,group)	每 group 行分成一组均值相同的概率:双因素方差分析判断列变量
$[p,\text{table},\text{stats}]=$ anova2 $(x,\text{reps},\text{displayopt})$	其他

7. 回归分析(见附表 37)

附表 37　回归分析

函数	说明
$[b, \text{bint}, r, \text{rint}, \text{stats}] = \text{regress}(y, x, \text{alpha})$	x:自变量矩阵(常数项处理), y:因变量列,alpha:显著性水平 b:参数估计值,bint:置信区间,r:残差,rint:置信区间 stats:R^2可决系数,F 统计量,p 相伴概率,s^2剩余方差
$\text{rcoplot}(r, \text{rint})$	残差分析图
$\text{regstats}(y, x)$	回归统计量计算交互窗口
$\text{rstool}(x, y)$	交互式拟合及相应面可视化
$[b, \text{stats}]$ $= \text{robustftt}(x, y, \text{'wfun'}, \text{tunw}, \text{'const'})$	Robust 回归:降低奇异样本影响
$[b, \text{se}, \text{pval}, \text{inmodel}, \text{stats}, \text{nextstep}, \text{history}]$ $= \text{stepwisefit}(x, y, \text{'param1'}, \text{val1}, \cdots)$	逐步回归:回归系数、标准差、 p 值、进入变量、统计量、下一步 历史信息:自变量、因变量、选项
$\text{stepwise}(x, y)$	逐步回归交互窗口
$[\text{beta}, R, J] = \text{nlinfit}(x, y, \text{'model'}, \text{beta0})$	参数估计值、残差、预测误差的 Jacobi 矩阵: 解释变量、被解释变量、模型函数、参数初值
$\text{betaci} = \text{nlparci}(\text{beta}, R, J)$	beta 的置信区间
$\text{nlintool}(x, y, \text{'model'}, \text{beta})$	交互窗口

8. 统计绘图(见附表 38)

附表 38　统计绘图

函数	功能	函数	功能
$\text{plot}(x, y, \text{'option'})$	折线图	$\text{hist}(x, y)$	直方图
$\text{bar}(x, y, \text{'option'})$	条图	$\text{bar3}(x, y, \text{'option'})$	条图
$\text{pie}(x)$	饼图	$\text{pie3}(x)$	饼图
$\text{scatter}(x, y, s, z)$	散点图,s:大小。c:颜色	$\text{scatter3}(x, y, z, s, c)$	散点图
$\text{boxplot}(x, g, \cdots)$	箱型图	$\text{pareto}(y, x)$	帕累托图
$\text{errorbar}(x, y, l, u)$	误差条图	$\text{normplot}(x)$	正态检验图
lsline	最小二乘线	—	—

9. 主成分分析(见附表 39)

附表 39　主成分分析

函数	说明
$X = \text{zscore}(x)$	标准化

附表39(续)

函数	说明
$[\text{coeff}, \text{score}, \text{latent}, \text{tsquared}]$ $= \text{princomp}(x)$	主成分分析:特征向量矩阵、主成分得分、 特征值、奇异点判别统计量
$[\text{coeff}, \text{latent}, \text{explained}]$ $= \text{pcacov}(v)$	协方差矩阵的主成分分析: 特征向量矩阵、特征值、方差贡献率:协方差矩阵
$\text{residuals} = \text{pcares}(X, \text{ndim})$	主成分分析的残差,ndim 主成分个数
$[\text{ndim}, \text{prob}, \text{chisquare}] =$ $\text{barttest}(X, \text{alpha})$	主成分的巴特力特检验,

10. 因子分析(见附表40)

附表40　因子分析

函数	说明
$[\text{lambda}, \text{psi}, T, \text{stats}, F]$ $= \text{factoran}(X, m)$	观测数据、因子个数 载荷矩阵,方差最大似然估计,旋转矩阵,统计量,因子得分 默认:因子旋转——方差最大法 stats:loglike 对数似然函数最大值、dfe 误差自由度、 chisq 近视卡方检验统计量、p 相伴概率
$[\ldots] = \text{factoran}(\ldots, \text{param1},$ $\text{val1}, \text{param2}, \text{val2}, \ldots)$	' xtype '数据类型','scores '预测因子得分方法,' start '初值, ' rotate '因子旋转,' coeff ',' normalize ' ' rotate ':' none ',' varimax ',…

11. 聚类分析(见附表41)

附表41　聚类分析

函数	说明
$X = \text{zscore}(x)$	标准化
$Y = \text{pdist}(X, '\text{metric}')$	距离:默认欧式
$Y = \text{squareform}(y)$	距离矩阵
$Z = \text{linkage}(y, \text{method})$	组间距离: ' single ',' complete ',' average ',' weighted ',' centroid ', ' median ',' ward '
$\text{dendrogram}(Z)$	聚类树
$T = \text{cluster}(Z, '\text{maxclust}', n)$	类成员

八、图论函数

1. 可视化 biograph(CMatrix)（见附表 42）

附表 42　可视化 biograph(CMatrix)

函数	说明
$S = \text{sparse}(i,j,v,m,n)$	生成稀疏矩阵：i 行标，j 列标，v 元素值（可缺省，默认值 true），m 行数，n 列数
$S = \text{sparse}(A)$	全矩阵转换为稀疏形式
$A = \text{full}(S)$	稀疏矩阵转换为全矩阵
$G = \text{graph}(s,t,\text{weights},\ \text{nodenames})$ $G = \text{graph}(A,\text{node\_names})$	无向图：s,t 为端点序号，weights 边权重（可缺省），nodenames 点符号，A 邻接矩阵
$G = \text{digraph}(s,t,\text{weights},\text{nodenames})$	有向图：s,t 为起点、终点序号
$H = \text{subgraph}(G,\text{nodeIDs})$	子图
$G = \text{addedge}(G,i,j)$	加边
$G = \text{addnode}(G,i)$	加点
$G = \text{rmedge}(G,i,j)$	减边
$G = \text{rmnode}(G,i)$	减点
$\text{plot}(G,\ \text{Name},\ \text{Value})$	显示无向图图形,常用选项（可缺省）：'EdgeLabel', G.Edges.Weight
$\text{BGobj} = \text{biograph}(\text{CMatrix},\text{NodeIDs},\ \text{Name},\text{Value})$	创建生物图形对象,NodeIDs 点标号（可缺省），常用选项:'Showw','on','showarrows','off'
$\text{view}(B)$	显示有向图图形

2. 图论函数（见附表 43）

附表 43　图论函数

函数	说明
graphconncomp	找无向图的连通分支,或有向图的强弱连通分支
graphisomorphism	确定两个图是否同构,同构返回 1;否则返回 0
$[P,d] = \text{shortestpath}(G,s,t,'\text{Method}',\text{algorithm})$	两结点间的最短路径与最短路长
$[\text{dist},\text{path}] = \text{graphshortestpath}(G,S,D,\text{Name},\text{Value})$	最短路
$[\text{TR},D] = \text{shortestpathtree}(G,s,t,'\text{Name}',\text{Value})$	最短路树
$[\text{dist}] = \text{allshortestpaths}(\text{BGObj},'\text{Name}',\text{Value})$	任两点之间的最短路长:BGObj 为有向图

附表43（续）

函数	说明
$[\text{dist}] = \text{graphallshortestpaths}$ $(S, '\text{Name}', \text{Value})$	任两点之间的最短路长:S 为稀疏矩阵
$d = \text{distances}(G, s, t, '\text{Method}', \text{algorithm})$	任两点之间的最短路长:G 为图
graphpred2path	把前驱顶点序列变成路径的顶点序列
$[\text{Tree}, \text{pred}] = \text{graphminspantree}$ $(G, R, '\text{Name}', \text{Value})$	最小支撑树:S 稀疏矩阵,R 根节点
graphisdag(G)	测试有向图是否含有圈,不含圈返回1,否则返回0
$[\text{MaxFlow}, \text{FlowMatrix}, \text{Cut}] =$ $\text{graphmaxflow}(G, \text{SNode},$ $\text{TNode}, '\text{Name}', \text{Value})$	计算有向图的最大流
$[\text{disc}, \text{pred}, \text{closed}] = \text{graphtraverse}$ $(G, S, '\text{Name}', \text{Value})$	从一顶点出发,所能遍历图中的顶点

九、金融计算

1. 现金流的时间价值（见附表 44）

附表 44　现金流的时间价值

函数	说明
$\text{PV} = \text{PVFIX}(\text{RATE, NPER}, P, \text{FV, DUE})$	规则现金流的现值
$\text{FV} = \text{FVFIX}(\text{RATE, NPER}, P, \text{PV, DUE})$	规则现金流的终值
$\text{PV} = \text{PVVAR}(\text{CF, RATE, DF})$	不规则现金流的现值
$\text{FV} = \text{FVVAR}(\text{CF, RATE, DF})$	不规则现金流的终值
$P = \text{PAYPER}(\text{RATE, NPER, PV, FV, DUE})$	年金计算,偿还计划
$\text{RATE} = \text{ANNURATE}(\text{NPER}, P, \text{PV, FV, DUE})$	年金利率
$\text{NPER} = \text{ANNUTERM}(\text{RATE}, P, \text{PV, FV, DUE})$	年金期限
$[\text{PRINP, INTP, BAL}, P] = \text{AMORTIZE}$ $(\text{RATE, NPER, PV, FV, DUE})$	分期付款
$\text{Rate} = \text{IRR}(\text{CF})$	内部收益率
$R = \text{EFRR}(\text{APR}, m), \text{APR} = \text{NOMMR}(R, m)$	实际利率与名义利率

2. 固定收益证券（见附表 45）

附表 45　固定收益证券

函数	说明
$\text{Price} = \text{prdisc}(\text{Settle, Maturity, Face, Discount, Basis})$	可贴现的债券的价格

附表45(续)

函数	说明
Yield＝YLDDISC（Settle，Maturity，Face，Price，Basis）	可贴现的债券的收益率
［Price，AccruInterest］＝prmat（Settle，Maturity，Issue，Face，CouponRate，Yield，Basis）	到期付息债券的价格
Yield＝YLDMAT（settle，maturity，issue，face，price，couponrate，basis）	到期付息债券的收益率
Price＝prtbill（settle，maturity，face，discount）	美国短期国库的价格
Yield＝yldtbill（settle，maturity，face，price）	美国短期国库的收益率
CflowDates＝CFDATES（settle，maturity，period，basis，endmonthrule，issuedate，firstcoupondate，lastcoupondate，startdate）	SIA(美国证券行业协会)债券票息日:固定收入债券的现金流发生日期
［CFlowAmounts，CFlowDates，TFactors，CFlowFlags］＝cfamounts（CouponRate，Settle，Maturity，Period，Basis，EndMonthRule，IssueDate，FirstCouponDate，LastCouponDate，StartDate，Face）	SIA(美国证券行业协会)债券付息日说明:债券或债券组合的现金流以及与此匹配的现金流发生日期、时间因子和现金流标识
［Price，AccruedInt］＝BNDPRICE（Yield，CouponRate，Settle，Maturity，Period，Basis，EndMonthRule，IssueDate，FirstCouponDate，LastCouponDate，StartDate，Face）	满足 SIA 约定的固定收入债券:给定债券收益率的价格
Yield＝bndyield（Price，couponRate，Settle，Maturity，Period，Basis，EndMonthRule，IssueDate，FirstCouponDate，LastCouponDate，StartDate，Face）	满足 SIA 约定的固定收入债券:给定债券收益率的收益率

3. 资产组合(见附表 46)

附表 46　资产组合

函数	说明
ExpCovariance ＝ corr2cov（ExpSigma，ExpCorrC）	协方差矩阵与相关系数矩阵转换
［ExpSigma，ExpCorrC］＝ cov2corr（ExpCovariance）	协方差矩阵与相关系数矩阵转换
［TickSeries，TickTimes］＝ret2tick（RetSeries，StartPrice，RetIntervals，StartTime［，Method］）	收益率序列、价格序列
［PortRisk，PortReturn］＝portstats（ExpReturn，ExpCovariance，PortWts）	资产组合收益率与方差
ValueAtRisk ＝ portvrisk（PortReturn，PortRisk，RiskThreshold，PortValue）	Value-at-Risk 在险价值
［PortRisk，PortReturn，PortWts］＝ frontcon（ExpReturn，ExpCovariance，NumPorts，PortReturn，AssetBounds，Groups，GroupBounds）	资产组合的有效前沿
［PortRisk，PortReturn，PortWts］＝ portopt（ExpReturn，ExpCovariance，NumPorts，PortReturn，ConSet）	带约束条件资产组合有效前沿

附表46(续)

函数	说明
〔RiskyRisk, RiskyReturn, RiskyWts, RiskyFraction, OverallRisk, OverallReturn〕= portalloc(PortRisk, PortReturn, PortWts, RisklessRate, BorrowRate, RiskAversion)	考虑无风险资产及存在借贷情况下的资产配置

4. 期权定价(见附表 47)

附表 47　期权定价

函数	说明
〔CallPrice, PutPrice〕= blsprice(Price, Strike, Rate, Time, Volatility, DividendRate)	欧式期权 Black-Scholes 期权价格
〔AssetPrice, OptionValue〕= binprice(Price, Strike, Rate, Time, Increment, Volatility, Flag, DividendRate, Dividend, ExDiv)	美式期权二叉数定价
StockSpec = stockspec(Sigma, AssetPrice, DividendType, DividendAmounts, ExDividendDates)	标的资产输入格式
〔RateSpec, RateSpecOld〕= intenvset(RateSpec, 'Parameter1', Value1, 'Parameter2', Value2)	无风险利率格式
CRRTree = crrtree(StockSpec, RateSpec, TimeSpec)	CRR 型二叉树
Price = asianbycrr(CRRTree, OptSpec, Strike, Settle, ExerciseDates, AmericanOpt, AvgType, AvgPrice, AvgDate)	CRR 型对亚式期权定价
hwprice(HWTree, InstSet, Options) bkprice(BKTree, InstSet, Options) bdtprice(BDTTree, InstSet, Options) hjmprice(HJMTree, InstSet, Options) Eqpprice(EQPTree, InstSet, Options) Crrprice(CRRTree, InstSet, Options)	利率产品定价:HW 模型 BK 模型 BDT 模型 HJM 模型 EQP 模型 CRR 模型
〔CallDelta, PutDelta〕= blsdelta(Price, Strike, Rate, Time, Volatility, DividendRate) 〔CallTheta, PutTheta〕= blstheta(Price, Strike, Rate, Time, Volatility, DividendRate) Vega = blsvega(Price, Strike, Rate, Time, Volatility, DividendRate) 〔CallRho, PutRho〕= blsrho(Price, Strike, Rate, Time, Volatility, DividendRate) Gamma = blsgamma(Price, Strike, Rate, Time, Volatility, DividendRate) 〔CallEl, PutEl〕= blslambda(Price, Strike, Rate, Time, Volatility, DividendRate)	期权风险度量:希腊字母
Volatility = blsimpv(Price, Strike, Rate, Time, Call, MaxIterations, DividendRate, Tolerance)	欧式期权隐含波动率

5. 金融时间序列(见附表 48)

附表 48　金融时间序列

函数	说明
tsobj = fints(dates_and_data) tsobj = fints(dates, data) tsobj = fints(dates, data, datanames, freq, desc)	时间序列变量结构
tsobj = ascii2fts(filename, descrow, colheadrow, skiprows) tsobj = ascii2fts(filename, timedata, descrow, colheadrow, skiprows)	读取
stat = fts2ascii(filename, tsobj, exttext) stat = fts2ascii(filename, dates, data, colheads, desc, exttext)	转换
newfts = todaily(oldfts), toweekly(oldfts), tomonthly(oldfts), toquarterly(oldfts), tosemi(oldfts), toannual(oldfts) newfts = convertto(oldfts, newfreq)	抽取特定日期数据
ftse = extfield(tsobj, fieldnames)	抽取数据
[TickSeries, TickTimes] = ret2price(RetSeries, StartPrice, RetIntervals, StartTime, Method)	价格收益率转化
[RetSeries, RetIntervals] = price2ret(TickSeries, TickTimes, Method)	价格收益率转化
newfts = fillts(oldfts, fill_method)	处理时间序列中的缺失数据
m = ar(y,n) [m,refl] = ar(y,n,approach,window,maxsize)	AR 模型
InfiniteAR = garchar(AR, MA, NumLags)	有限阶 ARMA 模型转化为无限阶 AR 模型
InfiniteMA = garchma(AR, MA, NumLags)	有限阶 ARMA 模型转化为无限阶 MA 模型
m = arx(data, orders) m = arx(data,'na',na,'nb',nb,'nk',nk) m = arx(data, orders,'Property1',Value1,...,'PropertyN', ValueN)	ARX 模型
m = armax(data, orders) m = armax(data,'na',na,'nb',nb,'nc',nc,'nk',nk) m = armax(data, orders,'Property1',Value1,...,'PropertyN', ValueN)	ARMAX 模型
garchset Spec = garchset Spec = garchset('Parameter1', Value1, 'Parameter2', Value2, ...) Spec = garchset(OldSpec, 'Parameter1', Value1, ...)	建立 GARCH 模型结构: 相关参数的设定
[Innovations, Sigma, Series] = garchsim(Spec, NumSamples, NumPaths, Seed, X)	单变量 GARCH(p,q)模拟

附表48(续)

函数	说明
$[\text{Coeff}, \text{Errors}, \text{LLF}, \text{Innovations}, \text{Sigma}, \text{Summary}] = \text{garchfit}$ (Series) $[\text{Coeff}, \text{Errors}, \text{LLF}, \text{Innovations}, \text{Sigma}, \text{Summary}] = \text{garchfit}$ (Spec, Series) $[\text{Coeff}, \text{Errors}, \text{LLF}, \text{Innovations}, \text{Sigma}, \text{Summary}] = \text{garchfit}$ (Spec, Series, X) garchfit(...)	GARCH 模型的参数估计

十、其他(见附表 49)

附表 49　其他

函数	说明
$[\text{num}, \text{txt}, \text{raw}, \text{X}] = \text{xlsread}('\text{filename}', \text{sheet}, \text{range}, '\text{basic}')$	MATLAB 数据接口,读取 excel 表
$\text{xlswrite}(\text{filename}, \text{A}, \text{sheet}, \text{x}(\text{Range}))$	写入 excel 表
$[x, \text{fval}, \text{reason}, \text{output}, \text{population}, \text{scores}] = \text{ga}(@\text{fitnessfcn}, \text{nvars}, A, b, \text{Aeq}, \text{beq}, \text{LB}, \text{UB}, \text{nonlcon}, \text{IntCon}, \text{options})$	遗传算法的主函数,计算适应度函数的 M 文件的函数句柄,适应度函数中变量个数,约束条件,参数结构体,返回的最终点,适应度函数在 x 点的值,算法停止的原因,算法每一代的性能,最后种群,最后得分值
$\text{net} = \text{feedforwardnet}(\text{hiddenSizes}, \text{trainFcn})$	神经网络,创建一个 BP 网络,隐藏层大小,训练函数
$\text{net} = \text{train}(\text{net}, X, Y)$	网络训练函数
$Y2 = \text{sim}(\text{net}, X1)$	网络泛化函数